"一带一路"生态环保系列丛书

东盟国家环境管理制度及案例分析

Environmental Regulatory System and Case Studies in ASEAN Member States

张洁清　彭　宾　李盼文　等 编著

U0345490

中国环境出版社·北京

图书在版编目（CIP）数据

东盟国家环境管理制度及案例分析/张洁清等编著. —北京：
中国环境出版社，2017.5
（"一带一路"生态环保系列丛书）
ISBN 978-7-5111-3113-3

Ⅰ. ①东…　Ⅱ. ①张…　Ⅲ. ①环境管理—监管制度—
研究—东南亚　Ⅳ. ①X320.33

中国版本图书馆 CIP 数据核字（2017）第 057070 号

出 版 人	王新程
责任编辑	董蓓蓓
责任校对	尹　芳
封面设计	岳　帅

出版发行　中国环境出版社
　　　　　（100062　北京市东城区广渠门内大街 16 号）
　　　　　网　　　址：http://www.cesp.com.cn
　　　　　电子邮箱：bjgl@cesp.com.cn
　　　　　联系电话：010-67112765（编辑管理部）
　　　　　　　　　　010-67113412（第二分社）
　　　　　发行热线：010-67125803，010-67113405（传真）

印　　刷	北京中科印刷有限公司
经　　销	各地新华书店
版　　次	2017 年 5 月第 1 版
印　　次	2017 年 5 月第 1 次印刷
开　　本	787×1092　1/16
印　　张	19
字　　数	390 千字
定　　价	58.00 元

"一带一路"生态环保系列丛书

《东盟国家环境管理制度及案例分析》

编 委 会

主　　编：张洁清

执 行 主 编：彭　宾

副 主 编：李盼文

编委会成员：庞　骁　张　楠　周　军　王语懿

　　　　　　刘　平　李　博　边永民

前　言

　　2015 年 3 月，中国政府发布了《推动共建丝绸之路经济带和 21 世纪海上丝绸之路的愿景与行动》文件，致力于亚欧非大陆及附近海洋的互联互通，建立和加强沿线各国互联互通伙伴关系，构建全方位、多层次、复合型的互联互通网络，实现沿线各国多元、自主、平衡、可持续的发展。"一带一路"战略构想的提出，不仅有益于中国经济的持续发展，也契合沿线国家的共同需求，为所有沿线国家的优势互补、开放发展创造了新的机遇。目前已有 100 多个国家及国际组织积极参与和支持"一带一路"建设，30 多个国家与中国签署了共建"一带一路"合作协议，贸易往来日益密切，重点领域产能合作进展顺利，重大项目建设加快推进。2016 年 11 月"一带一路"重大倡议首次写入联合国大会决议，彰显出"一带一路"合作共赢强大的吸引力和广阔前景。"一带一路"沿线已成为我国对外投资合作的热点地区。推进"一带一路"建设，为中国企业"走出去"注入了新的活力。中国资本、中国装备、中国技术越来越受到世界各国特别是发展中国家的欢迎。据统计，2016年 1—11 月，中国企业在境外开展直接投资达到 1 617 亿美元，较上年同期增长了 55.3%。

　　经济活动与环境影响密不可分。中国企业到国外投资和经营，应该了解东道国的环境状况、环境法律法规和管理制度，避免因环境问题导致投资损失或失败。东盟是个环境敏感的地区，菲律宾、新加坡是生态环境极端脆弱国家，印度尼西亚、越南是生态环境非常脆弱国家，柬埔寨、马来西亚、缅甸、泰国是生态环境脆弱国家，老挝是有生态环境脆弱风险国家。东盟国家面临生物多样性减少、水体与空气污染、气候变化影响等重大环境挑战。东盟拥有世界自然保护联盟（IUCN）动植物名录中 18% 的物种，全球 17 个生物多样性大国有 3 个在东盟（印度尼西亚、马来西亚和菲律宾），全球 34 个生物多样性热点地区有 4 个在东盟。东盟地区有大量的物种处于濒危状态，其中马来西亚 1 092 种、印度尼西亚 976 种、菲律宾 944 种。2000—2007 年，东盟国家的森林面积年平均减少 2 万多 km²。据统计，2008 年印度尼西亚监测的 33 条河流 54% 遭到污染；泰国水体质量差的河流占比从 29%（2005 年）上升到 48%（2008 年）；印度尼西亚、泰国、马来西亚、菲律宾、越南等国都面临日益严重的烟霾和城市空气污染问题。近年来，东盟全力推进社会和文化共同体建设，努力实现"绿色东盟"目标，东盟各国政府及社会各界的环境意识有所增强，民间环保组织比较活跃，公众参与意识较强，在此背景下，中国企业到东盟国家开展投资和经商活动，应遵守东道国的环境法律法规，提高环境责任意识，充分考虑经营活动中的环境因素，做好环境风险的防范工作。

东盟包括文莱、柬埔寨、印度尼西亚、老挝、马来西亚、缅甸、菲律宾、新加坡、泰国、越南 10 个成员国，它们既是我国重要的经贸合作伙伴，也是"一带一路"建设的重要沿线国家。东盟是世界上经济最具活力的地区之一。世界银行的统计数据表明，尽管受全球金融危机影响，近年来东盟国家仍然保持了较高的经济增长速度。2015 年，东盟国家年平均经济增长率为 5.39%，远远高于 2.46% 的世界平均水平。其中，柬埔寨、老挝、缅甸、越南的经济增长率均在 6% 以上。东盟国家积极参与区域经济一体化和全球产业链分工。在东盟内部，东盟国家全力推进政治和安全、经济、社会和文化三大共同体建设，并在 2015 年取得了实质性进展。东盟与中国、日本、韩国、印度、澳大利亚、新西兰分别签署了自由贸易协定。这些协定的签署，大大地促进了东盟与其他国家的经贸交往与合作。

东盟国家比较重视改善投资和经营环境，有较好的投资和经营环境。根据世界银行对各国的经营指数（doing business）排名，一些东盟国家如新加坡、马来西亚、泰国在经营容易度、创业、建设批准手续、获得贷款、税负、跨境贸易等指标方面排名均比较靠前。国际商会的市场开放指数（open markets index）重点评估国家的贸易开放度、贸易政策、直接投资开放度、与贸易相关的基础设施等。根据排名，新加坡、马来西亚在市场开放度方面位居世界前列，越南、泰国、印度尼西亚也属于中等开放以上国家。东盟国家良好的经营环境，吸引了越来越多的发达国家投资。中国企业也纷纷走进东盟投资办厂和开展经营活动。

2016 年是中国—东盟建立对话关系 25 周年，双方致力将"一带一路"打造成中国—东盟战略合作伙伴关系发展的新亮点。截至目前，双方签署了一系列经济贸易协定，包括全面经济合作框架协议、货物贸易协议、投资协议、服务贸易协议、争端解决机制协议等。2010 年 1 月，中国与东盟率先建成了自由贸易区。中国—东盟自由贸易区涵盖 18.5 亿人口和 1 400 万 km^2，是中国迄今为止建成的最大的自由贸易区。数据显示，中国和东盟双边贸易额从 1991 年的 79.6 亿美元增长到 2015 年的 4 721.6 亿美元，年均增长率 18.5%。截至 2016 年 5 月底，中国与东盟双向投资额累计超过 1 600 亿美元。目前，中国是东盟第一大贸易伙伴，东盟是中国第三大贸易伙伴。

除文莱和新加坡为高收入国家之外，东盟的其他国家均为中等收入以下国家，其中，柬埔寨、印度尼西亚、老挝、缅甸、菲律宾、越南为中低收入国家，柬埔寨、老挝、缅甸同时也为最不发达国家。这些国家的基础设施普遍落后，经济发展的空间和潜力都很大。比如，大部分东盟国家电力消费尚未达到世界平均水平；交通仍然是经贸发展的瓶颈，公路、铁路、航空均有很大的发展空间；缅甸、菲律宾、柬埔寨等国家港口设施十分落后；通信方面，大部分东盟国家固定电话安装率未达到世界平均水平，互联网发展的差距也十分明显；水和卫生设施方面，柬埔寨、老挝、缅甸和印度尼西亚仍未达到世界平均水平。这些都为中国企业开拓东盟市场提供了机遇。

在改革开放不断深化的形势下，中国对外投资步伐明显加快，规模日益扩大，取得了显著成绩。然而经济贸易的发展伴生着全球环境问题的频发，经济、贸易与环境的关系日益成为人们关注的焦点。中国"走出去"企业的数量大大增加，国际舆论开始关注中国企业在海外的环境行为。如不能很好地解决对外投资中的环境问题，将影响我国的国际形象，也影响中国"走出去"战略的实施。中国对外投资企业的环境行为需要相关政策进行引导，也需要配套的环境咨询和服务业的支持。中国对外投资的环境保护相关政策还需要不断完善，现行的与环境相关的政策在操作和执行层面仍有待加强，同时，也需要不断规范企业在对外投资中的环境行为，防范环境风险。

在广阔的合作前景下，中国企业如何把握机遇，规避风险，谱写"走出去"新篇章，是值得深思的问题。中国海外投资总量不断增加，所产生的环境外部性问题也日益凸显。随着可持续发展和环境保护理念逐渐深入人心，东道国当地居民对环境保护的呼声越来越强烈。因此，应加强企业"走出去"过程中的生态环境风险意识，修炼企业环境责任"内功"，把握东道国环境现状、环境政策、法律法规等的脉搏，才能"对症下药"，防患于未然。本书详细介绍了东盟国家的环境状况和管理制度，选取了一些有价值的案例，进行了相关分析，以便读者更加深入地了解相关国家环境管理的具体运作方式。对于企业来说，可以在今后的投资和经营活动中借鉴成功经验，避免出现相似的问题和失误，把握"一带一路"战略带来的合作机遇，开拓国际市场。

作　者

2017 年 2 月，北京

目　录

表目录

图目录

第一章
文莱环境管理制度及案例分析①

一、文莱基本概况

（一）自然资源

文莱达鲁萨兰国（Negara Brunei Darussalam），又称文莱伊斯兰教君主国，简称文莱。国名中的 Negara 是马来文，意为"国家"。而 Brunei 一词源于梵文，意为"航海者"，马来人理解为海上商人。Darussalam 则是阿拉伯语，英文译为"Abode of Peace"，意为"和平之邦"。所以将文莱理解为"生活在和平之邦的海上贸易者"再贴切不过了。

文莱在 15—17 世纪时达到鼎盛时期，统治范围延及整个婆罗洲岛西北海岸，以及菲律宾南部。历史上的文莱经历了相当长时间的列强入侵以及殖民时期。16 世纪中叶，葡萄牙、西班牙、荷兰、英国等相继入侵，1888 年沦为英国的殖民地。1941—1945 年第二次世界大战期间，日本侵略者占领文莱，在此期间，文莱各项事业，尤其是石油业，遭到严重破坏。1945 年，文莱又被置于英国的军事管制之下。随后不久，随着民族民主运动的逐渐兴起，历经近 40 年的斗争，终于在 1984 年 1 月 1 日正式宣布完全独立。

文莱是东盟地区国土面积第二小的国家，国土面积 5 765 km²，地理坐标为南纬 4°～

---

① 本章由李盼文编写。

北纬 7°, 东经 109°～东经 119°, 位于世界第三大岛婆罗洲的北部, 在马来西亚东部沙捞越州和沙巴州之间, 只有中国最小的省份——海南省的 1/6 大小。文莱三面与马来西亚的沙捞越州接壤, 并被分隔为相连的两部分, 北面濒中国南海, 海岸线长约 161 km, 有摩拉等良好的深水港口, 内河和领海盛产鱼、虾等水产品。沿海为平原, 内地多山地, 有 33 个岛屿。东、南、西三面与马来西亚沙捞越州接壤并被分隔成互不相连的东西两部分: 东半部由广阔的沿海平原向内地延伸为崎岖的山地, 西半部为丘陵低洼地。文莱水域率为 8.6%, 虽然国土面积狭小, 但境内河流众多, 较大的河流包括白拉奕河、文莱河、都东河与淡布隆河。其中白拉奕河是文莱最大的河流, 发源于文莱和马来西亚沙捞越州交界山区, 由东南向西北, 纵贯白拉奕区全境, 最后注入中国南海, 全长 32 km, 河谷盆地盛产水稻。

文莱林业资源丰富, 全国共有 11 个森林保护区, 森林覆盖率达 70% 以上, 86% 的森林保护区为原始森林。文莱拥有 30% 的陆地和海洋保护区域, 濒危动植物 174 种。文莱约 75% 的国土面积被原始森林覆盖, 森林保护区面积为 2 277 km^2, 盛产橡胶、椰子和胡椒等热带作物。文莱国家森林公园占地面积约为 500 km^2, 有多种世界名贵树种以及珍稀动物, 共计 180 多种树木、36 种蛙类、180 多种蝴蝶、200 多种鸟类以及 400 多种甲虫。

文莱的气候属热带雨林气候, 全年高温多雨, 一年分为两季: 旱季和雨季。由于受东北季风影响, 每年 11 月至次年 2 月是雨季, 雨量充沛, 气候凉爽, 12 月雨量最大。3 月到 10 月是旱季, 气候炎热少雨。近年来两季之分不是很明显。年降雨量海岸区为 2 540 mm, 内陆区可高达 5 080 mm。最高气温一般为 33℃, 最低为 24℃, 平均气温 28℃, 平均湿度为 82%。

文莱是低调的石油王国, 油气资源丰富。作为一个偏安于东南亚的蕞尔小国, 国土下蕴藏的丰富油气资源使其成为全世界最富裕的国家之一。在油气资源上, 文莱已探明石油储量约为 14 亿桶 (预计可采至 2020 年), 天然气探明储量约为 3 200 亿 m³ (预计可采至 2035 年)。每天输出 21 500 桶石油和大量的天然气。因盛产石油, 文莱成为全球人均国民生产总值最高的国家之一。在矿产资源上, 文莱除了油气储量巨大外, 还有丰富的矿产资源, 目前已探明的矿产有金、汞、锑、铅、矾土、硅。

(二) 社会人口

根据世界银行最新数据, 2015 年文莱总人口为 423 188 人。其中马来人占 66.4%、华人占 11%、其他种族占 4%。马来语为其国语, 通用英语, 华语使用较广泛。

文莱是君主专制国家。文莱的国家元首称为苏丹, 苏丹在独立时宣告文莱永远是一个享有主权、民主和独立的马来伊斯兰君主制国家。独立以来, 苏丹政府大力推行"马来化、伊斯兰化和君主制"政策, 巩固王室统治, 重点扶持马来族等土著人的经济, 在进行现代化建设的同时严格维护伊斯兰教义。文莱王朝 (博尔基亚氏王室) 是亚洲王朝中除柬埔寨王朝外最长的现存王朝，文莱王朝从 1363 年开始传到 2014 年已经有 600 余年。文莱王朝君主制直到现在还没有结束的迹象。文莱国内政局稳定，但近年来社会治安问题有所增多。

文莱国语为马来语，属马来－波利尼西亚语系。原用加威文（即用阿拉伯文书写的马来文），现许多场合如个人签名、公共建筑物上等仍使用。19 世纪英国人进入之后，书写采用拉丁字母，英语也开始广泛通用。文莱华人除讲英文和马来语外，还讲闽南语、广东话，绝大多数华人能讲普通话（当地人称华语）。主要报纸用英文、马来文和中文出版。伊斯兰教是国教。文莱马来族多信仰伊斯兰教，属逊尼派。伊斯兰教徒占人口的 63%，佛教占 12%，基督教占 9%，其他信仰还有道教、佛教、基督教等。

（三）经济发展

自从 20 世纪 20 年代英国人在文莱西北部的近海发现了石油，近一个世纪的石油、天然气开发让文莱积累了巨额财富。文莱经济上十分依赖自身的资源，油气产业是其唯一的经济支柱[①]，占国内生产总值约 66%，占出口和国家财政收入的 90% 以上。文莱作为东南亚第三大产油国和世界第四大液化天然气生产国，原油及液化天然气是其出口创汇的最主要来源，销往日本、韩国、印度及澳洲等地。进口产品主要是工业制成品、机械及运输设备，大部分来自邻国马来西亚和新加坡，以及中国与日本。历史上，文莱曾是一个经济结构比较单一的国家，主要经济来源为传统农业和沿海渔业。随着石油和天然气资源的发现，文莱的经济结构发生根本改变，经济发展重心完全倾向石油和天然气开采业。文莱虽是东盟人口最少的国家，但丰富的石油及天然气资源却为文莱带来极高的经济收入，人均收入是东盟国家之中第二高的，仅次于新加坡。得益于丰富的油气资源，文莱国民普遍生活富裕。长期以来，文莱国内的失业率一直处于非常低的水平，文莱人不用上缴税款，教育和医疗全部免费。

随着油气工业的发展，文莱过于单一的经济结构以及对不可再生资源的过度依赖影响了整体经济的可持续发展，尤其在 2015 年石油和天然气价格暴跌后，给文莱经济及政府收入带来了严重困扰。为改变单一的经济格局，文莱政府自 20 世纪 80 年代开始加大实施经济多元化战略的力度，逐步由传统的单一经济，向渔业、农业、运输业、旅游业和金融服务业等多种行业组成的多元化经济模式转变[②]。政府希望发展资讯及通信科技，以此作为新的经济动力。但由于人才和技术的限制，文莱尚不能依靠自己的力量发展高科技产业。国际货币基金组织指出，文莱要想为国内经济注入新的活力，首先需要改善其财政支出，推动私营部门发展，改善经济制度。

---

①商务部国际贸易经济合作研究院，等：《对外投资合作国别（地区）指南》，2015 年版。
②唐文琳，胡鹏，郁燕萍：《中国—东盟自由贸易区之贸易发展路径研究——以对文莱贸易为例》，《东南亚纵横》，2008 年第 12 期。

1962 年起，文莱开始制定和实行"国家发展五年计划"，以加强国家经济发展的计划性。2001—2005 年执行的第八个"国家发展五年计划"，主要内容是调整单一经济发展结构，实现经济发展多元化，减少油气产业比重，促进油气下游工业、石油天然气化工、炼油、旅游、国际金融中心、农业、渔业、清真食品、中小企业等重点领域的发展。该系列计划在 20 世纪 80 年代中期至 90 年代初期重点是发展工业和农牧业。90 年代中期转向资本再生开发，即进行海外投资、推动国内中小企业发展等。因成效不大，在第八个"五年发展计划"期间，文莱于 2003 年起转而实施"双交叉战略"：开发利用穆拉港深水区优势，开发穆拉岛深水港，建设本地区最大的集装箱集散港口，并以港口建设带动岛内基础设施建设，建立加工区和免税区；同时在文莱西部的双溪岭建设工业园区，发展油气下游工业、制造业及配套服务业。但由于国内市场狭小、技术和人才短缺、生产成本过高以及发展项目严重依赖国际市场、缺少比较优势和国际吸引力，文莱经济多元化发展战略的实施迄今收效缓慢，经济发展仍以油气出口为主。文莱非油气产业主要有服装制造业、建筑业、金融业以及农林渔业等，但均不发达。文莱制成品、工业设备、农产品、日用品等均依赖进口。

2012 年，文莱颁布了第十个国家发展五年规划，制定了 52 亿美元发展预算，用于鼓励自主创新和本地人才培养，重点发展科技行业。着眼于国家持久发展，从 1994 年起，文莱启动多元化发展战略，积极鼓励经济多元化，提倡发展油气以外的经济，主要是调整单一经济结构，减少油气产业比重，实现"进口替代"。

近年来，文莱的经济增长跟不上人口的增长。自 1984 年独立以来，国内生产总值实际增长仅为人口增长的一半，除非这种趋势得到控制，否则人均收入和生活水准仍将会继续下降。文莱的人均国民收入，已由 20 世纪 80 年代的世界第一跌至 90 年代的亚洲第一，现在已下滑至亚洲第三。2012 年，文莱国内生产总值（GDP）约 212 亿文莱元，年增长率为 0.9%。

文莱政府于 2008 年提出了《文莱达鲁萨兰国长期发展计划（2035 年远景展望）》，计划拨出 95 亿文莱元，大力发展旅游业，改善交通和通信基础设施，实现经济持续发展。作为国家宏观发展战略，该文件覆盖了文莱国内各领域的发展计划和目标，既是对以往经验的总结，又是以后将近 30 年工作的总体部署，更是对未来愿景的美好展望。战略指出，文莱在 1986—2005 年实施的前四个五年计划中，发展重点主要集中在改善人民生活、国家资源的最大经济利用、发展非油气产业、加快人力资源开发、保证就业、控制通货膨胀、构建和谐自力社会、鼓励培育马来民族成为工商领袖、廉政建设等方面。在更加长远的未来，为更好地迎接国际政治环境的风云突变给文莱政治稳定带来的挑战，解决文莱经济结构多元化是文莱经济发展的根本问题，政府将未来愿景细化为三个具体目标：①具有良好教育、高等技能和完美公民的民族；②具有高等生活水准质量的民族；③具有生气勃勃持续发展经济的国家，力争在 2035 年文莱人均收入进入世界前十。

经多年努力，文莱非油气产业在 GDP 中的比重逐渐上升，已占整个 GDP 的 32%左右。文莱国民经济对油气产业的依赖已开始减少，其他产业在国民经济中的比重已有所提高，经济多元化的成果已初步显现。但文莱经济多元化仍处于初期阶段，经济结构性问题仍存在，经济结构单一、过分依赖石油和天然气的问题仍未能很好地解决，单一经济结构未发生实质性改变①。

靠着向迫切需要能源的邻国如日本和印度出口原油与液化天然气，文莱向来是东南亚一个富足的小国。根据 2010 年的数据，文莱的人均国内生产总值是 51 600 美元。然而，跌破纪录低点的原油价格和政府反应缓慢，严重地打击了文莱的经济。2014 年，其国内生产总值萎缩 1.5%，2015 年又进一步减少 0.5%。据报道，全球原油价格暴跌导致文莱政府收入在过去三年锐减 70%，财政预算也陷入赤字。

提升文莱炼油能力的计划，对急剧下滑的经济不会有什么帮助。中国浙江恒逸集团有意在文莱建立新的炼油厂，每天生产 148 000 桶原油。但最近对"增值"行业的经济研究显示，这样规模的炼油厂只能让每桶原油增值约 10%。增加炼油能力只会让文莱的经济进一步受到石油输出国组织、美国页岩油气生产商和其他外来因素的牵制。

要重新繁荣，文莱必须实现经济多元化。文莱超过 60%的经济活动同石油和天然气行业有关，这显然是"把太多鸡蛋放在同一个篮子里"。农业是个具有潜力的选项。文莱不向国际出口牛肉，但却建立了一个受到许多穆斯林国家推崇的优质清真认证（halal）品牌。因为自身的饲养系统远远不足，文莱目前每年从澳大利亚进口超过 4 000 头牛，进行屠宰、处理和消费。文莱生产商必须进口更大量的饲料，才能取得和澳洲同行一样的利润。全力改善文莱的饲养系统，可以让其也成为牛肉出口国，把目标锁定在追求最优质清真认证牛肉的客户。此外，政府也应该大力增加其他农产品的产量，让文莱成为净出口国。

与此同时，文莱政府也应该选择投资于适当的市场。2013 年，文莱投资 2 100 万美元建立了一个同伊芒水坝（Imang Dam）连接的灌溉系统，目的是增加附近地区的稻米产量。然而，文莱的稻米自给率只有 60%，而泰国农业部预测，泰国 2016—2017 年的稻米产量估计约 2 500 万 t。因此，就稻米来说，文莱根本没有任何竞争优势，最多也只能拥有一个小市场。

除了探讨农业在国家经济中可以扮演的角色和应该对哪些产品投入更多资金外，文莱也可以在发展自身独特的"知识经济"上取得一些成果。就像其优质清真认证牛肉品牌一样，文莱也可以致力于发展成为处理清真认证化妆品和药物的中心。这可能正是政府选择的方向。文莱于 2014 年 7 月成立了清真认证科学中心（Halal Science Center）。该中心很快便同佛罗里达州立大学、大阪大学工程学院及日本食品研究实验室建立伙伴关系。到

①"中华人民共和国驻文莱达鲁萨兰国大使馆经济商务参赞处文莱 2035 宏愿"基本情况介绍，http://bn.mofcom.gov.cn/aarticle/ztdy/200806/20080605574913.html，最后更新于 2008 年 6 月。

2018 年，文莱每年出口的药物总值，预计将达到 1.5 亿美元。另外，文莱生物多样性丰富，在发展新疗法供本地采用和出口到海外市场上有巨大潜力。当然，1.5 亿美元远远不足以填补政府预算开支与收入之间的 22 亿美元的差距。文莱的决策者和公民社会组织，不但要探讨文莱除了石油和天然气外还可以提供什么，而且必须寻求可行的替代收入来源。这包括实行消费税、适中的个人所得税和消除让政府不能有效征收公司税的漏洞。

1. 能源工业

文莱在全球能源市场中占有重要地位，这有三个原因：第一，文莱每天出产原油 20 万桶，出口石油量达 19 万桶，是东南亚地区仅次于印度尼西亚、越南和马来西亚的第四大产油国；第二，文莱是亚洲第三大液化天然气生产国，是世界第四大天然气出口国；第三，文莱位于连接中国南海和印度洋以及太平洋的海峡附近，优良的地理位置为文莱的石油和天然气贸易带来优势。

文莱的石油生产始于 1929 年，当时在文莱发现了一个储量丰富的陆上油田——Seria 油田。1950 年，该油田的石油产量稳定在 11.5 万桶/d（目前已减少至 2.7 万桶/d）。1979 年，文莱石油产量出现峰值，约为 24 万桶/d，但文莱政府为了延长油田的开采寿命、提高石油开采率，减少了石油产量。2000 年以来，文莱的日产原油稳定在 20 万桶左右，日产天然气达到 300 m^3。其生产石油的 95% 以上、天然气的 85% 以上用于出口。

文莱的石油工业完全受文莱壳牌石油公司（BSP）控制，BSP 是壳牌集团和文莱政府以 50∶50 组建的合资企业，多年来一直是该国唯一的石油生产商，并运营着文莱唯一的炼油厂。文莱壳牌石油公司在文莱拥有 11 个油田，约 772 口油井，其中 9 个为海上油田，包括 Champion 油田（约占文莱石油储量的 40%）、Southwest Ampa 油田（文莱最老的油田，拥有文莱天然气储量和产量的一半以上）、Fairley 油田、Fairley-Baram 油田、Gannet 油田、Magpie 油田和 Iron Duke 油田；同时还拥有两个陆上油田：Rasau 油田和 Seria-Tali 油田。

2002 年文莱石油消费国包括泰国、澳大利亚、韩国、中国、日本、印度尼西亚、新西兰、菲律宾、新加坡和美国等国家。2003 年起印度也开始进口文莱石油。从 20 世纪 80 年代起，中国就从文莱进口少量石油。2000 年以来，在两国政府的推动下，中石化公司和中石油公司先后与文莱壳牌石油公司（BSP）签署《钱皮恩石油协议》，逐渐增加从文莱的原油进口，并将就文莱 L 区块进一步加强与文莱的合作。2001 年中国从文莱进口石油金额达 1.475 亿美元，2002 年达 2.42 亿美元，2003 年达 3.12 亿美元（约 100 万 t）。

2. 制造加工业

为改变国民经济过度依赖油气资源的局面，文莱政府积极推行经济多元化战略，扶持中小企业发展制造加工业。1989 年，文莱政府设立工业和初级资源部，负责推动文莱工业化进程。工业部下设工业发展局，其主要职能就是在文莱建设工业园区吸引投资，发展制造业。

截至 2006 年，文莱已建成 9 个工业区，总面积 422 hm²。目前，占地 108 hm² 的第 10 个工业区也正在建设当中。在这些工业区内，基础设施一应俱全，用地都以低廉的价格提供给在园区设厂的企业，落户企业只要建造厂房即可。在园区落户的企业已有 1 000 多家，大部分为来自马来西亚、泰国、新加坡等东盟国家的投资，全部为中小型企业，平均每家企业人数不足 40 人，主要从事服装、建材、视频材料、电线电缆、木材加工以及家具制造等行业，吸收了约 14 000 人就业，多为外国劳工。

2002 年，文莱经济发展理事会提出"双交叉战略"来推动经济多元化，由其牵头组织实施双溪岭（Sungai Liang）工业园和大摩拉岛（Pular Muara Besar）大型港口项目。2007 年 10 月 13 日，文莱在遮鲁东马球俱乐部举行了引用外资开发天然煤气资源的工业发展项目的签约仪式。本次签约仪式共签署了 6 项合约，包括煤气销售合约、土地租赁合约、行销合约、技术服务合约、执照合约及催化剂供应合约，目的是发展文莱的甲醇、尿素厂的谅解备忘录，将落户该工业园。另外，文莱政府还计划将大摩拉岛建成一个适应下一代新型集装箱货轮的深水港，同时，在岛上规划设立出口加工区。

3. 农业

文莱的农业相对落后，土壤贫瘠，发展缓慢。20 世纪 70 年代后，由于石油、天然气的生产和公共服务的发展，很多人放弃农业转行工业和服务业，使传统农业受到冲击，农业发展总体水平落后，规模萎缩，而现代农业又远未发展起来，目前仅有少量的水稻、橡胶、胡椒和椰子、木瓜等热带水果，一般是家庭经营。

文莱苏丹在 2008 年 7 月庆祝其 62 岁华诞之日发表讲话，呼吁加强国家粮食安全意识，提高国内稻米等农产品的自给率，强调要制定国家粮食安全战略和农业发展政策，确保国家粮食供应。

大米是文莱人民的主食，根据联合国粮食与农业组织的统计，文莱 2003 年水稻种植面积为 240 hm²，产量为 400 t。文莱每年需要 3 万 t 大米，但 98%需要从泰国等地进口，水果 80%需要从其他国家进口，肉食品 96%也依赖进口。为改变这种状况，近年来文莱政府重视农业，发展现代化农业，加强排水和灌溉工程，增加土壤肥力，鼓励本国公民从事农业活动，增加牛、羊、鸡、鱼、虾的养殖，扩大蛋、奶的生产，通过改善稻田基础设施、制定更有效的农作物保护策略、采用高品质稻种、增加资金投入、政府提供技术支持和普及等措施来提高食品的自给率。

近两年，文莱政府共划拨 240 万文莱元用以支持农业发展，包括改善灌溉系统及道路、购买稻米援助基金等。经过几年努力，文莱农业落后的面貌有所改变，但仍没有改变在整个经济结构中的弱势地位。根据文莱经济计划和发展部的统计，2006 年文莱农业生产比 2005 年下降 9.4%，林业和渔业分别增加 3.9%和 15.9%。整个 2005—2006 财年第一季度农、渔、林业生产同比下降 13.5%，第二季度同比上升 1.7%，主要原因是 2006 年蔬菜、禽、蛋、奶制品生产下降。2007年5月,文莱农业部要求从邻近国家进口10万枚鸡蛋以缓解市场短缺。8月,文莱举办了"国际清真食品博览会",有8个国家的代表团参加了此次博览会,文莱此举意在强调农业合作和农业发展的重要性,希望实现改变忽视农业的状况。自2010年以来,文莱大力扶持以养鸡业为主的家禽饲养业,鸡肉已能90%自给,鸡蛋实现完全自给。

4.旅游业

文莱政府近年来积极推行"多元化经济"发展之路,旅游业便是重头戏。文莱以"东方威尼斯""和平之乡"的美誉逐渐被世人瞩目。天然的富足、浓郁的伊斯兰风情、独特的旅游资源把文莱构建成了21世纪的"天方夜谭"。实际上,文莱真正投入开发旅游业不到20年光景,由于方向正确和国际市场大,近年来收益不错。

为了加快旅游业的发展,2005年7月11日文莱成立了文莱旅游管理委员会,文莱工业及初级资源部副部长和常务秘书分别担任该委员会的主席和副主席。据文莱《文莱时报》2014年1月报道,文莱工业与初级资源部旅游局最新统计数据显示,2013年1—9月,外国游客达19万人,其中空港抵达游客为17万人,乘游轮2万人。航空游客中乘坐文莱皇家航空公司的占59%、亚航占15%、新航占6%、马航占5%,菲律宾宿务太平洋公司占5%。根据国际业界同行评价,文莱旅游资源丰富且质量较高。超过90%的外来游客都对文莱文化和自然景点饶有兴趣,其中51%的游客参观过王室陈列馆、20%到访文莱博物馆、9%到访马来科技博物馆、7%到访油气探索馆、6%到访水村文化旅游馆、4%到访淡布隆乌鲁国家公园。上述景点均是文莱2011—2015年旅游发展规划中的重点项目。根据该计划,文莱旅游重点为自然、文化和伊斯兰旅游。文莱工业与初级资源部部长叶海亚日前向媒体透露,为发展文莱旅游业,该部确定了七大发展动力和13个领域和69个项目。七大动力包括户外、文化和伊斯兰旅游、健康、海上、教育、商业等。69个项目包括升级现有博物馆、导游培训等。文莱的基础客源包括东南亚、北亚、欧洲、澳大利亚、新西兰、中国。未来还将开发英国、德国、瑞士、奥地利和阿拉伯各国市场。

根据文莱政府制定的2012—2016年旅游业发展蓝图,文莱旅游业收入2016年预计将突破3.5亿文莱元(约17.8亿元人民币),旅游业将成为石油天然气以外新的经济增长点。按照这一五年规划,2016年文莱将吸引游客41.7万人次,比2011年增加近72%;旅游业收入也将在2011年1.55亿文莱元的基础上增加126%。文莱旅游业的发展将主打自然环境、民俗文化和宗教传承三张牌。根据规划,发展旅游业将为文莱社会创造约2 000个工作机会。

5.中文经贸合作

1991年,中国与文莱建交。此后两国关系稳步发展,各领域合作不断扩大,虽然两国的贸易额度在中国与东盟的贸易额中所占份额不大,但中文之间贸易额的增长率在中国与东盟国家的贸易中是最快的,进入21世纪之后,两国之间的贸易额迅猛增长,并有继续扩大的趋势。中国在文莱的投资正在增加。2011年,中国最大的私营化学纤维供应商宣布计划在文莱建造一座石油化工厂，总投资达 60 亿美元。2014 年，中国与文莱签订协议建立经济走廊，目标是在农业与食品生产领域创造超过 5 亿美元的投资和贸易。2016 年 4 月中国银行获批在文莱开设首家分行。文莱经济发展委员会（Brunei Economic Development Board，BEDB）促进外商直接投资到当地，并向多个产业提供税务优惠，包括飞机餐饮服务、纺织品以及电子产品和通信设备制造。截至 2014 年年底，文莱的累计外商直接投资达 62.2 亿美元，2013 年年底则达 142.1 亿美元。根据中国商务部数据，截至 2014 年年底，中国对文莱的累计投资达 6 960 万美元。根据企业顾问公司维瑞恩联合公司（Vriens & Partners）最新发表的亚太地区投资环境报告显示，文莱 2014 年投资环境指数为 73.5，排名亚太区第五位。前四位分别为新加坡、新西兰、中国香港和澳大利亚。该报告从法规、国际贸易和商业开放度、政治稳定度、税收水平、廉洁度和财务管理等方面评估各经济体投资环境，文莱在法规、政治稳定度、税务和廉洁度等方面获较高得分。

20 世纪 90 年代末，中国产业结构的大力调整导致中文贸易结构发生显著变化，中国对文莱的贸易从以初级产品为主，逐步朝以高附加值、高技术含量的出口产品为主过渡，中文贸易正在向高层次发展，不断拓展新的领域。虽然从整体上看中文贸易还是略显单一，极易受到外部市场变化的冲击，但中国出口到文莱的产品结构较 21 世纪前几年已经大有改观，中国向文莱出口的商品类别相对进口而言比较分散，数量、种类远多于从文莱进口商品的种类，而且价值量比较大，从出口额变动的趋势上分析，在其他条件不变的前提下，中国对文莱的出口额将随着中国—东盟自由贸易区建设力度的进一步加大而在随后的几年继续稳步快速增长，可以预见，中国对文莱新的出口产品市场将随着两国之间贸易领域合作的发展而扩大。

二、文莱环境现状

（一）大气环境

文莱的空气质量始终保持良好，按照污染物标准指数（pollutant standard index）测量的结果，达到了优良的程度，并且没有迹象显示空气的总体质量状况将呈明显下降趋势。许多技术、机制与政策措施，已经被制定，并用于解决常见的空气污染问题。

（1）1997 年 2 月，空气质量监测站（AQMS）在斯里巴加湾市（Bandar Seri Begawan）成立。同时，颗粒物（PM_{10}）监测站也在所有的 4 个地区建立。这两种类型的监测站的主要职能，除了负责监测文莱的空气质量状况外，它们还作为早期环境事故的预警机构，负责为文莱政府在制定与环境有关的重大战略政策时，提供重要的信息与数据。

（2）成立处理烟霾污染问题的国家委员会（National Committee on Haze）。该机构专门针对森林火灾与烟霾污染，制定与实施相关的政策，并负责具体行动安排的协调工作。

（3）1998 年 5 月，制定专门的法律，对露天焚烧行为加强法律的管制力度。

（4）环境事故基金在企业的推动下成立，并通过市场化的方式维持运行。

（5）2000 年 3 月，所有的加油站使用的汽油都必须是 100%无铅汽油。

石油行业已经进行了较大的努力去改善自身的环境行为，这包括对油气排放的处置与管理等。石油行业已经采用了国际通用并认可的标准与环境管理体系，诸如 ISO 14000 等。文莱的工业结构以能源工业为主，考虑到与未来工业的进一步发展相结合，相关的环境保护工作规划也必须整合到工业发展计划中。因此，为了维持现有的空气质量不再进一步退化，未来的工业发展需要采用更为清洁的生产技术。

除了石油与天然气等能源行业外，机动车尾气排放是另外一项较大的空气污染源。尽管从 1995 年开始新机动车年均增长率在降低，但是总的机动车数量仍然在增加，根据统计，1995 年机动车仅有 167 790 辆，而到了 1999 年机动车数量已达到 202 244 辆。虽然说公共交通与公路设施的改善与扩张，通过缓解交通拥堵，在一定程度上降低了交通污染的程度。但是与之相比，降低机动车尾气所造成污染更为有效的措施，是从 2000 年 3 月开始强制推行的使用无铅汽油的政策。

（二）水环境

充足而清洁的水资源供应，对于一个国家人口的增长与经济的发展都起到至关重要的作用，文莱政府将水环境的治理与水资源的管理作为环境领域优先发展的方向。目前，新建水库的工程以及对污水处理厂的更新工作，都是为了满足上述要求而进行的。此外，为了保证基本的饮用水资源安全，特别的水资源保护区进行了专门的管理。

在文莱，工业废水、农业废水以及生活污水，是最能影响水质状况的三种污水来源。对于它们的治理，污水处理设施是关键。而污水处理设施的设置，在文莱则因下水道的存在与否而有所不同。在建设下水道的地区，对于原有污水处理设施，以维护、维修和更新为主；而对于新建的污水处理设施，则以形成新的污水治理网络为主，如甘榜亚逸安置项目（Kampung Ayer settlement projects）就是其典型代表。

在没有下水道的地区，所有建筑或单位的污水处理，要求必须与化粪池连接，或者配备其他的就地处理设施。尽管已经付出了巨大的努力，但是甘榜亚逸地区的水质污染问题仍然引起人们的关注。为了防止水质状况进一步恶化，文莱政府已采取了下述治理措施：

（1）重点解决甘榜亚逸地区的固体废物及由此产生的污水等环境问题。

（2）关于水污染物排放与处置的法律政策与执行措施，需要进一步加强。侧重于两个方面：①房地产、商业与工业用地项目的大规模建设开发，必须配备就地污水处理设施；②化粪池等污水处理设施，需要定期组织清淤与疏浚工作，以保证污水处理设施的正常运转。

（3）强化对水质量状况的检测。

（4）提升公众环保意识。

石油与天然气公司是文莱主要的工业废水排放源。目前，石油与天然气公司已经开始积极采取各种行动去改善对水资源的影响，并提高解决环境问题的能力。从政府管理的角度来看，专门针对石油与天然气公司排放的工业废水成立了废油处理与循环中心，可以分享相关的信息与技术，而且还可以学习与借鉴有关的经验。

（三）土壤环境

文莱耕地面积只占国土面积的 5%，未开发的土地占土地总量的 70%，多是森林保护区。由于近些年不利经济形势的影响，文莱开发城市建设用地或其他商业用地的步伐逐渐放缓，这在很大程度上降低了对土地与自然资源的破坏程度，减缓了用地需求压力。但如果在执行土地发展与开发计划时不采取相应的控制与治理措施，则将不可避免地对土地资源产生深远影响。如果不对环境因素加以考虑，则将造成土壤侵蚀、沙化、水土流失、洪水和泥石流等问题。上述这些问题，直接威胁到文莱人民的安全、健康以及其他福利。因此，通过环境影响评价与环境管理制度，将对环境的考虑整合到对土地的发展与开发计划的执行上，是非常有必要的。事实上，尽管现在的环境法律并未规定环境影响评价制度，但是对环境的考虑已被整合到对土地的发展与开发计划的执行中。而对有关建设项目进行的环境影响评价，则主要取决于相关行政政策的规定，或者是项目开发者的主动性。

文莱的土壤环境保护相关法律法规采用附属性立法，虽然没有专门的土壤污染防治法，但都在其环境保护相关立法或政策中对土壤污染防治作出了明确规定。

文莱壳牌石油公司针对文莱西北部诗里亚的土壤污染问题，请 Envirosoil 有限公司为其开展土壤环境修复工程。该工程包括设计、施工、管理、设备筛选与采购等内容，旨在治理和修复毗邻中国南海的三处石油潟湖造成的土壤污染。这三处潟湖未经铺设衬里，导致堆放的近 16 万 t 污泥、钻泥对土壤产生危害。除了对这些受污染的污泥和土壤进行挖掘和处理外，Envirosoil 有限公司还对 5 000 桶受石油污染的淤泥进行清洗，并对当地进行植被再造。这一场地包括众多石油钻井以及运油管线。整个修复工程包括：利用井点排水系统对潟湖进行排水；钻泥、槽底淤泥以及污染淤泥的挖掘清理；以处理过的泥沙回填潟湖；植被再造。不同区块的土壤和淤泥的碳氢化合物含量从小于 3%到大于 40%，湿度从小于 10%到大于 35%。不同土壤和淤泥被混合到一起，形成含 10%～12%碳氢化合物、15%～25%湿度的土壤，送至低温热解吸附处理工厂进行净化。该工厂的处理效率为 10 t/h，处理所得的碳氢化合物可供出口原油使用。同时，该项目还全面涉及工人的健康检测以及排污监测，为控制废水污染，特安装废水处理系统。该项目于 1999 年 11 月开始启动前期评估、设备采购、设备安装等工作，并于 2000 年 9 月初开始正式实施。截止到 2003 年 7 月，该项目共处理了 15.5 万 t 污染物，并于 2003 年 9 月结束。

图 1.1　文莱西北部诗里亚地区受污染的潟湖

图 1.2　清理受污染的淤泥

图 1.3　低温热解吸附处理工厂

图 1.4　油桶清理及报废

图 1.5　正在逐步开展的植被修复工作

（四）生物多样性

文莱的生物多样性十分丰富，其中最为人称道的就是"婆罗洲之心"（Heart of Borneo）。2008 年 7 月，文莱工业与初级资源部部长在出席德国波恩第 9 届生态多样性公约（CBD）部长会议时宣布，文莱将开始履行"婆罗洲之心"计划。该计划是由文莱、印度尼西亚、马来西亚三国政府为保护婆罗洲热带雨林和生物多样性而共同推出的一项绿色环保计划。文莱涉及热带生物多样性中心、海上公园、海上生物系统和环境管理等 19 项环境计划。

婆罗洲是位于中国南海最南端的巨大岛屿，属文莱、马来西亚和印度尼西亚共同所有。"婆罗洲之心"是指婆罗洲上一片广袤的高地热带雨林，位于文莱、马来西亚和印度尼西亚三国交界的山区，总面积约 22 万 km²，延伸到周边的低地，囊括了阿婆卡岩（Apo Kayan）、卡岩门塔朗（Kayan Mentarang）国家公园和其他 15 个保护区。这里分布着世界上 6% 的生物多样性资源，在岛内 20 余条主要河流中，有 14 条发源于此。这里是 13 种灵长类动物、250 多种鸟类、150 多种爬行及两栖动物和 15 000 多种植物的家园，并且目前仍在不断发现新的物种。

文莱拥有约 15 000 种维管束植物，其中包括约 2 000 种树木、约 100 种非飞行哺乳动物（其中约半数为啮齿类）、约 400 种珊瑚、约 98 种两栖动物和 50 种爬行动物、约 50 种淡水鱼和 144 种海洋物种。文莱新发现的物种包括仅在美林本湖（Tasek Merimbun）遗产公园中发现的豆娘特有种（*Euphaea ameeka*）和白领果蝠。文莱拥有极其丰富的生物多样性，但受威胁物种的数量也令人触目惊心。据《世界自然保护联盟濒危物种红色名录》统计[①]，文莱有 42 种极度濒危物种、33 种濒危物种和 99 种渐危物种。

"婆罗洲之心"地区热带雨林遮天蔽日，林中生物多样性极为丰富，是世界上最重要的珍稀物种宝库之一。这里有大片的原生态低地龙脑香科树种森林和山地雨林，是世界上犀牛、大象和红毛猩猩共存的仅有的两个区域之一（另一个位于印度尼西亚苏门答腊岛）。这里还有云豹、飞蛇、盔犀鸟、马来犀鸟和各种暹罗斗鱼，也生长着各种奇异的珍稀植物如世界上最大的花——象耳兰等。还有许多新发现的原生和次生树种，如壳斗科、桃金娘科植物、在高地森林种极度濒危的天然副生杜鹃花等。除了天然植物外，"婆罗洲之心"地区还有非自然植物区，如农作物、次生林区等。这些树的年龄在数十年甚至一百年以上，是当地达雅克人与雨林共处互动的结果。

但令人痛心的是，在过去的半个世纪，这一曾经覆盖整个婆罗洲岛的热带雨林被追逐经济利益的人们有组织地、无情地破坏。众多珍稀物种面临着灭绝的威胁，如果不采取行动保护栖息地，更多的物种将会有灭绝的危险。当地的土著民族如迪雅克族、本南族和伊

[①] 国际自然保护联盟濒危物种红色名录（2012 年 11 月 8 日），http://www.iucnnredlist.org。

班族只能无力地看着他们生活了几个世纪的森林被逐步毁坏。

（五）森林资源

文莱拥有丰富的森林资源。拥有落叶混交林、龙脑香混交林、石南、山地、红树林[①]等多种林种。文莱的国土有 3/4 被森林覆盖，淡布隆区就是全国原始森林的集中地区，总面积为 1 304 km^2，区内山峦起伏，绿荫层叠。文莱国家森林公园占地面积为 48 875 hm^2，位于淡布隆区巴都阿波附近的森林保护区内，整个森林保护区面积为 500 km^2。淡布隆区的常住人口约有 9 000 人，其中有依然保持着许多马来传统的土著民族，民风淳朴自然。这里没有什么繁华的街市，就连民居也大多散落在丛林当中。

文莱的森林面积为 38 万 hm^2，森林覆盖率高达 72%。林地面积 5 万 hm^2，占土地面积的 9%。对森林类型进行细分，则文莱的原始森林面积为 26.3 万 hm^2，占森林总储量的 69%。自然可再生林面积为 11.4 万 hm^2，占森林总储量的 30%。人工种植林面积为 3 000 hm^2，占森林总储量的 1%。从变化趋势上来看，1990 年文莱的森林面积为 41.3 万 hm^2，至 2010 年削减到 38 万 hm^2，年均森林退化率为 0.4%。文莱的森林资源为完全国有制管理。

为保护珍贵的森林资源，文莱设立了相关政策法规，最重要的就是 1989 年颁布的国家森林政策。但是目前尚未制定地方森林管理政策，许多保护措施不能得到很好的贯彻实施。

（六）海洋环境

文莱拥有 269 km 海岸线，领海面积 3 157 km^2。滨海红树林的面积为 197 km^2。红树林保护区占比 4%，共有 29 种红树林树种、4 种海草品种、64 种石珊瑚品种，共有 6 个海洋保护区。

（七）固体废物

对固体废物的处理，是文莱大部分城市地区较为关注的另一项环境问题。随着人口的增加与经济的发展，大量的生活废物与工业废物随之产生。因此，原有的废物处理厂已经无法解决超过其处理能力的固体废物。为了解决这一问题，文莱政府在穆阿拉区（Muara District）开始修建新的固体废物处理厂，而这只是文莱综合处理固体废物计划中的一部分。

关于固体废物的回收。对于陆上定居点的固体废物回收，由私营性质的公司负责上门对每家住户的废物进行收集。目前，实行用这种方式处理废物的家庭数量仍然有限，政府鼓励更多的家庭参与到这一计划中来。事实上，作为替代措施的是，更多的家庭选择采用

---

① 全球林业资源评价国家报告，FRA 2005/182. 联合国粮农组织林业处，生物多样性公约第四次国家报告，2008。

将废物放置在社区内部的垃圾箱或者废物处理中心的方式进行处理。应该说通过上述的设施与服务，以及清洁度的提升和通过清洁运动的推广带来的公众环境意识的提高，其成效是显著的。然而，也应该看到在处理固体废物上仍存在一些问题，如垃圾的倾倒与任意化处理的问题仍比较明显，而且将固体废物直接焚烧也是家庭处理固体废物常见的方式。

在处理固体废物中，需要特别关注的是塑料制品。这是因为如果不对其采取适当的处理措施，这些塑料制品将产生很大的危害。被丢弃的塑料袋与塑料包装，本身就是一种较大的污染，并且很难对其进行无害化处理。因此，对于减少塑料袋与塑料包装的使用，文莱采取通过加大宣传力度以及采取相关措施的办法，来提高消费者与零售商在这一问题上的认识。作为上述这种措施的一部分，布特勒-海德堡水泥公司（Butra-Heidelberger Cement）已经采用纸质包装袋，用以装盛其的水泥产品；而其他公司，如 7 家超级市场与许多纺织品商店、书店已经承诺将减少 20% 的塑料包装使用量。其他有关固体废物的治理措施还包括：①改善既有的固体废物处理设施与服务；②提升环境友好技术的使用力度；③完善法制并加大执行力度；④提高公众的环保意识。

三、文莱环境管理机构设置和主要部门职能

（一）政府部门

文莱主管环境保护工作的部门是文莱环保局，其全称为环境公园与娱乐休闲局（Department of Environment，Parks and Recreation）。1993 年，文莱环保局成立，归属文莱发展部（Ministry of Development）管理，同时它也是国家环境委员会（National Committee on the Environment）的秘书处，负责协调与文莱环境保护相关的事宜。总的来讲，文莱环保局的基本情况可以用"439"概括，即文莱环保局要实现四大目标、承担三种职能、负责九项具体任务，具体如下：

1. 四大目标
（1）提升和维持环境的美化与生态等方面的价值，为公众福利做贡献；
（2）通过预防、监测与减缓措施的实施，防止与减少点源污染和减少残留物污染的影响；
（3）通过将环保理念整合到经济发展计划中去，实现经济发展与环境保护的协调发展，以防止和减少发展经济对环境要素（如大气、水、土地和生态系统等）的破坏；
（4）通过环境教育、信息公开与建立伙伴关系的方式，提升公众对环境保护的支持、理解、关心和责任感。
2. 三种职能
（1）对污染治理与资源保护两项工作的协调；

（2）对环境法规政策的执行；

（3）对名胜风景区、公园与娱乐休闲设施的规划、发展、保护与管理的执行。

3．九项具体任务

（1）制定和实施国家发展计划中的环境政策和方案；

（2）制定和实施环境保护的措施和行动；

（3）策划、开发、维护和管理景观、公园和休闲娱乐区；

（4）营建有关环境、景观、公园和休闲娱乐区的信息库；

（5）对在建项目可能产生负面影响的环境影响评价进行管理与评测；

（6）协调与国家、区域和国际机构与组织的合作与联系；

（7）推广公民环保教育，特别是提升公民有关保护环境、景观、公园和休闲娱乐区的意识；

（8）执行、推广和协调有关环境、景观、公园和休闲娱乐区问题的研究；

（9）提供适当的建议、指导与后勤保障和支持。

此外，在环保局成立后，原属于发展部的与环境保护职能相关的其他部门，统一划入环保局管理，并形成了文莱环保局的六大内设机构，即计划与发展司、维护与管理司、污染控制司、环境计划与管理司、国际合作司、行政与财务司。

文莱负责管理石油天然气工作的机构是文莱石油管理局，该局成立于1982年6月15日，原名为文莱石油局，归属国务部领导。后来其工作范围和职责有所扩大，更名为文莱石油管理局，归属首相署领导。现在该局设局长1名，副局长1名，业务部门8个处，分别为法规处、勘探处、开发处、商业处、战略规划处、人力资源处、审计处和行政管理处。职工约100名，一半以上为大学毕业生，专业有工程、财务、经济、立法、人力资源管理等。

石油管理局的主要任务是鼓励为人民的利益开采自然资源，特别是石油、天然气和煤炭资源。主要目标是：建立一个能利用最新的知识和经验并在技术和管理技能方面见长的组织；在促进下游工业发展的同时，监督石油和天然气生产，以延长石油储量的生产期；稳定文莱原油价格；鼓励国际石油公司向文莱投资；更新文莱石油法律法规和采矿协议；确保文莱石油和天然气价格与世界市场价格一致；促进文莱参与世界石油和天然气方面的各种相关活动；确保所有的石油公司遵守国际统一接受的技术、核算和健康、安全以及环境方面的标准。

（二）非政府组织

1．绿色文莱

绿色文莱（Green Brunei）于2002年8月成立，是一个以推动环境教育和环境保护为己任的非政府组织，旨在成为文莱国内最大的环保组织和绿色社团，其目标为提供绿色可持续的资源，促成青年人发起环境保护项目。绿色文莱至今已经组织了各式各样的环保活动，覆盖儿童、青少年和成人，涉及自然露营、植树造林、研讨会和绿色对话等活动。绿色文莱由一个青年志愿者团队运营，致力于提升文莱的自然之美，鼓励大家发现生态友好生活方式的重要性。

2．婆罗洲之心热带雨林基金会

婆罗洲之心热带雨林基金会（the Heart of Borneo Rainforest Foundation）成立于 2010年，致力于履行文莱、印度尼西亚、马来西亚三国政府为保护婆罗洲热带雨林和生物多样性而共同推出的"婆罗洲之心"计划，保护婆罗洲热带雨林丰富的生物、生态和文化资源。

四、文莱环境管理相关法律法规及政策

《全世界国家治理质量报告》登载了世界银行排序的国家治理能力和影响力排名情况，在东盟 10 个国家中，文莱仅排在新加坡和马来西亚之后，位列第三，综合分数达到百分制的 72 分。然而，在法制建设方面的分数，仅为 59.5 分；并且在民主政治建设方面的分数更低，仅得 17.3 分。这说明文莱的法治状况整体上并不十分理想，而在其中有关环境保护的政策法规也有待进一步完善。

在文莱，环境政策通常以行政命令的形式公布。许多关于环境管理的规定，通常以附带或附随的条款形式在管理其他事务的法律中出现。这些环境政策法规，特别是与需要被环境政策法规调整的环境问题相比，是非常不充分的。事实上，没有一部专门性的环境法律去统一协调在环境管理工作中出现的问题。因此，许多现有的环境政策法规，就会将管理环境事务的权力分别赋予不同的职能部门，这就出现了环境事务"多头管理"的问题。此外，文莱的环境法律中没有明确规定环境影响评价制度。尽管出于对环境问题的重视，政府要求新建项目在施工前必须提交对减小对周围环境影响有帮助的措施。除此之外，环境政策法规的另一问题是，有限的环境政策法规由于制定时间较早，难以较好地调整一些新出现的环境问题，因此急需尽快得到修订。一个可能解决上述问题的办法，是制定综合性的环境法。

（一）环境基本法

在环境问题日益突出的大背景下，文莱政府也逐渐提高了对环境保护的重视程度。2016 年，文莱制定了《环境保护与管理法案 2016》，该法案将解决许多目前亟待解决的环境问题，诸如对有毒有害废物的管理等。此外，它会将文莱所签署的《巴塞尔公约》等国际法律设定的义务与责任，转化为国内法律中的相关规定。

1. 环境政策目标

因为环境的退化会损害社会经济的发展并且会威胁人类的安全、健康与其他福利，因此文莱一直致力于将环境保护整合到国家整体的发展计划当中。事实上，环境的可持续发展已经成为了国家发展计划（NDP）的一个不可或缺的部分。为此，国家发展计划设置了文莱环境保护的目标，具体如下：

（1）保证可持续地使用自然资源；

（2）防止与减少人口增长与经济发展带来的对环境的负面影响；

（3）在经济可持续发展与维持较好环境质量之间保持适当的平衡。

2. 重视环境保护意识的提升

创建环境基金、推广绿色产品与服务、鼓励并减少塑料制品等固体废物的使用等，是政府目前正在实施的有关措施。未来将采取讲座、培训、宣传以及展览等多种方式，提升公众在环境保护上的意识。此外，对于年轻人、在校生以及商人这三个群体，需要特别关注，他们的环保意识还需要进一步加强。

3. 将对环境保护的考虑整合到社会经济发展计划当中

对于目前的状况，最好尽快在法律中明确规定环境影响评价制度，以便在建设项目施工前对环境成本与经济代价进行全面考虑。事实上，随着时间的推移，环境影响评价制度应该成为文莱在谋求经济发展过程中避免对环境产生负面影响而必不可少的组成部分。

4. 构建对环境与自然资源进行评估的信息数据库

对于自然环境的调查、统计与评估是非常需要的，并且需要对此建立一个系统的、常规的与定期的制度，这使得相关数据库的建立成为了必要。一个对环境状况调查的基础性数据与信息，将对评价文莱环境政策法规的表现与预测环境问题未来发展变化趋势起到一定的帮助。因此，文莱强调加强对自然资源与环境状况的检测制度建设。

5. 进一步改善城市与农村的环境

对城乡环境的改善必须与人口增长、城市化进程与经济发展保持同步，以便居民的生活质量不会因为环境基础设施的落后而受到影响。1999年，文莱的斯里巴加湾市（B.S.B.）已经获得了"最干净与最美丽城市"的荣誉称号。事实上，关于城市建设方面，文莱与环境保护有关的经验包括：增加环境设施；对城市的休闲娱乐设施进行改进；加强对自然遗产的保护等。

6. 提升环境质量

过去发生的环境问题给文莱的启示是事后的补救性措施，其实施的效果是不仅不能实现完全的补救，而且从成本效益的角度看，也因实施成本较高，而不是最优的解决问题的方式。事实上，最好的方式是在环境问题发生前采取预防性措施。为此，文莱做出如下努力以改善环境质量：完善环境法制；加强在环境技术与能力上的建设；推广环境技术的使用等。

7．加强区域与国际合作

环境污染的流动性特点使环境污染常常超越国界的限制，因此加强区域与国际合作、共同解决环境问题，成了文莱必然的选择。对文莱这样一个科学与技术都需要进一步加强的国家来说，尤为重要，不仅因为其可以分享相关的信息与技术，而且还可以学习与借鉴有关的经验。

（二）环境影响评价相关法律法规

2002 年，文莱制定并颁布了《环境影响评价指南》，作为项目开发单位调查、预测和评估环境影响、制定环境保护措施的参考指南。需要进行环境影响评价的领域包括农业、机场建造、排水设施、土地开垦、渔业、林业、住房、工业、基础设施建设、港口、采矿、石油、发电站及输电系统、采石场、铁路、交通、娱乐设施、废物处理、供水等。《环境影响评价指南》是对文莱工业污染控制指南的补充。

（三）其他环境管理法规

除了制定环境保护相关法律法规外，文莱环境局还在废物减量、资源可持续利用等方面大力加强指引和宣传。《循环手册 123》是针对垃圾回收的指导手册，涉及电子废弃物、塑料、厨余垃圾等不同类型的废物回收，以生动的语言和图片向公众讲解垃圾回收的重要性及正确做法，鼓励公众践行环境可持续理念。

为控制工业污染，文莱发展部制定了工业发展污染控制指导手册，为工业部门控制环境污染提供指导性建议，涉及领域包括水污染、空气污染、噪声污染、有毒废弃物等，并对企业进行自我监督、检查做了规定。

（四）环境合作

为加强环境管理经验交流以及为国内环保工作提供借鉴，文莱环保局也积极开展与其他国家的双边环境合作，并积极响应区域、国际环境合作的有关倡议，为保护本国环境提供了强有力的推动作用。

1．双边环境合作

2005 年 8 月 27 日文莱发展部与新加坡水源及环境部签署了环境合作谅解备忘录。为加深合作并促进两国在环境及水资源领域继续取得新的成果，两国环境部长在 2015 年 2 月 26 日更新了环境合作谅解备忘录。备忘录中列出了两国合作的优先领域，包括：固体废物及有毒废物管理；跨境烟霾；环境法律及法规；汽车尾气污染；水资源管理；化学品管理；环境分析；循环回收及环境教育项目；城市空气污染及水污染治理；人员交流；等等。

2. 区域环境合作

文莱在东盟环境合作中扮演着重要的角色，积极响应并支持《东盟文化社会共同体蓝图 2025》，积极开展在生物多样性和自然资源的保护和可持续管理、环境可持续城市、可持续气候、可持续生产消费等方面的合作。此外，文莱也是东盟环境教育领域的主导国，并为此设立了专门的工作组，积极开展环境教育领域的工作。

文莱、印度尼西亚、马来西亚和菲律宾四国发起的 BIMP-EAGA 次区域合作，旨在促进区域的经济社会发展，尤其在不发达地区。其中，可持续环境管理是 BIMP-EAGA 合作的重点领域之一。BIMP-EAGA 环境工作组正在积极开展区域生态系统可持续管理、适应及减缓气候变化、促进清洁和绿色生产技术、跨境环境事件等领域的研究。

同时，为保护婆罗洲宝贵的生物资源，文莱同印度尼西亚、马来西亚共同发起了"婆罗洲之心"计划，旨在通过对婆罗洲热带雨林的综合保护减缓该地区生物多样性的流失。

3. 国际环境合作

文莱积极加入众多国际环境公约中，包括：1990 年 7 月 26 日签署的《保护臭氧层维也纳公约》、1993 年 5 月 27 日签署的《关于消耗臭氧层物质的蒙特利尔议定书》、2002 年 12 月 16 日签署的《控制危险废料越境转移及其处置巴塞尔公约》。另外，文莱虽然尚未签署《关于持久性有机污染物的斯德哥尔摩公约》，但 2002 年 12 月，文莱实施了国家二噁英及呋喃状况调查项目，并得到了国际社会的技术支持。

第二章
柬埔寨环境管理制度及案例分析①

一、柬埔寨基本概况

（一）自然资源

柬埔寨王国（the Kingdom of Cambodia）旧称高棉，位于中南半岛西南部，总面积181 035 km²，20%为农业用地。全国最南端至西边区域地处热带，北方以扁担山脉与泰国柯叻交界，东边的腊塔纳基里台地和 Chhlong 高地与越南中央高地相邻。西边是狭窄的海岸平原：面对暹罗湾的西哈努克海。扁担山脉在洞里萨流域北边，由泰国的柯叻台地南部陡峭悬崖构成，是泰国和柬埔寨国界。

柬埔寨领土为碟状盆地，四周高、中间低，三面被丘陵与山脉环绕，中部为广阔而富庶的平原，占全国面积 3/4 以上。平原、高原、山地分别占全国总面积的 46%、29%、25%。柬埔寨境内有广袤的森林，著名的豆蔻山山脉自东南向西北斜斜地从柬埔寨插入泰国境内。最高点奥拉山海拔 1 813 m，是柬埔寨的最高峰，生物多样性极为丰富，是很多濒危物种的栖息地，同时也是天然的大象走廊。境内有湄公河和东南亚最大的淡水湖——洞里萨湖。湄公河在柬埔寨境内长约 500 km，流贯东部。洞里萨湖低水位时面积 2 500 多 km²，

① 本章由李盼文、彭宾、边永民编写。

雨季湖面达 1 万 km²。沿海多岛屿，主要有戈公岛、隆岛等。

柬埔寨依其地势可分为西北、西南、东北和中部四大区域。西北地区面积约 1.8 万 km²，该地区边境有自西向东延伸 300 km 的扁担山脉，是柬埔寨和泰国的天然边界。西南地区面积约 2.6 万 km²，境内有豆蔻山山脉，其中有柬埔寨的第一峰奥拉山和第二峰克莫奈峰，海拔分别为 1 813 m 和 1 744 m。豆蔻山山脉延伸数百公里至柬埔寨西南面的暹罗湾中，形成一系列港湾和海峡，豆蔻山山脉向东南延伸，称为象山山脉，海拔 1 000 m 左右。东北部地区为倾斜平缓的高原，面积约 5.2 万 km²，这一地区有东部高原、上龙川高原、磅湛高原，分布着肥沃的红土地，是柬埔寨重要的旱地农业区。中部地区即中部平原面积约 8 万 km²，它以洞里萨湖为核心，分布在湄公河及其支流周围地区，海拔一般在 110 m 左右，土壤肥沃，河流纵横，物产丰富，是柬埔寨主要的农业区。

柬埔寨属热带季风气候，年平均气温 29～30℃，5—11 月是雨季，雨季的降雨量约占全年降雨量的 80% 以上。每年 12 月至次年 4 月是旱季，旱季又分凉、热两季。每年 12 月至次年 2 月是凉季，几乎是无雨的晴朗天气，其中 12 月至 1 月最凉，月平均气温为 24℃。3—4 月是热季，4 月最热，月平均气温高达 30℃。受地形和季风影响，各地降水量差异较大，象山南端可达 5 400 mm，金边以东则约 1 000 mm。

柬埔寨自然资源丰富，中国史书早有"富贵真腊"之称。目前已探明储量的矿藏有 20 余种，主要的金属矿产有铁、金、银、钨、铜、锌、锡、锰、铅等，非金属矿藏有磷酸盐、石灰石、大理石、白云石、石英砂、黏土、煤、宝石和石油。过去柬埔寨从未生产过石油，国内所需的燃油完全依赖进口。这种状况近年来终于发生了改变，根据世界银行 2007 年估计，柬埔寨可能拥有 20 亿桶的石油和 10 亿 ft³（1ft³≈0.028 3 m³=28.317 L，全书同）的天然气。此外，柬埔寨林业、渔业、果木资源丰富，盛产贵重的柚木、铁木、紫檀、黑檀、白卯等热带林木，并有多种竹类。森林覆盖率 61.4%，主要分布在东部、北部和西部山区。木材储量约 11 亿 m³。洞里萨湖素有"鱼湖"之称，西南沿海也是重要渔场，多产鱼、虾。近年来，由于生态环境失衡和过度捕捞，水产资源减少。

柬埔寨的环境和自然资源正受盲目的过度开采所威胁，且呈不断扩大的趋势，十分危险。这降低了整个国家的自然资本，使少数人获得巨大利益，却将巨大的环境负担施加给大多数人。以目前的尺度和范围持续地过度开采自然资源，将破坏未来的社会经济发展，增加温室气体排放，同时可能导致社会动荡和不稳定。

（二）社会人口

柬埔寨是个历史悠久的文明古国，远在三四千年以前，高棉人已居住在湄公河下游和洞里萨湖地区。从公元 1 世纪下半叶开始立国，历经扶南、真腊、吴哥等时期，最强盛时期是 9—14 世纪的吴哥王朝，创造了举世闻名的吴哥文明，是东南亚地区的文明古国，柬埔寨的人文风俗因长期与外界隔离，特色保持完整。1863 年法国入侵柬埔寨，签订了《法柬条约》，并宣布柬埔寨为法国保护国。第二次世界大战时期，柬埔寨又被日本占领。1945 年日本投降后，柬埔寨再次被法国殖民者占领。1953 年 11 月 9 日，柬埔寨宣布完全独立。20 世纪 70 年代开始，柬埔寨经历了长期的战争。1970 年 3 月，朗诺集团发动政变，推翻了西哈努克政权。1975 年 4 月，"民主柬埔寨"（俗称红色高棉）执政，1979 年 1 月越南军队攻入金边，柬埔寨国成立。1982 年 7 月，组成了以西哈努克亲王为主席的民柬联合政府。1993 年，柬埔寨恢复君主立宪制，西哈努克重新登基为国王。1993 年，随着柬埔寨国家权力机构的相继成立和民族和解的实现，柬埔寨进入了和平与发展的新时期。

根据世界银行的最新统计数据，柬埔寨 2016 年的人口总数为 1 587 万人。柬埔寨有 20 多个民族，高棉族是主体民族，占总人口的 80%，少数民族有占族、普农族、老族、泰族、斯丁族等。高棉语为通用语言，与英语、法语同为官方语言。佛教为国教，93% 以上的居民信奉佛教，占族信奉伊斯兰教，少数城市居民信奉天主教。华人、华侨约 70 万人。柬埔寨分为 20 个省和 4 个直辖市，首都金边（Phnom Penh）面积 376 km^2，人口约 150 万。金边地处洞里萨河与湄公河交汇处，是柬埔寨政治、经济、文化和宗教中心。

（三）经济发展

柬埔寨是世界上经济增长最快的经济体之一，2007—2014 年，其年均 GDP 增长率达 6.5%。根据亚行《2015 东盟发展展望报告》，柬埔寨 2014 年经济增长率达到 7%，2015 年经济增长率达到 7.3%，2016 年经济增长率达到 7.5%。根据亚洲开发银行评估报告，柬埔寨电力的需求量达 20% 的年增长率。根据柬埔寨国家发展规划，柬埔寨未来电力发展目标是：2020 年基本实现全国农村电力化，2030 年实现全国至少 70% 家庭有电可用。

历史上，柬埔寨长期遭受战乱影响，政治上也极不稳定。自 20 世纪 50 年代独立后，政权几经更迭，政局持续动荡，社会经济发展严重滞后，直到 1998 年，人民党和奉辛比克党组成联合政府后，柬埔寨政局才开始趋于稳定[①]。伴随政局稳定、社会经济制度的建立，尤其是外商投资制度的改善，外资开始不断涌入这个世界上最不发达的国家。在这些外商中，中国在柬埔寨的投资常年居于第一。凭借社会经济制度的建立和完善，柬埔寨的社会经济开始进入快速发展通道，平均每年经济增长率保持在 7% 左右[②]。

柬埔寨的经济以农业为主，工业基础薄弱，是世界上最不发达国家之一[③]。而近 20 年强劲的经济增长势头使得柬埔寨终于在 2015 年迈入了中低收入国家的门槛。纺织服装业、

---

① 许梅：《柬埔寨、老挝政治经济发展现状》，载《东南亚研究》，2002 年第 1 期，第 32 页。
② 刘永刚：《多年经济增速高于 7%；东盟中公认投资管制最少；地产投资火爆——柬埔寨：红色高棉已成往事，现为投资热土》，载《中国经济周刊》，2015 年第 44 期，第 69 页。
③ 外交部，柬埔寨国家概况，http://www.fmprc.gov.cn/web/gjhdq_676201/gj_676203/yz_676205/1206_676572/1206x0_676574/，更新于 2014 年 10 月。

建筑业以及服务业是其经济的主要驱动力。2016年的增长势头仍然有增无减,正在恢复的内在需求以及充满活力的服装出口产业放缓了农业产值的增长脚步,逐渐释放基础设施建设和旅游业的活力和增长空间。

柬埔寨的贫困人口比例持续下降。目前的贫困率只有13.5%,饥饿人口比例相对2000年削减了50%。柬埔寨政府实行对外开放的自由市场经济,推行经济私有化和贸易自由化,把发展经济、消除贫困作为首要任务。洪森政府实施以优化行政管理为核心,加快农业建设、基础设施建设、发展私营经济和增加就业、提高素质和加强人力资源开发的"四角战略",把农业、加工业、旅游业、基础设施建设及人才培训作为优先发展领域,推进行政、财经、军队和司法等的改革,提高政府工作效率,改善投资环境,取得了一定成效。

人民党和奉辛比克党联合政府开始将经济建设作为工作重点,采取了以下主要措施:第一,实行自由市场经济,推行经济私有化和贸易自由化,在宪法里明确规定以市场经济代替计划经济。虽然由于种种原因,柬埔寨的自由市场经济进展缓慢,但以宪法形式对经济体制加以规定,制定和颁布相关经济法律法规,为未来柬埔寨经济发展提供了必要的基础。第二,制定国家发展计划,整顿国家经济秩序,完善经济管理机构。西哈努克国王根据柬埔寨实际情况,提出了以改善人民生活水平为中心的经济建设方针。政府制订了年度发展计划,主要内容包括大力发展农业,争取彻底解决农民的吃饭问题,加强基础设施建设,发展教育、电力事业。第三,实施全方位对外开放战略,吸引外资,争取外援。继《外商法》于1989年颁布后,柬埔寨于1994年8月颁布了新的《柬埔寨王国投资法》,以优惠措施积极吸引外资。虽然政局还不稳定,但这个时期柬埔寨吸引的外商投资呈现出明显的增长趋势。此外,王国政府还积极争取国际组织的援助,先后从国际援柬会议、联合国开发计划署、亚洲开发银行等机构获得数十亿美元的援助,为百业待兴的柬埔寨经济注入了活力。第四,加强经济立法,健全相关经济法律法规。除上述《柬埔寨王国投资法》外,新政府还先后制定了一系列的经济法律:《柬埔寨商业制造措施和商业名册法》《私有化条例》(1995年)、《外汇法》(1996年)、《柬埔寨王国公司法》(1997年)、《柬埔寨王国劳工法》(1997年)以及《柬埔寨王国税法》(1997年)等。2002年柬埔寨国会通过了知识产权法、商业标签法与保护发明权等法规,新的《柬埔寨王国外商投资法》草案也于2016年4月获得通过。

经过多方努力,柬埔寨的经济建设取得了一定成效,并得到了包括亚洲开发银行、世界银行和国际货币基金组织在内的国际机构的认可和肯定,相关机构也分别提供了新的发展援助。但总体而言,柬埔寨至今仍没有摆脱贫穷和落后的总体状况,还是属于工业基础薄弱的传统农业国,是世界上最不发达的49个国家之一。出口导向型的制造业是柬埔寨经济增长的主要原动力,而农业、旅游、纺织服装和建筑业是柬埔寨经济增长的四个轮子。

1. 工业

工业被视为推动柬埔寨国内经济发展的支柱之一，但基础薄弱、规模小、门类单调、技术落后，没有形成比较完整的工业体系，是东南亚国家中工业最为落后的一个国家。根据 2008 年柬埔寨国内的统计数据，工业部门产值仅占总 GDP 的 27%。1991 年年底实行自由市场经济以来，国营企业普遍被国内外私商租赁经营。目前柬埔寨的主要工业部门以轻工业为主，重工业除少量的水泥生产企业外很少。工业领域为 50 万名柬埔寨国民创造了就业机会。

2005 年柬埔寨政府推出了第三个国家发展战略五年规划，对 2006—2010 年柬埔寨国家社会经济发展战略制定了发展目标。在工业发展上，旨在着重发展制衣业，继续扩大就业；加强电力和清洁水供应基础设施建设，改善社会硬件环境；积极开发矿产和油气资源，增加政府财政收入。成衣业和建筑业是拉动柬埔寨工业的两驾马车，进而促进柬埔寨工业经济的发展。1993 年开始柬埔寨政府采取措施大力发展成衣制造业，成为吸引外资最为集中的一个行业。经过几年的发展，成衣制造业在柬埔寨所有行业中一枝独秀，成为出口创汇大户。

2008 年，由于受经济危机影响，柬埔寨工业产值约占 GDP 的 27.0%，比上年下降 0.3 个百分点。而且工业仍严重依赖于纺织和制衣业，2008 年纺织和制衣业占 GDP 11%、建筑业占 GDP 8.9%、水电供应占 GDP 0.5%、矿业加工占 GDP 0.9%。

由于全球性金融危机，欧美市场成衣需求减少，柬埔寨制衣业受到严重的冲击。总体来看，柬埔寨工业结构单一，目前其自身尚无自主研发和制造的基础和能力，柬埔寨的工业产业框架只能称为加工工业范畴。柬埔寨工业要求得真正意义上的制造业发展，还有很长的路要走。

除成衣和纺织业之外，小型手工业是柬埔寨工业的重要补充。柬埔寨小型手工业企业在柬埔寨社会经济生活中发挥着重要作用，主要是生产着百姓日常所需的生活必需品，如传统食品加工、日常维修、建材五金加工修理等。

柬埔寨小型工业总体发展缓慢，其主要原因有：一是按现行规定开业成本高；二是缺少明确的市场发展导向；三是金融贷款支持薄弱；四是缺少进入市场信息体系。

但是，柬埔寨小型手工业对促进柬埔寨经济增长，减少贫困起着重要的作用。为贯彻柬埔寨政府的"四角战略"，柬埔寨工矿能源部在 2005 年 7 月 29 日出台了支持发展小型企业发展的行动计划和战略（SME）。该计划的核心是增强中小型企业的竞争力和活力，并赋予一定的优惠政策。目前，柬埔寨政府推动的"一村一产品"的运动旨在推动和促进小型企业的快速发展。

2012 年柬埔寨出口服装 46 亿美元，同比增长 8%，占当年出口比重的 83.7%，主要出口市场为美国、欧盟、加拿大、日本、韩国和中国。制衣业继续保持柬埔寨工业主导地位和出口创汇龙头地位，是柬埔寨重要的经济支柱。2016年，全国共有630多家制衣厂，较2015年增加150家，同比增长31.2%，雇用工人35万人，其中91%为女工。

2. 农业

农业是柬埔寨经济第一大支柱产业，2008年农业产值占GDP总量的36%。农业人口占总人口的85%，占全国劳动力的78%。农业主要以种植水稻、木薯、橡胶树为主，可耕地面积630万 hm^2，但目前实际耕种面积仅约为260万 hm^2，农业种植发展潜力巨大。2012年，全国水稻种植面积297.1万 hm^2，同比增加20.4万 hm^2。稻谷产量931万t，同比增长6%，1 hm^2 产量为3.13 t。除满足国内需求外，剩余475万t稻谷可加工成约300万t大米供出口。天然橡胶种植面积28万 hm^2，产量为6.45万t，同比分别增长31%和26%。渔业产量66.2万t，同比增长13%。柬埔寨政府高度重视稻谷生产和大米出口，政府首相洪森2015年"百万吨大米出口计划"的号召，不但提升了本地农民的积极性，而且让众多投资者更热衷于投入农业、利用先进的管理技术改良稻种、建立现代化碾米厂。

柬埔寨整个国家的土地面积相当于我国广东省的面积，由于柬埔寨当前农业水利建设的落后，所以水稻一年只能种一季，几乎"靠天吃饭"。水稻种植后又缺乏科学的管理，因此产量极低。2010年柬埔寨能达到出口标准的大米只有5万t，但是2010年柬埔寨出口稻谷量达到了380万t，这距离洪森总理要求农业部在5年内大米出口年100万t的差距很大。可见，在柬埔寨投资种植水稻和碾米加工厂的发展前景很好。

除种植业外，水产业、畜禽养殖业以及橡胶业等的产值在柬埔寨农业中也占一定比例。水产业是柬埔寨农业的重要组成部分，洞里萨湖、湄公河、洞里萨河是柬埔寨的天然淡水渔场，盛产品种繁多的淡水鱼；460 km长的海岸线为柬埔寨海洋捕捞及海产养殖提供了良好的自然条件。据柬埔寨农业部有关部门统计，2010年柬埔寨的蔬菜和肉类仍有40%需要从邻国进口。因此，在投资种植水稻的同时，可以发展养殖业和种植其他经济作物。柬埔寨为亚热带气候，一年分旱季和雨季。由于柬埔寨传统的农业耕作习惯，农业的种植主要集中在雨季；旱季种植的区域主要集中在沿河两岸，种植面积约为雨季的1/10。

橡胶业是柬埔寨农业经济的重要增长点，主要集中在东部的磅湛省。为增加橡胶产量和扩大种植面积，柬埔寨在全国实施红土质区域种植橡胶树增加农民经济收入的计划，由原传统集中在东部地区，向东北和西北推广。柬埔寨地处亚热带且拥有肥沃的红土地，气候条件适宜橡胶树的生长，具有发展橡胶业独特的天然条件。如果柬埔寨政府加强引导，并赋予一定的优惠政策，科学管理，柬埔寨橡胶业将会迎来一个快速发展的阶段。

柬埔寨是个农业国，自然条件优越，土地肥沃，终年适宜农作物生长，农业发展潜力巨大。但近年来，柬埔寨种植业发展一直较缓慢。究其原因系生产力水平低下，耕作方式基本处于粗放式、广种薄收和"靠天吃饭"的阶段，能够使用机械耕作的土地只占现耕种面积的10%左右。农业单产极低，每公顷产量仅为1.97 t，其主要原因是农田基础设施落后,无力抵御旱涝灾害,只能乞求老天风调雨顺。另外,财政和科技投入不足。中央政府和地方政府的财政只能勉强支付农业行政管理人员的薪水,农业生产科技含量的提升只能靠市场机制运作或其他国家的援助以及外来投资。

为加快柬埔寨农业发展,柬埔寨政府已将农业发展提高到国家安全的战略角度,并制订了中长期计划来具体落实,提高生产管理水平,对生产和技术服务及信息给予法律保障和财政支持,提高农业机械化使用率,发展农业合作社,促进农产品深加工,开拓农副产品市场,增加农民收入,积极培育和推广传统优良品种,积极推行"一村一产品"措施等。

3. 旅游业

旅游服务业是柬埔寨经济的重要部分,2008 年旅游服务业产值占 GDP 总量的 37%。2000 年以来,柬埔寨政府大力推行"开放天空"政策,支持、鼓励外国航空公司开辟直飞金边和吴哥游览区的航线。2002 年,柬埔寨政府加大对旅游业的资金投入,加紧修复古迹,开发新景点,改善旅游环境。2012 年,柬埔寨共接待外国游客 358 万人次,同比增长 24.4%。前五大外国游客来源国分别是越南、韩国、中国、老挝和泰国。旅游收入达 22.1 亿美元,同比增长 11.1%,约占 GDP 的 14.2%,直接或间接创造了约 35 万个就业岗位。近两年来,沿海地区逐步成为继吴哥景区之后又一重要的旅游目的地,在柬埔寨旅游业发展中扮演着重要角色。2012 年,沿海地区接待外国游客 27.8 万人次,同比增长 44.1%,尤其是西哈努克省共接待外国游客 21.3 万人次,同比增长 38.3%;接待国内游客 65.8 万人次,同比增长 17.8%。自 2011 年 7 月柬埔寨沿海四省被纳入世界最美海滩俱乐部以来,柬埔寨政府高度重视沿海各省旅游业的发展,努力推动国内旅游链条延伸,开展了以"清洁、绿色"为主题的清洁旅游城市竞赛和"一名游客一棵树"等活动,制订了 2015 年实现"无废弃塑料袋海滩"的目标,积极宣传推介旅游项目,加强沿海区域管理法等相关法律法规的执行力度,禁止污染项目进入,改善旅游设施,成立旅游监督队伍,提高旅游质量。旅游业为柬埔寨的经济发展增添了一股新动力。

4. 能源

柬埔寨的电力水平是东南亚地区最低的,在大力发展电力设施以前,全国只有 26% 的人能连接到电网,农村地区只有 13% 的家庭能连接到电网,2010 年,柬埔寨乡镇家庭用电只占全国的 12.3%。2002 年,全国 85% 的人口无法获得可用电,然而用电需求持续增加。农村地区的居民几乎都是用煤油和燃柴进行照明。收入较高的,用电池来照明、看电视或听广播。柬埔寨的电力供应无法满足基本电力需求,2010 年,90% 的国内用电是依靠以进口柴油为燃料的发电厂供给。柴油的高成本以及供给的缺口使柬埔寨政府不得不增加从泰国、越南和老挝进口电力,数据显示,2010 年,柬埔寨自身发电量为 22.09 亿 kW·h,仅占总用电量的 58%,剩余电量依赖从邻国泰国和越南进口,进口电量占总用电量的 42%。

由于发电原料结构不平衡、输电损失巨大、发电机组规模小等原因,柬埔寨的电价是东盟地区最高的，远远高于国际标准，平均电价约为 0.17 美元/（kW·h），部分地区甚至超过 0.20 美元/（kW·h）。同时电力供应非常不稳定，在大部分城市和农村地区无法保证 24 h 供电。柬埔寨供电系统非常孤立，为重建供电网络，需要建立很多新电厂，同时修复输电系统。昂贵且不稳定的供电是潜在投资者的一个主要制约因素。

柬埔寨水电资源、太阳能资源十分丰富，但由于历史的原因电力工业基础十分薄弱，电网分散，电力供应主要限于大城市和主要省城，农村基本无电力供应。柬埔寨国内电能质量差，数年前即便在电力供应最好的首都金边，电压水平和频率都很难保证，尤其是用电高峰期，停电现象非常普遍，政府机构、酒店、餐馆等机构常自备发电系统。

2004 年，洪森总理领导的柬埔寨政府积极实施"四角战略"，电力是优先发展的重点领域之一。柬埔寨政府努力提高对稳定、便宜的供电的开发，降低对邻国进口能源的依赖，减少使用昂贵的柴油燃料进行发电。政府在发展电力方面推出了四大政策：以煤气为原料，在沿海建设煤气发电厂基地；积极吸引外资，加快大中型水电站建设；鼓励中小型柴油发电，解决农村偏远地区用电问题；积极发展再生能源，减少对热力能源的依赖，包括风能和太阳能等。现在，柬埔寨已经基本形成集生产和输送于一体的初级规模的电力体系。

水电在政府提高发电量的计划中扮演着相当重要的角色，成为柬埔寨国民经济的支柱产业。柬埔寨发电不仅是满足自身的需要，还有计划向周边缺电国家——泰国和越南出口电力。柬埔寨希望在 2020 年以前拥有 6 000 MW 的发电能力，其中 68%由水电组成，相比于 2009 年的仅占 3%有所提高。柬埔寨水电资源非常丰富，但由于开发不足，加上配套基础设施落后，造成水电供应短缺。为发展水力发电，政府制定了电力中期规划，计划开发所有具备潜力的水电站，并通过建设大型火电及天然气厂实现能源供应多元化，减少对石油的依赖。

柬埔寨江河众多，水资源丰富，主要河流有湄公河、洞里萨河等，还有东南亚最大的洞里萨湖，地表水 750 亿 m^3（不包括积蓄雨水），地下水 176 亿 m^3，平均每年降雨量 1 400～3 500 mm，湄公河每年流经柬埔寨的流量为 4 750 亿 m^3。但因水利设施严重缺乏或陈旧老化，该国家对水能资源的利用情况在十几年前仍处于非常低的水平。柬埔寨水电和水利开发潜力巨大，水电储量约 10 000 MW，50%水电储藏在干流，40%储藏在支流，10%储藏在沿海地区。拟建的磅士卑省基里隆 3 号水电站可装机 13 MW，贡布省甘寨水电站可装机 180 MW，菩萨省阿代河水电站可装机 110 MW，腊塔纳基里省斯莱波 2 号水电站可装机 222 MW、细珊 2 号水电站可装机 207 MW，戈公省再阿兰下游水电站可装机 260 MW、大戴河水电站可装机 80 MW、马德望 1 号水电站可装机 24 MW、2 号水电站可装机 36 MW，雷西尊中游水电站可装机 125 MW、上游水电站可装机 32 MW，桔井省桑波的两个水电站可分别装机 3 300 MW 和 467 MW。

近年来，柬埔寨电力建设取得了可喜成就，通过明确部门职责、出台相关政策、制定农村电力化战略规划，逐步改善了工业、民用供电水平落后的局面。自 2003 年起，柬埔赛的发展战略以四角战略"增长、就业、公平和效率"为指导。政府设立了 2020 年使农村地区电网覆盖、2030 年使 70%的家庭接入电网的远大目标。

经过十多年的大力发展,柬埔寨电力总装机容量从 2002 年的 180 MW 增长为 2015 年的 1 986 MW,增长 10.03 倍,相比 2014 年增加了 44%;社会销售电量从 2002 年的 6.14 亿 kW·h 增长为 2014 年的 48.73 亿 kW·h,增长 7.93 倍。截至 2015 年年底,柬埔寨电力用户已达 176 万家。柬埔寨政府制定多种政策吸引电力领域外商投资,鼓励水电站、火电站建设,电力装机从 2012 年开始连续 3 年相继登上 800 MW、1 000 MW、1 300 MW 三个重要台阶,彻底摆脱了全局性严重缺电的状况。

为尽快建立全国供电网,柬埔寨积极寻求国际合作与援助,目前有关部门正在进行与邻国电力并网的谈判。在日本 JICA 机构的帮助下,柬埔寨电力规范已于 2004 年 7 月 16 日颁布并正式实施,主要包括:①输送电网规范;②变配电网规范;③燃油及蒸汽发电站规范;④水电电站规范;⑤能源生产系统规范;⑥住宅、楼寓电网规范。

柬埔寨的石油天然气勘探近年来取得了突破性的进展。1992 年,柬埔寨政府拿出 6 个海洋和 9 个独立石油区块在世界范围内公开招标。目前在可能蕴藏石油和天然气的 37 000 km² 还多的海域,已经云集了世界上 10 个国家和地区的石油公司。根据世界银行的报告,柬埔寨可能拥有高达 20 亿桶的石油和 10 亿 ft³ 的天然气,按照目前的国际能源价格,油气出口每年能为柬埔寨带来 20 亿美元的收入。

在柬埔寨电力发展过程中,中国企业扮演着重要的角色。在"四角战略"的支持下,柬埔寨政府优先发展水电事业,相继出台有关政策,欢迎中国电力企业来柬埔寨投资兴业。目前,柬埔寨所有的大型水电站项目均为中国企业投资建设,其中已建成项目 6 个、在建 1 个,总装机 132.72 万 kW,总投资约 27.19 亿美元。包括柬埔寨基里隆一级水电站、甘再水电站、基里隆 3 号水电站项目、斯登沃代水电站项目、额勒赛河下游水电站项目、达岱水电站项目、桑河下游 2 号水电站项目。甘再水电站是柬埔寨政府为满足国民经济发展需要,首个按国际竞标方式招商引资的 BOT 水电站项目。据柬埔寨开放发展委员会(ODC)统计,中国共有 6 家中资央企投资柬埔寨水电项目,2014 年,所发电量占柬埔寨全国发电总量的 64%,为柬埔寨电力发展做出了重大贡献。柬埔寨政府"电力优先"战略取得了明显成效,利用外资实现了电力工业的跨越式发展,当属不发达国家发展电力工业的典范。

5. 对外贸易

2003 年 9 月,柬埔寨加入世界贸易组织。2013 年,柬埔寨对外贸易总额为 158.8 亿美元,同比增长 18.5%。其中,出口 69 亿美元,同比增长 27.7%;进口 89.8 亿美元,同比增长 13%。贸易逆差 20.8 亿美元。主要出口产品为服装、鞋类、橡胶、大米、木薯;主要进口产品为燃油、建材、手机、机械、食品、饮料、药品和化妆品等。主要贸易伙伴为美国、欧盟、中国、日本、韩国、泰国、越南和马来西亚等。柬埔寨主要的贸易伙伴相对比较固定，出口国家主要是美国、德国、英国、中国（含香港）和日本，出口到欧美国家的产品主要是来料加工的成衣、原料初级产品等。进口伙伴主要是泰国、中国（含香港）、新加坡、韩国和日本等周边或东亚、东南亚国家和地区。在柬泰、柬越边境地区有边境贸易，主要交易日用品、建材和车辆配件等。由于柬埔寨工业产业结构近年无明显变化和改进，因此柬埔寨商品出口品种基本相同，服装、纺织和鞋类产品仍为出口主导商品，结构单一的问题日益突出。

6. 外商投资

凭借社会经济制度的建立和完善，柬埔寨的社会经济开始进入快速发展通道，平均每年经济增长率保持在 7%左右[①]。随着柬埔寨政局逐渐稳定、社会经济制度逐渐建立，尤其是外商投资制度的改善，外资开始不断涌入这个世界上最不发达的国家。在这些外商中，中国在柬埔寨的投资常年居于第一。截至 2015 年上半年,中国累计对柬埔寨协议投资 102.7 亿美元,是柬埔寨最大的外资来源国。中国在柬埔寨投资企业超过 500 家,主要投资电站、电网、制衣、农业、矿业、开发区、餐饮、旅游综合开发等领域。除华电、大唐、中水电等国企投资的水电站（以 BOT 方式投资 6 个水电站，总额 27.9 亿美元）外，约 2/3 对柬埔寨的投资来自民营企业，投资领域主要是制衣业[②]（表 2.1，图 2.1、图 2.2）。

表 2.1　柬埔寨主要投资国家及份额（2011—2015 年）

年份	2011		2012		2013		2014		2015	
合计	57 亿美元		29 亿美元		49 亿美元		39 亿美元		46 亿美元	
序号	国家	占比/%	国家	占比/%	国家	占比/%	国家	占比/%	国家	占比/%
1	柬埔寨	41.24	柬埔寨	42.08	柬埔寨	66.80	柬埔寨	64.00	柬埔寨	69.28
2	中国	30.55	中国	20.69	中国	15.68	中国	24.44	中国	18.62
3	越南	11.99	韩国	9.89	越南	6.10	马来西亚	2.18	英国	3.00
4	英国	4.30	日本	9.15	泰国	4.37	日本	1.72	新加坡	2.18
5	马来西亚	4.20	马来西亚	6.04	韩国	1.76	韩国	1.66	越南	1.92
6	韩国	2.91	泰国	4.53	日本	1.59	越南	1.26	马来西亚	1.61
7	美国	2.47	越南	2.89	马来西亚	1.04	英国	1.13	日本	1.28
8	日本	1.15	新加坡	2.59	新加坡	1.03	新加坡	0.89	泰国	1.18
9	澳大利亚	0.43	英国	0.51	英国	0.43	泰国	0.88	韩国	0.21
10	新加坡	0.28	美国	0.42	法国	0.27	澳大利亚	0.51	加拿大	0.19
11	其他	0.48	其他	1.21	其他	0.94	其他	1.36	其他	0.52

资料来源：Council of the Development of Cambodia，CDC。

[①] 刘永刚：《多年经济增速高于 7%；东盟中公认投资管制最少；地产投资火爆——柬埔寨：红色高棉已成往事，现为投资热土》，载《中国经济周刊》2015 年第 44 期，第 69 页。

[②] 中华人民共和国驻柬埔寨王国大使馆经济商务参赞处，2015 年上半年柬埔寨经济形势及下半年走势，http://cb. mofcom.gov.cn/article/zwrenkou/201510/20151001148002.shtml，更新于 2015 年 10 月 27 日。

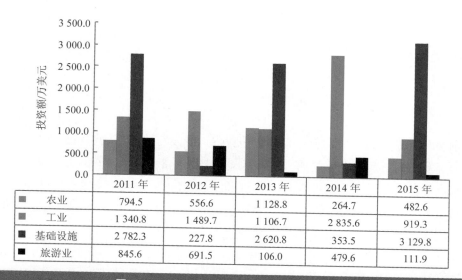

	2011 年	2012 年	2013 年	2014 年	2015 年
农业	794.5	556.6	1 128.8	264.7	482.6
工业	1 340.8	1 489.7	1 106.7	2 835.6	919.3
基础设施	2 782.3	227.8	2 620.8	353.5	3 129.8
旅游业	845.6	691.5	106.0	479.6	111.9

图 2.1　2011—2015 年柬埔寨主要行业投资

资料来源：Council of the Development of Cambodia，CDC。

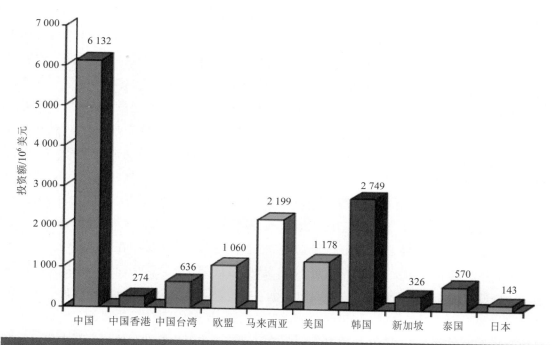

图 2.2　1994—2008 年各国和地区外商对柬埔寨投资额

二、柬埔寨环境现状

(一) 大气环境

目前在柬埔寨的省市中,包括首都金边在内,既没有固体废物焚烧处理厂,也没有专门的危险废物处理厂,未经分类的、混杂的固体废物通常是露天焚烧,所排放的二氧化碳、二氧化硫、氮氧化物,以及二噁英、呋喃等有毒有害气体使得柬埔寨的空气质量有所恶化。由于柬埔寨尚处于经济发展起步阶段,未形成可靠的空气质量监测系统,无法提供真实有效的空气质量数据以评估整体的环境污染状况。

2011 年,柬埔寨人均二氧化碳排放量只有 0.28 t,远远低于亚太地区人均 2.1 t 的平均值。只是在人口集中、交通繁忙、工厂企业较多的城市地区空气受到轻度污染,首都金边及各省中心城市的空气质量出现下降。其原因是来自工业、交通、垃圾焚烧产生的有害气体及粉尘排放,硫氧化物、氮氧化物、碳氧化物及总悬浮颗粒物等的排放量呈稳定增加的趋势。空气质量下降造成的一个后果是患呼吸系统疾病的儿童人数增加。

柬埔寨有关部门于 2000 年进行的一项温室气体排放统计显示,柬埔寨的温室气体主要有三种:二氧化碳、甲烷和一氧化氮。其排放主要来自能源消耗、工业生产、农业生产、废物和土地利用变化与森林(LUCF)。据此项统计,1994 年柬埔寨温室气体排放量为 1 419.7 万 t 二氧化碳通量,而 LUCF 达 6 055.5 万 t 二氧化碳通量,温室气体实际上是负排放。二氧化碳的主要来源是能源消耗,达 127.2 万 t,其后依次是 LUCF137.9 万 t,工业生产 5 万 t。甲烷排放总量为 37.2 万 t,其中 91%来自农业、6%来自能源、2%来自废物。一氧化二氮排放总量 1.2 万 t,主要来自土壤。

柬埔寨的空气污染有很多来源,主要的来源为汽车尾气排放、老旧发电机、工业排放。第一,柬埔寨工业落后,工厂数量少规模小,大多数是服装厂,其余为食品和饮料、纺织、非金属矿物生产、木材加工、橡胶等轻工业企业。这些工厂大多集中在首都金边。尽管如此,工业生产对空气造成的影响仍不可小觑,因为多数工厂技术落后而且不重视空气污染问题,也没有进行环境影响评价。因而对于金边来说,源于工业的空气污染成为一个主要的环境问题。第二,柬埔寨电力供应短缺,服务行业广泛购置使用发电机。发电机的废气排放和噪声也是城市环境污染的来源之一。第三,由于交通运输业是燃料消耗大户,使之成为空气污染的最大来源。同时,由于许多车辆是进口的二手车,而且使用走私的不合格燃料,导致更严重的空气污染物排放。第四,生物质燃料也是这个农业大国的空气污染来源之一。木材木炭因为价廉而且易得成为柬埔寨 96.7%的家庭的主要能源,但其燃烧产生的碳氧化合物、碳氢化合物、氮氧化物、硫氧化物和粉尘的数量也非常巨大。

柬埔寨在空气污染控制问题上，存在制度建设上不足，人才、设备、技术和资金缺乏以及大众环境保护意识薄弱等问题。

柬埔寨环境部及有关部门官员的管理能力有待提高，并需要加强制度建设；在进口燃料及消耗设备时应加强检查，确保质量合格以减少污染物排放；应加强进口二手车辆、引擎等的许可控制，确定一定的限额；使用燃煤替代燃气和薪材应遵循一定的技术规范，以保持良好的空气质量；需要制定空气污染管理的中长期国家战略，有步骤地控制空气污染。

另外，缺乏有经验的工作人员、缺乏技术支持和空气质量管理专门人才、缺乏大气污染物及污染源排出物的分析化验设备、缺乏资金、各部门职能重叠或划分不清、各部门在分享信息和数据方面的合作不足、工厂主不重视空气污染等也是柬埔寨空气污染控制面临的问题。如由于设备不足，使环境部只能监测金边及附近地区的空气质量，而且只能监测空气中部分污染物的含量。2001年柬埔寨政府分配给环保部门的资金总额仅480万瑞尔（约合125万美元），其中多数用于支付工资，用于环保项目的资金非常有限。

这些问题的存在一方面使柬埔寨空气污染物排放不能得到有效控制，另一方面不能建立起完善的空气质量监测系统及进行有效的管理活动，因而无法及时采取针对性的措施确保有效控制空气污染。

（二）水环境

1. 水资源状况

柬埔寨境内大小河流纵横交错，湖泊沼泽众多，水资源非常丰富。柬埔寨的水文系统主要由湄公河与洞里萨湖控制。湄公河是柬埔寨最大的河流，其上游为中国的澜沧江，发源于中国青海省唐古拉山，经西藏东部进入云南，从西双版纳出境后称湄公河，流经缅甸、老挝、泰国、柬埔寨、越南五国从越南注入南海。湄公河在柬埔寨境内河段长约500 km，流经上丁、桔井、磅湛、干丹四省，到达金边后在皇宫前的四臂湾与从西北流来的洞里萨河汇合，然后分为两支：向东南的一支经干丹、波罗勉省流入越南后称前江，是金边经越南出海的主要通道，载重3 000～5 000 t的船只可逆湄公河而上直达金边；向南的一支叫百色河，经干丹省流入越南后出海，在越南境内段称为后江。湄公河水给下游带来了肥沃的淤泥层，形成了柬埔寨富饶的中央平原，是哺育柬埔寨灿烂文明的母亲河。柬埔寨第二大河是洞里萨河，长155 km，它沟通湄公河与洞里萨湖，起着调节水位的作用。柬埔寨的洞里萨湖（又称大湖、金边湖）是中南半岛第一大湖，也是东南亚地区最大的天然淡水湖，因盛产鱼类，素有"鱼湖"之称。它通过洞里萨河在金边与湄公河相通，是湄公河的天然蓄水库。每年旱季12月至次年6月湄公河枯水时期，湖水流入湄公河，湖水最低水位仅1～3 m，湖面面积约2 500 km²。进入雨季，湄公河河水泛滥，河水经洞里萨河倒注入湖，湖面扩大到10 000 km²，水深达10～14 m。洞里萨湖与湄公河的巧妙配合，在雨季减轻了湄公河下游的洪水威胁，也保证了旱季下游地区的航运和灌溉。河水倒注也成为洞里萨河独特的景观。

柬埔寨在气候类型上属热带雨林气候，降雨充沛，年降雨量达 1 400～3 500 mm，西南沿海地区的降雨量更是高达 5 000 mm 之多，使柬埔寨的水资源非常丰富，人均淡水资源 39 613 m³。

湄公河流域以及洞里萨湖的冲积层是绝佳的浅层含水层，补给率高，并且地下水位在 5～10 m 以内。柬埔寨全国预测有 4.8 万 km² 的范围使用浅水井获取地下水资源。除西北部的一个干旱区外，柬埔寨大多数地区都蕴含大量的地下水资源，预测全国全年地下水量为 17.7 km³。全国有 27 万个水泵提供饮用水，53%的柬埔寨家庭在旱季使用地下水进行日常生产生活。但是，在关键用水时期，农村地区仍有大部分家庭无法获得稳定的地下水资源。目前，柬埔寨地下水资源面临的趋势是工业、灌溉用水对地下水的攫取越来越多，同时国家缺少相应的法律框架来约束过度开发、明确水权。在东南省份，还存在着盐水入侵的问题。

2. 水质

柬埔寨是传统的农业国，工业非常落后，经济发展水平低下，相对来说环境污染程度较低，水、土壤和空气尚未受到严重污染。但近年来人口增加和经济开发需求的膨胀，使得环境污染和生态破坏的程度不断加剧。特别是在城市，废水、废物造成的污染已成为城市环境面临的重大挑战。

柬埔寨面临着河湖污染、安全用水缺乏以及水污染导致的疾病等问题。其化肥使用量较低，每公顷耕地使用量为 2.5 kg，因此基本上没有面源污染。尽管水污染还不是很严重，但水污染排放有扩展趋势，特别是首都郊区的工厂企业，其污水直接或间接流入公共水域。此外，农村供水设施和卫生条件差，因饮用水水质引起的腹泻、痢疾、伤寒等疾病发病率较高。因此，供水和污水处理系统急需建设和发展。

据柬埔寨环境部监测数据，1999—2001 年各地淡水水质指标如表 2.2 所示，总体而言，柬埔寨各地水质差别不是很大，水质变化也较小。柬埔寨虽然不存在非常严重的水污染问题，但河流的污染给水生生物带来的不良后果仍触目惊心。例如，世界濒危保护动物伊洛瓦底豚（伊河豚）因环境污染等原因在柬埔寨的数量急剧减少。据环境保护组织预测，如果不及时采取保护措施，这种美丽的动物将在 10 年内从柬埔寨消失。据报道，2006 年在柬埔寨一共发现了 14 头伊洛瓦底豚死亡。据当地有关部门估计，环境污染以及在河道中非法滥设渔网是造成伊洛瓦底豚死亡的两个主要原因。

地点	指标	1999 年	2000 年	2001 年
		表 2.2　1999—2001 年柬埔寨各地淡水水质情况		
湄公河上游	DO/（mg/L）	6.02	5.38	5.81
	BOD₅/（mg/L）	8.17	6.99	7.05
湄公河下游	DO/（mg/L）	6.14	4.94	5.45
	BOD₅/（mg/L）	5.19	7.00	6.92
	SS/（mg/L）	56.99	56.99	61.08
巴萨河	DO/（mg/L）	6.47	5.28	5.47
	BOD₅/（mg/L）	10.83	7.38	6.85
	SS/（mg/L）	65.13	65.13	69.59
洞里萨湖	DO/（mg/L）	6.07	5.68	5.90
	BOD₅/（mg/L）	10.67	7.80	7.65
	SS/（mg/L）	56.31	56.31	58.15

柬埔寨的水污染主要表现在湄公河、巴萨河、洞里萨河等主要河流特别是其下游的水质下降。据 2001 年柬埔寨环境部环境污染控制局实施的一项水质调查，上述河流的溶解氧高于正常值，但其生化需氧量、大肠菌群数量等指标均超出正常值不少。造成水污染的原因主要包括数量不断增加的中小型企业排放的有毒有害废物、工业废水、生活污水、固体废物以及农业生产使用的除草剂、杀虫剂、化肥等。地下水也受到了污染，对地下水汲取量的增加导致地下水受到生活污水、工厂废水和农业药剂的污染。柬埔寨化肥的使用量较低，而农药的使用量因存在大量的走私活动而不能得到较准确的数字。农药和化肥造成的水土污染也没有进行全面的评估。

重金属对水的污染也不容忽视。据一项研究显示，柬埔寨居民发汞浓度波动范围为 0.54～190 μg/g 干重，几何均数为 3.1 μg/g 干重。世界卫生组织的统计报告表明：在发汞浓度低于 50 μg/g 干重的个体中未观察到健康影响。该研究未观察到参与者出现慢性汞中毒症状，但是其中有 3 人发汞水平（62 μg/g 干重、69 μg/g 干重、190 μg/g 干重）超过了世界卫生组织公布的无毒性反应剂量（NOAEL）。本次研究中有 12%（11/94）的居民发汞水平高于 10 μg/g 干重（该数值为正常人发汞含量的上限）。研究发现柬埔寨居民发汞浓度偏高与食用汞浓度高的鱼类有关。表明柬埔寨水质存在受汞污染的情况较为严重。

柬埔寨主要的水质管理部门为环境部和水利气象部。环境部负责公共水域的水质检测和数据收集，并监测点源和非点源污染排放；水利气象部负责所有水资源的水量及水质监测。另外，柬埔寨、老挝、泰国、越南 4 国组成的湄公河委员会，在湄公河流域设立了 48 个固定监测站，其中柬埔寨有 19 个站，老挝、越南和泰国分别为 11 个、10 个和 8 个。固定监测站从每年 2 月开始每两个月进行一次水质检测，成员国也可以增加检测次数，一般每年不超过 12 次。

柬埔寨的地表水质量标准由以保护生物多样性为基准的和以保护公众健康为目标的两部分构成。在制定保持生物多样性的水质标准时，把水域分成了三类，即河流、湖泊与水库以及近岸海水。

与河流水质标准相比，湖泊与水库的水质标准多出了总氮、总磷两项，因为总氮和总磷是衡量湖泊水质必不可少的指标。其他各指标中，河流、湖泊的悬浮固体和大肠杆菌量相差比较悬殊，达标湖泊与水库的悬浮固体及大肠杆菌量必须远小于达标河流，这是由河水的流动性及湖泊的静止性所决定的。

洞里萨湖是东南亚地区最大的湖泊，对柬埔寨的生态环境、捕鱼业等有重要影响。如今湖水的水质每况愈下，引起了国际、国内的高度注意。由于大量人口居住在湖中及湖边地区，洞里萨湖湖水的主要污染来自农业面源污染、人畜排泄物、生活污水以及船只排放的油污等，同时，洞里萨湖处于轻度富营养阶段。

柬埔寨的水环境目前面临以下问题：

（1）水污染没有得到有效控制。尽管柬埔寨水污染问题还不是很严重，但水污染物的排放并未得到有效控制。各类污染物不断进入水体，水质下降的趋势难以逆转。近年来，环境部在对首都金边郊区工厂、企业的污水处理进行调查后发现，金边郊区现有的200多家工厂、企业的污水基本上直接或间接地流进了公共水源。

（2）水资源的规划、管理和执法能力需进一步加强，提供水文气象的信息和数据能力需进一步增强。

（3）水利灌溉设施的维修、运作和保养面临重大压力，水利灌溉设施年久失修，14%的水利设施已完全破坏，目前正常运作的灌排设施只有20%，全国70%的农田得不到灌溉。

（4）城市和农村供水设施严重短缺，饮用水安全形势严峻。因饮用水水质差引起的腹泻、痢疾、伤寒、肠胃炎等疾病发病率上升。除金边和马德望外，各地几乎没有污水处理系统，即使是这两个城市的污水处理率也不超过10%。全国供水和污水处理系统急需建设，建设资金也严重不足。

（5）需要进一步加强旱涝灾害的防治，减少灾害带来的经济损失，因为目前77%的农田靠雨水种植，旱季许多农田因得不到灌溉而减产。

（6）随着人口的不断增长和经济的发展，水资源供需矛盾日益突出。而柬埔寨水资源的时空分布不均、水资源利用效率低、水污染、圈占资源、无序开发、破坏环境等又会加剧水资源短缺。

（三）土壤环境

图2.3是柬埔寨农业、林业与渔业部于2001年公布的全国土地利用情况。2010年，林业管理局的数据显示，森林覆盖率下降到57%。由于统计有难度，精确的土地利用数据

很难找到，不过有很多报告显示，柬埔寨森林用地被大型工程和家庭用地侵占的现象越来越严重。

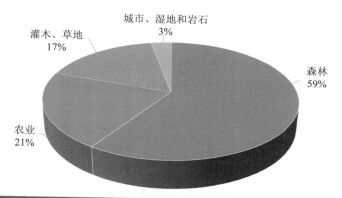

图 2.3　2001 年柬埔寨土地利用类型①

　　在自然条件下，植物和腐烂植物形成了一个保护层，可固定土壤并减缓土壤的侵蚀和退化。但当森林被砍伐、土地被开垦后，保护层遭到破坏，矿物循环就会减少。尤其是热带雨林遭破坏后，由于没有树的遮掩和固定，大雨会很快冲走土壤的养分，使得农业生产和森林恢复周期漫长。

　　土地利用不当、空地开垦、自然灾害是造成柬埔寨土地退化的主要原因。其影响包括土壤贫瘠化、轮作间隔期缩短等。据世界粮农组织的资料，柬埔寨发生土地退化的面积占全国面积的近 1/4，多数分布在南部地区、中部平原的周边地区和东北部地区。

　　柬埔寨土地利用存在诸多问题，包括土壤管理不善和落后的耕作导致土壤肥力下降，森林毁坏和山区少数民族在坡地进行的迁移式耕作导致的土壤侵蚀，旱涝灾害造成的土壤退化和侵蚀，旱季部分土地酸性/碱性物质的含量增加，化肥施用不当造成的土壤结构破坏等。

　　柬埔寨 90%的化学肥料和杀虫剂都是非法从邻近的越南、泰国等地进口的。很多没有高棉语或英语标签，缺少适当的用途说明。2011 年 12 月，柬埔寨签发了《杀虫剂与化肥使用控制法案》来管控农药，减少其对土壤的污染。但此法案目前的实施力度仍有待提高。

　　柬埔寨的土壤侵蚀数据也很少。但其实水土流失在柬埔寨无疑是一个严重的问题，主要包括风力侵蚀、水流侵蚀和阳光曝晒。由于森林采伐、焚烧稻渣、旱季休耕等原因，土壤侵蚀问题更加严重。

---

① 来源：柬埔寨农业、林业及渔业部。

（四）生物多样性

柬埔寨是东南亚生物自然资源最为完整和最多样化的国家之一。拥有数量和种类惊人的栖息地和特有物种，包括灵长类、亚洲象、熊、水獭、鳄鱼、穿山甲、大型淡水鱼和龟鳖等。柬埔寨地处北回归线以南，大部分地区气候炎热、潮湿，土地肥沃，有利于各种植物生长，其木本、藤本和草本植物不下数千种。树种有 200 多种，其中热带林木有柚木、花梨木、铁木、楠木、白檀、紫檀、黄檀、卵木、观丹木、榕树、龙脑香、乳香、油杉、黄杞、木荷、乌木等，高山地区的针叶阔叶混交林生长有南亚松、海岛松、亚洲松、果松、楸木、红椿木、樟木、杉木、西南桦等。暹罗湾沿海滩上生长着的红树林，树身高大，生长迅速，一般高 30～40 m，既可作建筑材料，又是当地居民主要的燃料来源。柬埔寨林木树种的分布有着明显的地区差别。在东部高地，覆盖着茂密的落叶林和草地；在北部的多山地区，生长着阔叶常绿林，树身高大、挺拔，一般高达 100 ft（1 ft=0.304 8 m，全同书）以上，夹杂着葡萄藤蔓、棕榈树、竹子、灌木、藤条和各种各样的木本和草本植物。在西南部的高山地区，海拔较高的地方生长着稀疏的针叶林；在多雨的临海斜坡上，则覆盖着原始森林，高度一般在 150 ft 左右；在沿暹罗湾海岸的狭长地带，生长着常绿林和人们无法进入的红树林。柬埔寨的野生动物资源也非常丰富，种类多、数量大，包括兽类约 515 种、爬行动物 300 种、鸟类 1 000 多种、鱼类 1 000 多种。

						单位：种		

表 2.3　柬埔寨濒危物种概况　　　　　　　　　　　　　　单位：种

国家	哺乳动物	鸟类	爬行动物	两栖动物	软体动物	其他无脊椎类	植物	合计
柬埔寨	18	22	18	3	0	67	31	159

资料来源：Fourth ASEAN State of the Environment Report 2009。

柬埔寨生物多样性面临的主要问题包括：

（1）濒危物种数量有增加的趋势。据 20 世纪 90 年代统计，柬埔寨动植物濒危数量呈增加趋势，特别是哺乳动物濒危物种从 19 种增加到 23 种，增幅较大。1996 年濒危物种种类达 57 种之多。土地利用变更为农业、城市和工业用途，森林管理不善，非法伐木、狩猎，非法野生动物贸易，森林火灾等对生物多样性构成了威胁。

（2）栖息地面积减少、质量下降。作为动物的主要栖息地，柬埔寨的森林面积逐年减少，目前柬埔寨的森林覆盖率为 50% 左右，相比 20 世纪 60 年代的 73% 大大减少了，森林的砍伐直接导致植物资源的损失。人为的捕杀、采伐、贩运是生物多样性损失的重要原因之一，而这类活动还没有得到有效的监管控制。

（3）环境污染造成的生物多样性损失尚未引起充分的重视，其影响也有待进行充分的分析评估。

（4）生物多样性保护方面的法规有待加强和完善，并需提高人员的执法能力。

（五）森林资源

柬埔寨的森林资源正在以很高的速度不断减少，森林覆盖率由 1965 年的 73%锐减到近些年的不到 52%。这一比例已经低于 60%的政策目标。森林资源的流失不但使许多动植物失去栖息地，也间接造成了碳汇的减少，使二氧化碳排放量增加。2010 年 5 月，柬埔寨部长会议正式通过了 20 年国家森林项目，并正在有关国家部门以及发展援助机构的支持下有序开展。这一项目确定了九大战略优先领域，包括经济发展、气候变化、森林治理、森林资源保护、森林管理能力、可持续融资等。该计划还确定了六个示范领域：①森林分类及登记系统；②森林资源及其生物多样性的发展与保护；③森林法的执行；④集体林业问题；⑤能力建设和研究；⑥可持续森林融资。

图 2.4　柬埔寨的森林资源流失

（六）海洋环境

柬埔寨西南濒临暹罗湾，海岸线长 435 km，拥有 55 600 km^2 的专属经济区。濒海地区包括 4 个省市，人口约 100 万。在柬埔寨近海分布有 64 个岛屿，多数无人居住，但具有生态旅游开发的价值。据估计，柬埔寨沿海区域野生动植物资源相当丰富，不过缺少确切的统计数字。同样也缺乏海洋动物及海洋动物栖息地珊瑚礁和海草生长区方面的数据，珊瑚礁受非法采集破坏的程度难以评价，其对近海鱼群状况及当前资源管理的影响还没有开展详细的研究。

柬埔寨沿海地区的生态破坏还不特别严重，但也存在海洋环境的退化问题，特别是红树林的破坏尤其严重。红树林是许多物种的重要栖息地，还具有保护海岸不受潮水侵蚀的作用，对沿海生态系统的维持具有重要意义。造成沿海红树林破坏的主要原因是居民砍伐木柴、养虾业的扩张以及晒盐。沿海生态还受到入海河水淤泥沉积的影响。不考虑鱼类繁殖的海洋渔业也是问题之一，还有外国渔船的非法捕鱼活动也比较严重。包括油气开采在内的工业也对海洋生态造成了一定的污染和破坏。

柬埔寨目前已加入《公海捕鱼及生物资源养护公约》《国际防止船舶污染公约》，并已签署加入《联合国海洋法公约》。柬埔寨在海洋环境管理方面面临的问题有：

（1）限于人力财力，环保部门目前还没有能力对海洋环境进行有效的监管，使海上活动基本处于无序状态。也未实施海洋环境、海洋资源及其状况的调查研究，使海洋环境保护针对性不够。

（2）海洋资源有遭到破坏的危险。主要是对海洋捕捞和活动没有进行规范，捕捞者只顾眼前，没有考虑资源的再生问题。

（3）海洋污染问题没有引起足够重视，对海水污染的控制还没有采取具体的措施。海上活动的扩大，特别是石油天然气开采、海上运输以及滨海旅游业对柬埔寨近海海水水质构成了威胁，一些主要海滨旅游点海水大肠菌群数量都超过了正常值而不适于游泳。沿海和海洋生态系统继续受到破坏性的非法活动的威胁。

（七）固体废物

固体废物处理和管理是柬埔寨面临的环境压力之一，尤其是在城市地区。柬埔寨城市化提高、人口增加，但缺少固体废物综合管理系统，公众意识淡薄，缺少有毒危险废物处理设施，废物管理不善等。这些因素导致固体废物产出量和有毒危险废物产出量增加，从而造成对空气、水、土壤的污染。

废物产出量增加也使城市环境面临新的挑战。随着柬埔寨国家经济的发展，越来越多的人口迁往城市，导致柬埔寨许多城镇未处理的生活污水、工业废水以及固体废物数量不断增加，污染地表水和地下水。造成城市及周边居民健康风险增高，包括痢疾和霍乱等消化道疾病的发生率增加。据 1999 年统计，柬埔寨各大城市平均每天的垃圾产生量为 650 t。在首都金边，日均垃圾产生量为 465 t，到 2010 年则达到约 1 455 t。在金边的全部垃圾中，66%来自居民生活，25%来自宾馆、饭店、商场等。

图 2.5　柬埔寨的垃圾状况

有害废物多数来自工业生产，对有害废物的处理也是城市环境面临的一大难题。多数城市没有为有毒、有害或金属废物指定填埋场地或进行其他形式的处理，而是和其他固体废物一起露天堆放或焚烧。医疗垃圾则由卫生部门统一做焚烧处理。

在废物回收利用方面，由于对可回收废物出口征税，导致废物回收利用率下降。另外，农村垃圾的随意抛弃或焚烧，也是造成环境污染的重要原因。

柬埔寨目前在固体废物管理方面遇到的问题有：

（1）城市垃圾收集覆盖率低，农村则完全没有垃圾收集制度。在城市，不断增加的垃圾量与较低的垃圾收集率使垃圾成为城市环境的一大问题。即使在首都金边，其垃圾收集率也只能达到 70%。金边环保部门在日本的协助下进行了一项计划在 2015 年使金边城市垃圾收集率达到 100%的可行性研究，从这里也可以看出其在垃圾收集和管理方面面临的困难有多大。

（2）缺少废物运输、处理设施，处理方法简单落后。由于缺少垃圾处理设施，大多数垃圾都没有进行任何处理，采取露天堆放、焚烧的简单处理方式。许多地方甚至没有指定的垃圾堆放场地。

（3）垃圾造成的污染有日益加重的趋势。

三、柬埔寨环境管理机构设置和主要部门职能

柬埔寨的环境保护机构分中央和省两级，其中中央政府中的环境部是国家环境管理的最高部门，下辖 6 个司，分别是计划与法律事务司、环境污染控制司、自然资源评估与环境数据管理司、环境宣传与教育司、环境影响评估司、国际与亚洲合作司。柬埔寨地方环境机构则是各省与市的环境办公室（称为环境署），在区与社区这一级也都设有机构来执行和督促环境部的活动。

柬埔寨环境部的职责包括以下 12 个方面：

（1）与其他有关各部合作制定国家持续发展的环境政策，执行国家与地区的环境行动计划；

（2）制定与执行环境保护的法律文件，以保证持续发展；

（3）为所有建议和正在进行的公私项目与活动进行环境评估，并制定执行环境影响评估审查程序的规范；

（4）建议有关各部门对自然资源，包括土地、水、空气、地质生态、矿山、能源、油气、石与砂、宝石、木材与非木材森林制品、野生生物与渔业资源进行可持续的保护、开发与管理；

（5）遵循 1993 年 11 月 1 日建立与指定自然保护区的法令，与有关各部门合作对自然保护区体系实现行政管理，并提议应列入这一体系的新区域；

（6）对资源与生态的现状以及污染物的数量，如液态与固态的废料、污染与有害因素、烟气、噪声和振动进行评估，并与有关部门合作，采取措施，防止、减轻与治理环境污染；

（7）与相关部门对污染源制定检查规范，并把此类过失向各有关职权部门提出报告，执行《环境保护与自然资源管理法》第九章中规定的惩治条例与其他条例；

（8）收集、分析与管理环境数据，编制柬埔寨王国环境状态的年度报告，并向公众提供有关环境保护与自然资源管理活动及环境现状的信息，鼓励公众参与这一活动；

（9）与有关部门及国际组织合作，制订并实施有关提高社会各阶层，包括地方社区的环境意识的计划；

（10）为参与和执行有关环境保护的国际协议、会议与谅解备忘录，向王国政府提出倡议或建议；

（11）对能促进环境保护与水土保持的投资项目实施激励机制；

（12）与国家和国际组织、非政府机构、地方社区以及其他国家合作，推进柬埔寨王国的环境保护工作。

除了环境部，1994 年 4 月 26 日柬埔寨政府颁布的《工业、矿产和能源部的组织和职能的法令》（柬埔寨政府第 963/PRK 号 No.35/ANK/BK）也规定了工业、矿产和能源部与环境保护有关的职能。该法令规定工业、矿产和能源部指导和管理柬埔寨境内除石油和天然气部门外的其他工业、矿产和能源部门，其中与矿产有关的下设机构有矿产资源局、地质局和矿产资源发展局。工业工作局要根据现行法律对纺织品、成衣、皮革、纸制品、木材和非木材林业部门、化学、橡胶和橡胶制品等大中型工业进行评估，并检查和处理其中的不规范行为；工业技术局要监管工业和手工业企业的行为，与环境部一起使居住在污染环境和区域内的人免受污染物的侵扰；地质局要利用地质 KNOW HOW 技术，开发矿产资源，保护环境，防止自然灾害；能源部要通过维护和保护环境，促进电力节约；能源技术局要确保最大限度的环境维护和保护。

2000 年 4 月 7 日，柬埔寨政府颁布了《关于农业、林业和渔业部组织机构和职能的法令》（柬埔寨政府 No.17/AN/BK），规定了该部与环境保护有关的职能。该法令的第三条明文规定，农业、林业和渔业部有以下职责：为满足国家需求，维护生态平衡，对自然资源的开发进行管理和指导；制定有关规定，管理和保护自然资源，并及时贯彻执行。其中农业部和农业用地发展部门必须草拟植物防护和农业保护方面的法律法规，并贯彻执行；监控生物多样性的生长环境，对病虫害采取防范措施。

森林部门要制定森林资源和野生动物的存量及分类细目表，评价其潜力，引导其发展；制定规划，拟定相关法律法规，对森林资源开发、野生动物捕猎进行管理；参与制订环境保护措施，制订森林管理计划，划定野生动物和自然资源保护区，划定造林区，制定森林和野生动物发展政策；鼓励、支持保护自然资源和野生动物资源、植树造林和发展森林社区等行为。

四、柬埔寨环境管理相关法律法规

柬埔寨的环境立法体系包括以下几部分：一是宪法的有关规定；二是关于环境保护的基本法律，即《环境保护与自然资源管理法》；三是关于环境保护的单行法，主要有《环境影响评价程序二级法令》《固体废物管理法》《水污染管理法》《空气污染与噪声干扰管理法》以及合理开发和保护森林资源的有关法令和规定；四是政府制定的环境标准，主要有《排放废水或污水入公共水域的污染源标准》《公共水域与公众健康水质标准》《环境空气质量标准》《移动源的气体排放标准》等；五是柬埔寨王国参加的国际法中的环境保护法规。从立法的主体来看，既有国民议会和立宪大会，也有政府部门。从涉及的环境保护领域来看，包括空气污染、噪声、垃圾处理以及水污染等方面，比较全面。

（一）环境基本法

为了防止生态平衡被破坏，1996 年 11 月 18 日，柬埔寨国民议会通过了第一部环境保护法——《环境保护与自然资源管理法》。11 月 24 日，该法正式颁布生效。这部法律对柬埔寨的自然资源实行开发与保护相结合的制度，也就是说在开发利用自然资源过程中既要考虑经济效益，又要考虑生态效益。该法规定柬埔寨环境部有权对涉嫌污染环境的企业和事业单位以及个人进行调查，安装污染监测设备和审查有关档案材料。对违法者，该法规定可以处以 1 000 万瑞尔（约合 3 700 美元）以下的罚款，对屡犯者可以从重惩罚，处以 3 000 万瑞尔（约合 11 000 美元）的罚款和 1 年有期徒刑。该法还规定，对排放污染物严重损害民众身体健康和公私财物者，环境部可向法庭起诉，法庭可对其处以高达 5 000 万瑞尔（约合 18 500 美元）的罚款和 3 年有期徒刑。

此外，柬埔寨政府在工业、农业、矿业、渔业、能源尤其是关于林业开发与保护方面制定的一系列法规也有与环境保护相关的内容。

（二）环境影响评价法

柬埔寨的环评立法框架包括环保基本法——《环境保护与自然资源管理法》（1996 年）、

《保护区管理法》（2008 年），以及针对环境影响评价的单行法如《环境影响评价程序二级法令》（1999 年）、《环境影响评价报告编写指南》（2009 年）、《环保部环境影响评价权力下放声明》等。柬埔寨环境影响评价部门下设六个分管项目审查、监督、立法争议及国际合作、环境和社会基金、规划和行政管理的部门。

《环境保护与自然资源管理法》第六条规定：任何私人或公共活动和项目在上报政府部门进行决策前都应当进行环境影响评价。环境影响评价的程序以及拟建或在建项目的规模与性质都应当在提案环境部之后，由二级法令进行明确规定。第七条规定：所有的投资项目申请以及所有的国家项目都应当执行初步环境评估（IEIA）及/或第六条规定的环境影响评价。环境部需要在柬埔寨投资法规定的限期内对初步环境评估和环境影响评价进行审查并提出建议。

《保护区管理法》第 44 条中对保护区进行了分类并规定环境部协同其他相关部委对社区及多功能区域实施环境和社会影响评价（ESIA）。

《环境影响评价程序二级法令》是环境影响评价领域的一部重要法规。该法令分为八章，分别对机构职责、适用范围、EIA 的审查流程、项目审批条件、处罚等方面做出了规定。其中第七条规定，项目负责人必须向环境部（署）申请审查其初步环境评估，并提交预可行性研究。第八条规定项目负责人须向环境部申请审查其环境影响评价报告，并提交项目可行性报告，尤其是有可能对生态资源系统和公共服务造成影响的项目。该法令中罗列了需要进行初步环境评估或环境影响评价的行业，包括工业、农业、旅游业、基础设施。

《环境影响评价报告编写指南》对环评报告的编写做出了具体的指导，详细规定了报告编写的方法和研究范围、法律框架、项目介绍、环境背景介绍、公众参与、重大环境影响评价及缓和措施、环境管理计划、成本收益分析（仅针对 EIA）、结论和建议等内容。

在柬埔寨，共有如下几类机构参与环境影响评价工作：柬埔寨环境部及其直属部门、相关其他部委、有关省市部门、非政府组织、项目开发单位（政府、私营部门、合资企业、咨询公司）。环境影响评价的完整流程如图 2.6 所示：首先提出环评需求，编制建议书，提交并进行筛查；接下来将环评项目按照筛查结果分为需要进行环评与不需要进行环评两类，需要注意的是，这两类项目都需首先经过初步环境评估检验其环境影响，这也是确定项目是否需要环评的必要步骤。需进行环评的项目要经历审查、评估、降低环境影响措施、报告、复审的步骤，每一个步骤都应当充分保证公众参与，公众参与可以保证环境影响评价的高效进行。

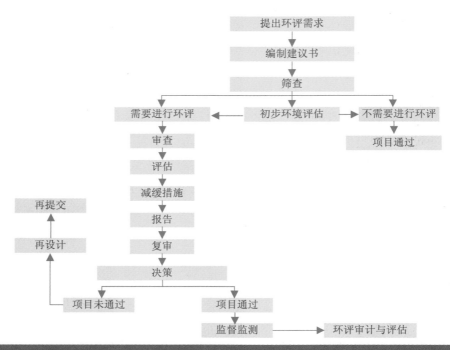

图 2.6　柬埔寨环境影响评价流程

　　图 2.7 是柬埔寨审批机构或省市投资委员会进行项目环评审批的流程。项目负责人需要向环境部（署）提交初步环境影响评估报告及环境影响评价报告，经过反复的修订审查之后，形成最终的报告文本并提交审批机构或省市投资委员会进行终审，只有通过终审的项目才能得以实施，并配套要求实施环境管理计划（EMP）。

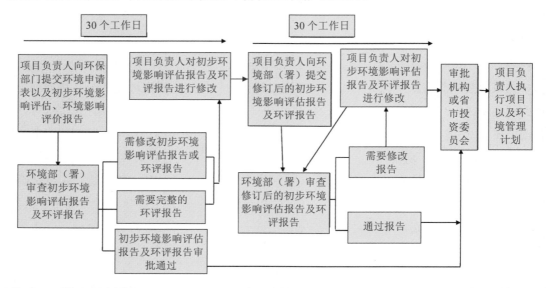

图 2.7　柬埔寨审批机构或省市投资委员会审批项目环评流程

国家层面的环评报告审查，需要在项目负责人提交环评报告之后，经过环评部门会议（10 日）、环境部内部会议（5 日）、高官会议（5 日）、部长会议（5 日）以及部门混合会议（5 日）一共 30 日的时间进行环评报告的第一轮审核。对于省市层面的项目环评报告审查工作，则需要进行环境署会议（15 日）、环境署领导会议（5 日）、省级内部会议（5 日）、部门混合会议（5 日）。

对于环评后监督问题，《环境影响评价流程 72 号法令》中规定，项目负责人须在自环境部通过环评报告后的 6 个月内实施环评中规定的环境管理计划。环境部的职责包括在其他部委的协助下审查环评报告，并对项目进行跟踪监测，以确保环境管理计划得以按规定实施。

宪法中的环境保护条款为环境影响评价制度奠定了基础。在联合国等国际组织的协调和帮助下，柬埔寨于 1993 年 9 月通过了《柬埔寨王国宪法》（Constitution of the Kingdom of Cambodia）。其中第 31 条规定：公民享有生存、自由与安全的权利。第 44 条规定：任何个人或团体都拥有财产权；只有获得柬埔寨国籍的法人和自然人，才能拥有土地所有权。私有财产受法律保护；公共事业需要征用农民的财产时，应依照法律事先向被征用者提供合理与公正的补偿。第 59 条规定：国家保护环境和保持生态平衡，有计划地开发土地、水流、大气、矿藏、石油、天然气、森林、野生动物和水产等自然资源。这些条款规定了国家在开发自然资源时应注意保护环境和生态平衡，维护民众的生存、自由和安全的权利，从宪法层面为柬埔寨的环评提供了法律依据和基础。

法律层面的环评规定。包括前述的《环境保护与自然资源管理法》和《环境影响评价程序二级法令》。

同时，2005 年，柬埔寨还通过了《经济土地特许经营次法令》（Economic Land Concessions），要求对经济特许经营土地进行环评。其中第 7 条第 5 款规定：如果初期环评和社会影响评价表明存在中等或较高程度的负面影响，就要进行全面的环评或社会影响评价。该次法令对于促进外商投资柬埔寨起到了促进作用，环评条款的纳入表明政府意识到了经济土地特许经营中的潜在环境保护和社会影响问题。

部门规章。为了贯彻执行 1999 年的《环境影响评价程序二级法令》，柬埔寨环境部通过了一些部门规章：《环境影响评价报告编写指南》《项目环评报告执行的审查、跟踪和监测的收费决定》《制定初步环评和完全环评报告的一般原则》《研究和准备环评和社会影响报告咨询公司的注册规章》《建立审查和评议环评报告技术工作组的规章》。程序上，这些部门规章对 1999 年《环境影响评价程序二级法令》的实施进行了明确；内容上，从项目介绍、项目目标、项目描述、现有环境情形、公众参与、环评、环境管理计划、总结和建议等方面进行了界定，为落实 1999 年《环境影响评价程序二级法令》的实施提供了具有可操作性的指引。

总体而言，从宪法层次到部门规章，柬埔寨的法律体系都涉及环评这一事项。但柬埔寨的环评法律更多的是基于域外法律的嫁接，缺乏本土化的推动力，这是导致柬埔寨当前环评法律法规难以撑起环保要求的主要原因。现有环评法律规定的不能确保项目开工建设前进行环评，即使在1999年通过次法令（Sub-decree）之后，并不是所有的项目都遵守该法令的规定：事实上，1999—2003年四年期间没有一个项目建设进行过环评；而2004—2011年近2 000个工程项目，包括水库、道路、桥梁的建设中，仅有大约5%的项目进行过环评。尤其2011年由中国水利水电建设股份有限公司（Sinohydro Group Ltd.）建设的甘再水电站在项目竣工之前的几个月，一份环评报告的简稿才公之于众，这使得环评报告的效果受到质疑，项目是否采纳了一些减排环境影响的举措也遭到严重怀疑。

柬埔寨的环境部主要负责环评事项：包括对项目方提供的初始环评报告或最终环评报告进行审查和评议，批准或拒绝某个项目，监控项目的执行等；任何涉及自然资源的保护、开发、管理或使用的活动，相关部门都必须与环境部进行咨询；环境部也扮演着监测、追踪和监督的角色，其雇员有权进入任何可能导致环境污染的区域进行检查。

但是基于对经济发展的重视，相比其他部门，环境部的地位较低，权力也较小。首先，环境部对项目方提供的环评报告进行评估时，需要从其他部门借调人手，如农业、林业和渔业部门，矿业和能源部等。同时，环境部在财力方面也非常受限，这都制约了环境部评估环评报告的独立性和客观性。此外，在公布终稿之前，还得与其他部门保持沟通和协商，这使环境部的独立性有时受到影响。正如环境部的一名官员所言："在柬埔寨各方看来，对于发展的渴望要远强于对环评的需要。对于很多负责基础设施、工业和农业发展的政府部门来说，他们依然没有完全理解环评的意义所在。"

囿于法律实际执行不理想、环保机构的专业水准和能力不够、财力和人力资源不足，以及实施这些法律规范的政治意愿不强等，同时公众参与和信息披露等严重不足，致使柬埔寨的环评法律在实施方面存在众多问题，并没有发挥到应有的作用。

（三）其他环境管理法规

1. 宪法

柬埔寨《宪法》（1993年9月21日在金边举行的立宪大会第二次全会通过）第五章第五十九条规定，国家保护环境和丰富的自然资源的平衡，建立翔实的计划管理土地、水、空气、风、地理与生态系统、矿产、能源、石油和天然气、岩石和沙砾、宝石、森林和森林产品、野生动物、鱼类和水生资源。这是环境保护概念第一次在柬埔寨的法律中出现。《宪法》先后于1994年、1999年以及2007年颁布过修正案，但上述规定均没有被修改。

2. 固体废物管理法

1999年4月27日，柬埔寨政府根据宪法以及其他的相关法规，颁布了《关于固体废物管理的行政法规》（柬埔寨政府 36/ANK/BK 号）。制定和实施该法规的目的在于以适当的技术方法，规范固体废物的管理，并提供安全防范，以保障人们的身体健康与保持生物的多样性。本法规适用于所有与有害废弃物相关的处理、储存、收集、运输、周转、掩埋等内容。

对于家居垃圾的管理。家居垃圾是指不含有害性或有害物质的固体，并已从住宅、公共建筑物、工厂、市场、旅店、商业建筑、饭店、运输设备、休养地等地方弃出，属于固体废物的一部分。家居垃圾的收集、运输、储存、周转、减量化与掩埋等是各省、市政府的责任，环境部要给予原则性的指导，个人倾倒、堆放家居垃圾必须在规定的地方，严禁在公共场所与其他任何未经当地政府允许的地方处理废弃物，经营者欲投资家居垃圾的掩埋场、焚烧场、储存地和周转站的，必须得到环境部的同意。未经环境部允许，不能对外出口家居垃圾，而且明令禁止境外家居垃圾进入柬埔寨境内。

关于有害废弃物的处理。有害废弃物是指可能对人类与动植物的健康、公共财产或环境形成危害的，带有放射性、爆炸性、毒性、易燃性、病源性、辐射性、致腐蚀性与致氧化性以及其他一些化学用品。有害废弃物的包装、储存、运输、周转、焚烧、处理与处置的监督管理是环境部的责任，由环境部制定对有害废弃物管理的指导原则，颁布可以处理的有害废弃物内所含毒性或有毒物质等级的规定；而对弃自住宅、市场、诊所、医院、旅店、餐厅与公共建筑内的有害废弃物的储存、运输与处理，是地方政府的责任。该法规附件 1 对有害废弃物的类别进行了介绍，共有废酸、废碱、废金属及其化合物、生产或使用的废旧电池等 32 种。

3. 水污染管理法

1993 年联合政府成立以来，开始建立健全环境法律法规，重视环境保护和水资源保护。1996 年成立了环境部，1998 年成立了水利气象部。涉水的相关部门还有农业、林业和渔业部，农村发展部，工业、矿产能源部，卫生部，公共工程与运输部，国土、城市规划和建设部等。

目前，柬埔寨政府正在起草、修订一系列涉及洞里萨湖保护的次法令，如《社会用地特许权次法令》《森林群落管理次法令》（2003）、《以社区为基础的捕鱼次法令》和《农业用水使用者社区次法令》等。

为了以适当的技术方法规范水污染的管理，减少公共水域的污染，以保障人们的身体健康，保持生物的多样性，柬埔寨政府于 1999 年 4 月 6 日颁布了《关于水污染管理的行政法规》（柬埔寨政府 36/ANK/BK 号）。该法规严禁任何人在公共水域、公共排放系统处置固体废物或任何垃圾或任何有害物质，严禁因固体废物或任何垃圾或任何有害物质的储存与处置使公共水域中的水质受到污染，严禁住宅与公共建筑物的污水不经公共排放系统或其他处理系统便向公共水域进行排放。而对于任何一个污染源，无论是新的还是已有的，如果要将废水排放或运输到其他地方，必须在规定的时间内向环境部提出申请，并得到批准。

对任一污染源的排放物的运输和排放进行监控是环境部的责任。环境部应从污染源的排放点取样。业主或负责人有责任对环境部官员在执行技术取样的任务或处置试样品时进行协助，并提供方便。试样应在环境部的实验室中进行分析，分析费由污染源的业主或负责人承担。环境部应对柬埔寨全境内的公共水域内水污染的情况进行定期的监测与治理，以便采取措施防止与减轻公共水域的污染；要公布水质情况与柬埔寨公共水域的污染状态；如果发现公共水域的水质已受到污染，并威胁到人们的生活和生物多样性，环境部应立即向公众发出有关这一危险的通知，并采取措施防止继续污染，且恢复这一公共水域的水质。

本法规还附有 5 个附件，附件 1 规定了有害废弃物的类别，共有有机磷化合物等 15 种；附件 2 规定了废水排放标准和废水进入公共水域的污染控制标准，共涉及温度、pH、生化需氧量、总悬浮物、苯等 52 个参数，对污染物允许排放的极限做了明确规定；附件 3 规定了在排放与运输废水前需要从环境部获得许可的污染源类型，共涉及罐头食品与肉类加工、水产品加工等 67 个污染源类型；附件 4 规定了公共水域保持生物多样性的水质标准，公共水域分为河流、湖与蓄水库、海岸边水等几类，每种类型中又包括 pH、悬浮固体、溶解氧、大肠杆菌以及氮和磷的含量等指标；附件 5 规定了公共水域与公众健康水质标准，该标准涉及氯化碳、六氯化苯、DDT、异狄氏剂、氧桥氯甲桥萘等 25 个参数指标。这 5 个附件的内容是环境部进行监测和管理执法的具体标准。

4. 空气污染与噪声干扰管理

为了对所有固定与移动的空气污染源和噪声干扰进行监测、治理，防止由于空气污染与噪声干扰产生的不良影响，保护环境质量与公众健康，柬埔寨政府于 2000 年 7 月 1 日颁布了《关于空气污染与噪声干扰管理的行政法规》（柬埔寨政府 42/ANK/BK 号）。

根据该法规，新的或已有的金边地区项目的污染源业主与负责人应在建设项目开工前的 40 日内将从固定源排放污染物与噪声到大气中的授权申请提交环境部门，省与市的项目则要在 60 日之内完成这一程序。对于固定源易燃物品的数量、污染空气的排放与噪声的监测是环境部的责任，对移动源的烟气与噪声的排放应由环境部和其他有关部门共同负责。监测的规范应由各相关部门之间商定的联合公报予以确定。环境部应对污染源监控的方法、取样地点与空气、噪声的质量分析制定出原则方针。污染源的业主与负责人应负责采购与安装净化有毒物质、减轻噪声与振动的设备，以达到空气污染标准的要求；还要聘请环境专家负责处理环境事务，定期向环境部报告污染排放情况。如果发现任一污染源排放出的有毒物质与噪声不能达到相关规定，环境部应下达书面通知，限期改正；如果违规达到了伤害到公众健康与环境的质量，则应要求相关企业停止业务，直到达标为止。

环境部应对空气质量进行定期检查与监测，以便采取措施减少空气污染；还要保管好有关空气质量测试与空气质量状态结果的资料，并让公众知晓柬埔寨境内空气的质量和空气污染的情况。如果发现有任何地区受到空气污染的影响，并对人们的健康与环境的质量构成威胁，环境部应立即通知公众这一危险情况，并对污染源进行调查，采取预防措施，尽快恢复空气质量。

为了加强空气和噪声污染的管理和防治，该法规附有 8 个附件，作为管理和执法的具体标准。附件 1 是环境空气质量标准，包括一氧化碳、二氧化碳、二氧化硫、铅和总悬浮颗粒 6 个参数，每个参数又分 1 h、8 h、24 h 和 1 a 的平均值 4 个指标。这些标准适用于环境空气质量评价及对空气污染状态的监测。附件 2 是环境空气中有害物质最大允许浓度，涉及苯胺、氨、乙酸、硫酸、硝酸、苯等 30 种有害物质。附件 3 是环境空气中固定污染物允许的最大限度标准，包括烟尘中的颗粒、灰尘、铝、氨、锑、砷等 66 种大气固定污染源的污染物。附件 4 是移动源的气体排放标准，涉及二冲程的摩托车、四冲程的摩托车等，燃料种类包括汽油和柴油。在实际应用中，该标准适用于所有移动源排放入大气的气体。附件 5 是上路的车辆允许的噪声最大限度，列出了涉及摩托车、摩托三轮车、不同座位的小车和出租车以及巴士、不同载重和功率的卡车以及未列入其中的其他机器等 9 类车辆，并适用于所有在公共道路上行驶的车辆。附件 6 是在公共场所与居住区的最大允许噪声标准，所涉及的区域包括安静区（医院、实验室、学校、幼儿园）、居民区（旅店、行政区、别墅和村庄）、商业区与服务区多种业务的区域、在居民区内的小的工业厂区与采矿区，而噪声标准在不同的时段也不一样。附件 7 是车间、工厂与非工业区的噪声标准，对不同噪声水平下允许持续的时间做了规定，噪声越大，允许持续的时间越短，反之亦然。附件 8 是硫、铅、苯与碳化氢在燃油与煤中的最大允许含量，其中燃油包括重油、柴油和汽油。

5. 森林资源管理法

为了遏制严重的非法砍伐现象，避免森林的过快消失影响到本国的农业和生态系统的管理、保护与发展，柬埔寨政府于 1998 年 10 月 22 日颁布了《关于管理森林资源和消除非法森林活动的法令》。该法令要求在全国范围内停止任何非法的木材交易，禁止新的林业特许的审批以保持森林的可持续发展及自然环境；凡是将退林土地开发为农业和工业用途的申请，必须获得农业、林业和渔业部的批准；鼓励在各省退林地区植树，鼓励人们通过寻找替代能源的方式最终停止使用木材能源。

为了有效保护国家的林业资源、获取更大效益，柬埔寨政府后来又颁布了《关于认定禁止出口木制品、允许出口的木制品及合法出口过境点的法令》，禁止出口未加工的原木和木炭，鼓励出口高附加值的木制品，但要经过柬埔寨政府的批准，并缴清相关税费。2000年 2 月 7 日，柬埔寨政府颁布了《关于森林管理特许权的法令》，其中的一个重要目的就是要确保森林管理体制的稳定，保护自然生物多样性，维护生态系统功能，加强森林在土壤保护和边界确定等方面的作用。政府在制订森林管理计划时，要通过对农村情况、国内森林资源和环境状况的明细资料的评价等手段来划分林区：不可使用林区（生物多样性保护、缓冲区和通道、分界保护区、社区用林和储备林区）和可使用林区。要统筹自然环境与社会的发展，根据林木的生长及产量情况，根据维持森林的结构和生态功能对砍伐进行限制的情况，确定一个适当的、稳定的林木产量。

五、柬埔寨环境管理案例

根据柬埔寨发展理事会（CDC）的统计数据[1]，中国已经成为在柬埔寨的最大基建项目援助国以及最大的投资国，投资领域涉及农业、旅游、基础设施、水电和制衣等，其中基础设施是投资发展的着力点。柬埔寨的基础设施市场正处于方兴未艾的阶段，百废待兴。据统计，中国在柬埔寨的投资多是一次性的大型工程，如水电项目、桥梁建设以及道路修缮等，造成的环境社会影响通常较大，值得我们认真总结思考。

本节通过深刻剖析柬埔寨的外商投资项目，尤其是中资企业在柬埔寨投资项目带来的环境社会影响，总结经验教训，破解企业"走出去"的环境困局。

水电项目向来是最受争议的基础设施项目。一方面，水电项目带来的经济效益非常可观，同时肩负减灾、改善生态等重要任务；另一方面，水电项目影响范围大，辐射范围广，极有可能造成原生生态环境破坏以及大规模移民问题。作为柬埔寨长期最大投资方，中资水电企业在柬埔寨境内投资了一些大型水电站[2]。由于柬埔寨国内环评法律缺乏可操作性、柬埔寨国内机构组织体系缺乏协调、财力和能力有限、专业技术落后、柬方环评政治意愿不强、缺乏与 NGO 等社会组织沟通经验等，中资水电企业在柬埔寨境内的水电厂建设遭遇到了一些挑战。

（一）甘再水电站项目

根据世界大坝委员会（WCD）报告，庞大的投资和不断扩大的影响使得大型水坝在选址、影响等方面有众多冲突，成为可持续发展中的重大难题。支持者关注社会经济发展需求，认为大坝可以满足灌溉、发电、防洪和供水等方面的需求。反对者关注水坝的负面影响，如债务负担、成本超支、移民问题和贫困问题等，认为水坝破坏重要的生态系统和渔

---

① Council for the Development of Cambodia（CDC）. Investment Trend. http：//www.cambodiainvestment.gov.kh/investment-enviroment/investment-trend.html.

② Koh Kong：Chinese-built 338 MW hydropower dam in Cambodia begins operation，Cambodia，Jan. 12. Available at：http：//news.xinhuanet.com/english/china/2015-01/12/c_133913369.htm（last visited：2016.06.12）.

业资源。甘再水电站造成了森林和野生生物栖息地损失、物种损失、上游流域退化、上游水生生物多样性损失以及下游渔业损失、水质恶化等负面环境影响，同时对当地村落居民的生计和收入来源产生影响。

1. 案例基本情况

甘再水电站（Kamchay Hydropower Station）项目位于距离柬埔寨南部贡布省（Kampot）省会城市 15 km 的甘再河干流上，电站具有发电、灌溉、供水、旅游等多项功能。电站总库容 6.813 亿 m³，总装机容量 19.32 万 kW，碾压混凝土主坝高 114 m，年平均发电量为 4.98 亿 kW·h。枢纽工程由碾压混凝土大坝、反调节堰、引水隧洞及 3 个发电厂房等水工建筑物组成。水电站坝址位于柬埔寨贡布省境内的波哥国家自然公园[①]。施工总面积约为 2 291 hm²，包括一大一小两处水坝、通向水坝的公路、一处采石场以及输电基础设施。蓄水区面积约为 2 015 hm²[②]。

图 2.8　甘再水电站

---

① 波哥国家天然公园，于 1993 年出台的《柬埔寨自然区保护皇家法令》（Royal Decree on the Protection of Natural Areas, 1993）下成立，面积约 140 000 hm²。为柬埔寨南部的一处热带雨林公园，是多种珍稀动植物的栖息地。
② Mark Grimsditch（January 2012）. China's Investments in Hydropower in the Mekong Region: The Kamchay Hydropower Dam, Kampot, Cambodia.

　　甘再水电站作为中资水电企业投资柬埔寨的第一个大型水电项目,由中国水利水电建设集团(中国水电,Sinohydro)开发建设,中国进出口银行提供融资支持。该项目是当时耗资最高、规模最大的外商投资基础设施建设项目。甘再水电站项目是由中国水电建设集团以 BOT 方式进行投资开发的第一个境外水电投资项目(2006 年签署)[①],也是中国当时最大的一个 BOT 境外水电投资项目,柬埔寨目前最大的引进外资项目。按照中国水电与柬埔寨工业、矿产、能源部的开发计划,甘再水电站总投资 2.8 亿美元,包含 4 年的施工时间,特许经营期为 44 年,电站收益双方共享。商业运行期结束后,整个电站无偿交给柬方。项目于 2007 年开工建设,于 2011 年 12 月施工圆满完成,并于 2012 年 8 月正式进入商业运营[②]。截至 2016 年 10 月 11 日甘再水电站累计发电量 20.3 亿 kW·h,电费回款累计突破 1 亿美元[③]。以 40 年的商业运行期预测,正常情况下,该项目的营业利润十分可观。

　　实际上,早在 20 世纪 60 年代,柬埔寨政府就有开发水坝的计划。90 年代加拿大国际开发署拟对其水电项目进行支持,但由于非政府组织的阻挠,加拿大国际开发署决定撤资。直到 2004 年 7 月,柬埔寨工业、矿产、能源部才对甘再水电工程重新开始 BOT 国际招标。来自柬埔寨、中国、韩国和日本的多家公司参与了甘再水电站的项目竞标,中国水电牵头西北水电勘察设计院和中国水电八局,顺利中标,并与柬埔寨工业、矿产、能源部签署协议。2006 年 7 月,柬埔寨国会投票通过一项声明:如中水电的项目遭遇困难,柬埔寨政府将为公司提供资金支持。在投票之前,国会议员并没有审阅中水电和工业、矿产、能源部签署的协议。另外,通常柬埔寨项目的 BOT 协议时长为 25 年,而甘再项目 BOT 长 44 年,一部分议员也表示担忧。

　　甘再水电站为柬埔寨经济发展提供了强劲动力。作为柬埔寨国内第一个投产发电的大型水电站,甘再水电站在柬埔寨国家电网中有着举足轻重的地位。甘再水电站运营发电前两年承担了柬埔寨首都金边白天 80%、晚上 100%电量供应。现在,柬埔寨金边电网白天容量为 550 MW,夜间容量为 220 MW,甘再水电站承担其电网白天 35%左右、夜间 80%左右的电量供应,极大地缓解了柬埔寨国内的电力紧张局面,为当地经济发展提供了巨大支撑。工程还有效调节了流域内季节性旱涝问题,提高了下游防洪能力,保证了下游农田的水利灌溉,减少了水土流失,保护了生态平衡,改善了当地鱼类及野生动物的栖息环境。

---

① BOT(build-operate-transfer)即建设-经营-转让,是私营企业参与基础设施建设,向社会提供公共服务的一种方式。
② http://www.chinanews.com/gn/2014/02-28/5897624.shtml.
③ 中国新闻网.甘再水电站为柬埔寨提供强劲动力。2016-10-12.http://www.china-nengyuan.com/news/99557.html.

图 2.9　甘再水电站已成为洪森政府改善民生的标志工程

　　而电站给予柬埔寨的收益，远不止经济收益。甘再水电站的投产发电，让整个柬埔寨的电力供应翻了一番，工农业生产由此进入跨越式发展。而这座被誉为柬埔寨"三峡工程"的电站，已然成为洪森政府改善民生的标志性项目，被执政党高高树立在全国大选的宣传牌上。甘再水电站，有如镶嵌在中国"海上丝绸之路"的一座灯塔，散发着引领中国电建企业"走出去"的光芒，是中国企业和境外国家发展共赢的标杆项目。

　　贡布省只有 12%的家庭能够通电，是整个东南亚地区通电比例最低的地方，电价成本极高。甘再水电站的建成将帮助柬埔寨降低电价，提供稳定供电，同时为政府节省 2 000 万美元的柴油进口支出；并可调控洪水、建路建桥、为旅游开发提供条件、为环境管理提供资金。虽然为柬埔寨的经济发展和社会进步带来了极大的益处，但在项目建设期，一系列民间团体报告和媒体文章越来越关注甘再水电站的负面社会环境影响，可以说，甘再水电站是伴随着争议声诞生的。甘再水电站是最早引起柬埔寨境内非政府组织关注的中资项目。由于历史原因和对环保认识不足，早在甘再水电站规划阶段，就有学者指出其对环保问题的忽视。许多水利工程并非基于可适用技术、财务和经济标准的综合评估而建造的，更不要说社会环境标准了。大坝最早于 1963 年开始规划建设，那时尚未设立波哥国家公园，因此，不可能考虑到对国家公园的环境影响。

2. 案例环境影响

（1）对波哥国家公园的影响。

波哥国家公园位于柬埔寨贡布省、磅士卑省、戈公省和西哈努克市四省市的交界处，总面积 14 万 hm^2，是柬埔寨南方最大的天然公园。波哥山是象山山脉的一部分，海拔 1 079 m。波哥国家公园蕴藏丰富的动植物资源，不少已被列为濒临灭绝的保护品种。公园里植被茂密，木材资源丰富，特别是非常珍贵的乌木。波哥国家公园是由西哈努克国王于 1993 年 11 月 1 日颁布法令设立的，被柬埔寨人视为珍宝级的自然保护区。

1990 年以来，自从政府想使甘再水电站项目"复活"，很多人担心项目会对波哥国家公园产生不可逆的严重影响。公园里主要生长着热带常绿森林，同时还有其他重要栖息地如红树林等。大象、马来熊、老虎等都栖息于此。这里活跃着数百种鸟类，其中不乏一些全球性濒危物种。2005 年，有关组织对公园进行了一项野生生物调查，发现其有 4 种濒危物种、8 种易危物种以及 3 种受危物种。甘再水电站的环评报告中也指出，在项目区域识别出 37 种哺乳动物、68 种鸟类、23 种爬行动物和 192 种鱼类。

项目占地 2 291 hm^2，包含数条通道、一个菜市场、输电设施以及两个水库。淹没区域总面积为 2 015 hm^2。这一区域大部分地区是森林，环评报告指出，项目影响了 1 962 hm^2 的常绿林区域以及 416 hm^2 的混合林和竹林。柬埔寨政府和项目方认为项目建设带来的益处大于对保护区带来的消极影响，因受影响地区的面积仅占该国家公园面积的 2%。[1]

常年来，保护区一直受到非法狩猎和非法砍伐的威胁，环评报告指出，项目会进行必要的森林砍伐，以修建通道、坝体以及相关配套设施。据估计，将砍伐 3 000 hm^2 的森林。

据环评报告，中国水电建设集团保留了 1 750 万美元用于环境保护，而在建设阶段已用掉 1 200 万美元。剩余 550 万美元供 40 年运营期使用。

（2）对渔业的影响。

捕鱼并不是周围社区居民的主要收入来源，因而现有研究中鲜有对渔业影响进行评估。实际上，由于甘再水电站的建成，15 种鱼类的迁徙受到了严重影响。大坝在上下游都建造了鱼类产卵的障碍物。数据显示，2010 年的鱼捕获量相比 2006 年下降了 40%。大坝同样会影响到一些濒危鱼种。中国水电建设集团拟通过在下游建造第 3 个大坝来提供产卵区，并放一些本土鱼种在河里。

湄公河渔场每年创造的经济总价值为 56 亿～94 亿美元，对区域经济贡献巨大。然而，水力发电项目威胁到了这里脆弱的生态系统，从而威胁到数以百万计人的生计。最终，水坝的建造使湄公河的渔业陷入了危机。湄公河上约 35%商业捕鱼迁徙很长距离，而这对渔业的生命周期至关重要。大坝堵住了这种迁徙，导致了鱼类资源的减少。这一后果对老挝

---

[1] 中国新闻网.甘再水电站为柬埔寨提供强劲动力。2016-10-12.http://www.china-nengyuan.com/news/99557.html。

和柬埔寨是影响巨大的，对于这两个国家来说，湄公河上的渔业和农产品占了他们各自国家国内生产总值约 50%。

（3）对水质的影响。

甘再水电站为贡布省及周边地区的居民提供饮用水。在大坝建设之前，这里的水质相当好，几乎不需处理即可饮用。大坝开始建设后，贡布省的居民注意到饮用水中开始出现泥沙。住在镇子以外的较为贫穷的居民发现了更严重的水质问题，因为他们不能使用污水处理厂的水，只能直接从河里取水用来做饭和饮用等。水质的恶化在建设高峰期变得最为严重，下游社区指出，水量明显减少，并且布满工人丢弃的垃圾。同时由于上游厕所排泄物等问题，引起了下游严重的健康问题。水质问题对于在旅游区工作的人尤为困扰，由于水质恶化，当地人和游客已很少到此地游泳消遣。

下游村民表示，在旱季水质明显变坏，水体黑臭，产生难闻气味，可以明显看到水泥等沉积物。水质不宜饮用和洗澡等，因为会使皮肤和嗓子干燥难耐。雨季时，水质略有提高，尽管从水的颜色来看仍然是被污染的。在建设高峰期结束后，水质有大幅提升，然而当地民众仍不想使用，因为无法信任水质状况，认为里面仍含有能够进入皮肤的昆虫、细菌。受影响的社区居民都很穷困，无法担负从其他河流引水的昂贵支出，只得继续使用河水。很多家庭都利用水管和罐子来收集雨水。种植榴莲的农民抱怨说河水水质恶化导致他们所种植的榴莲大面积死亡，迫使他们不得不花高价使用远处水源的水。

项目对河流水文情况的长期影响还有待考察。对下游泥沙的影响可能导致农业用地土壤肥力下降，以及河口位置盐水入侵。如果由于大坝建成导致流量明显减少，则将加重旱季贡布省的盐水入侵程度并扩大影响范围。但是，如果水坝能在旱季加大流量，确实能够减少盐水入侵程度。

（4）农地和果树损失。

在紧邻水坝的地区并没有进行移民安置，尽管很多人因淹没、建路和传输电网失去农田。由于地处保护区，建造住宅和任何利用自然资源的职业都是违法的，所以当地居民并没有得到失地补偿。不过，中国水电建设集团给予居民作物损失补偿，且补偿金额令人满意。

在就补偿事宜进行磋商的过程中，很多居民认为补偿很公正，并且官员和公司代表都很专业、礼貌，农民没有感觉在协商过程中受到要挟。项目方在砍伐树木时，已经将所结果实收获，并且补偿金已经到位。尽管赔偿令人满意，但是无法获得新的土地使得个别居民选择砍伐森林以开辟新的果园。

（5）采石场爆炸飞石对临近村落的影响。

飞石破坏了将近 300 m² 范围内的土地、作物和房屋。受此影响的居民在他们的申诉没有得到足够重视的情况下进行了抗议和阻拦。当地人权 NGO 组织 Licadho 负责处理采石场附近居民的投诉，该组织在 2007 年接到 50 多个家庭对于满载石块的卡车产生的噪声、灰尘和落石的投诉。最终商定，项目方在建设阶段租用受影响群众的土地，并付租金。

（6）非木材林产品损失。

通过实地调研发现，受项目影响最严重的人群是以收集和贩卖非木材林产品为生的居民。在波哥国家公园附近，有很多村落世世代代从事此项工作。据当地官员描述，贡布省区有 190 户家庭受到非木材林产品减少的影响。这对于很多人来说是毁灭性的打击。

当地媒体报道，甘再水电站在 2006 年 4 月获得批准，当时公司承诺不会妨碍非木材林产品收集者的生计。然而当工程开工后，项目阻断了通向该区域的一条主路，极大地限制了人们到竹林进行采伐。公司雇佣当地军人驻守坝址，并在检查站加派驻守。自从该区域关闭并只对员工开放后，有一些采伐竹子的工人因想通过检查站而被拿枪威胁，尽管并未开火。为了抵抗，人们在省政府办公室门口示威。公司解释称区域被关闭是因为工地不安全，并且有众多贵重设施需要保护起来。最终双方妥协达成一致，所有的非木材林产品收集者可以实名注册，获得进入区域的特权。此后，这些居民与警卫的关系得到改善，如果采石场在进行爆破，警卫会告诉采石场暂停作业直到所有的农民安全通过。

以上是项目方与当地居民协商的成功案例，但实际上，尽管重新获得了进入森林的权利，他们仍无法进入项目开工前能进入的最茂盛的竹林。这是由于水库淹没了通道，而租船费用又高得过分。这些农民了解如何可持续地利用竹子，如只砍伐成熟竹子、只砍伐自己需要的量、合理利用竹子的每一部分。然而，由于不能到茂盛地区采伐，同时竞争激烈，成熟的竹子越来越难以找到，致使砍伐方式越来越不可持续。他们表示，目前的收入缩减了 50%～60%。

所有从事竹子砍伐的农民都没有获得任何补偿，因为没有失去土地或者树木，也没有实施生计恢复计划。项目方为他们提供了在水电站项目工作的机会，但是很多人以工资极低、工作时间过长为由拒绝。他们通过很多渠道进行投诉，要求公司建一条新的通道通向以前的竹林。

（7）对地区旅游的影响。

下游小型调节电站附近有一个名为 Tuek Chhou 的旅游景区。该景区位于波哥国家公园的边缘处，多年来一直是国内外游客的好去处。据估计，在项目开工前，旺季有 200 个当地工人在此工作，每年创造 300 万美元的收益。而在项目建设期间，只有一户人家在此经营旅游业；旅游旺季，游客人数从将近 60 000 人锐减到 7 700 人。游客总数从 2006 年的 27.8 万人减少到 2010 年的 7 万人，收益从 2006 年的 286.1 万美元减少到 2010 年的 76.1 美元，影响了 32 个家庭的生计。

但项目方没有为这些人提供生计支持措施。水质和水量的变化被归因于建设时期，强调一旦建设阶段完成，情况会明显转好。环评报告甚至指出，大坝将使周边地区景色更加优美，吸引更多游客前来。

图 2.10　甘再水坝，背后是波哥国家公园

图 2.11　甘再水电站采石场

图 2.12　甘再水电站主坝

3．项目环评情况

甘再水电站环境社会影响（ESIA）报告于 2012 年 7 月通过[1]，然而这份报告没有发挥其应有的决策前信息公开的作用。根据柬埔寨 1999 年出台的次法令[2]，环评过程中应"鼓励公众参与环评过程，并在项目审查过程中考虑公众的看法和意见"。项目环评本应在项目开始前进行，在评估过程中确保广泛的公众参与，尤其是受项目影响的当地社区。将报告向公众公开，听取公众意见，最后公布审查决定。甘再水电站项目在全面环境和社会影响评估缺失的情况下动工，被柬埔寨公益社会组织批评为"不恰当和过于草率"。

环评报告包含两个必不可少的方面：项目的环境社会影响评估分析，以及环境管理计划[3]。如果能在项目开始之前向民众公开项目的相关信息，并广泛征集公众意见，扩大民众参与程度，则能在一定程度上减轻项目对环境和当地民众带来的负面影响。

甘再项目环评由名为 SAWAC Consultants for Development Co. Ltd 的柬埔寨环评咨询公司负责完成。按照 1999 年次法令的要求[4]，该项目需提交一份初始环评（IEIA），如评

① NGO Forum（October 2013）. The Kamchay Hydropower Dam: An Assessment of the Dam's Impacts on Local Communities and the Environment.
②《环境影响评价程序次法令》，1999 年版，第 1 条。
③《环境影响评价程序皇家法令》，1999 年版，第 3 条。
④《环境影响评价程序次法令》，1999 年版，附件。

估认为项目"对自然资源、生态系统、健康或公众福祉有重大影响",则应开展全面环评（Full EIA）①。

项目环评初稿指出,水电站产生的电量将供给工业以及民用,促进经济发展、减少贫困,所建道路桥梁将助力当地经济和旅游业发展。项目可提供灌溉用水,减少下游洪水,为鱼类养殖和生态旅游创造条件。但环评报告中提出,受影响家庭 154 户,共 769 人,这些数字引起了当地组织的质疑,认为没有将以非木质林产品为主要营生的人列为受影响人群。据当地官员介绍,仅在 Makbrang 村,就至少有 190 户家庭蒙受生计损失。项目环评只关注地理移民问题,没有考虑更广范围的群体的经济和生计发展,中国有句古话,"授之以鱼不如授之以渔",项目方没有考虑为受影响的社区提供可持续的生计措施,也是项目遭受当地居民强烈反对的原因之一。

公众参与方面,在项目整整四年的建设阶段,附近社区居民对于该项目的了解程度不高,折射出公众咨询工作的极不到位。许多社区居民都是通过口口相传以及看到大型车辆和起重设备后才知道甘再水电站的存在。而在此时,没有一个以竹子为生计的农民收到任何文件,也没有会议或者协商来通知他们这一项目及其影响。当有人开始受雇于项目方时,社区内才开始有小道消息。

社区居民没有被邀请参加任何官方的公众咨询活动,项目方代表也从未来村庄进行考察。只有在项目工地张贴的布告牌,以及一张大坝完工的概念图的照片和简单介绍。当然,由于文化水平不高,大多数人没有兴趣去找一些文件来研究。很多人在开始的时候觉得项目事不关己,只有在失去竹林时才意识到失去了大部分的收入。这说明在审批这类项目之前进行充足的信息传播和公众咨询是多么重要。

一位社区委员会副主任指出,在项目开工前,确实有地方层面的公众咨询,好让社区了解这一项目。所有的以非木材林产品为生计的居民都收到会议邀请,告知即使他们会失去竹林资源,也可以到工地来申请工作获得报酬。然而社区官员表示,除了此类会议,再无其他途径获取项目相关信息,高级官员都很难取得联系。他表示,项目方出现问题后,可以非常迅速地获得社区官员的帮助,然而如果社区有困难,项目方通常联系不到,即使是官方工作人员,具体的项目信息也很难拿到,从未收到任何技术报告。居民希望能有表达他们诉求的地方,能够了解在项目完工后,如何解决这么多受影响群众的生计问题。

当地 NGO 组织也表示,公开项目文件是非常重要的,因为可以帮助 NGO 组织更好地了解项目发展进程,同时更有效地帮助当地居民。在进行环评的过程中,项目方和受影响

①Mark Grimsditch（January 2012）. China's Investments in Hydropower in the Mekong Region: The Kamchay Hydropower Dam, Kampot, Cambodia.

的社区沟通非常少，柬埔寨非政府组织论坛①（NGO Forum on Cambodia）进行项目研究时，曾多次尝试向柬埔寨环境部环评部门索取该项目的环境和社会影响评估报告，进展并不顺利。多次前往环评部门索取报告未果，后尝试信件联系，得知该报告被视为公司的"知识产权"，所以环境部需要对其加以保护。②

甘再水电站的环评报告，公众能够获取的最新版本是于 2011 年 4 月完成的。但据柬埔寨环评部门（EIA Department of MoE）的消息，甘再水电站的环境和社会影响评估报告是在 2012 年 7 月通过环境部门审查的。最终通过的报告版本并未对社会公开，因此不清楚两份报告的内容是否完全一致。

信息公开对于尽早施行"减轻损害措施"、降低项目可能造成的消极影响能发挥重要作用。在项目所在地附近开展工作的柬埔寨 NGO（Adhoc③，Licadho④）成员在接受调查时称，如果有一份对社会公开的内容翔实的"减轻损害计划"，当地组织和社区就能够更好地监督项目方是否履行了环保职责，从而更好地促进项目的公开透明，确保良性管理⑤。

据项目环境和社会影响报告记载，负责撰写环评报告的 SAWAC 公司于 2010 年组织了两次会议和采访，共计 233 人参加，其中 18 人为贡布的地方官员，215 人为居住于大坝附近"对项目感兴趣的人"。

项目的初始环评报告于 2006 年 10 月完成，咨询公司在贡布省进行了一次公众咨询，对报告内容进行讨论。但是当时活动的参与者多为政府官员，另外有一位国际 NGO 组织成员参与，受影响的社区群众和当地组织无一人参与。后有一家当地组织询问原因，环评公司给的答复是：座位不足。2011 年 9 月政府组织了一次部门间会议讨论环境和社会影响报告修订版，一位社区群众参与，另外，柬埔寨非政府组织论坛和柬埔寨人权与发展协会的成员也出席了此次咨询活动。虽然社区群众和非政府组织成员也可对报告内容进行评议，但环评公司没有在活动之前向他们发放环评报告原文。一个地方权益组织指出整个协商流程不允许独立监督机构进行监督。相比较而言，社区成员获得的信息很少，没有机会接触环评报告，也不知道该向谁询问大坝项目的情况。从信息公开的次数来看，当地政府对项目情况的了解比普通民众多。据受影响社区的一位首领说，大约进行了四次或五次会

---

① 柬埔寨非政府组织论坛（NGO Forum on Cambodia），成立于 20 世纪 80 年代，是一家本地公民社会组织。其成员组织的工作职责主要为政策分析和监测，涉及自然资源管理、气候变化、少数族群权益保护、水电大坝、农业可持续发展等方面。

② NGO Forum（October 2013）. The Kamchay Hydropower Dam: An Assessment of the Dam's Impacts on Local Communities and the Environment.

③ Adhoc，柬埔寨人权与发展协会，成立于 1991 年，为普通民众和基层社区提供无偿的法律援助，是柬埔寨成立最早的人权组织之一。

④ Licadho，成立于 1992 年的一家柬埔寨非政府组织，致力于人权保护，为人权侵犯事件中的受害者提供法律和人道主义援助。

⑤ NGO Forum（October 2013）. The Kamchay Hydropower Dam: An Assessment of the Dam's Impacts on Local Communities and the Environment.

议，三次有环评公司的人参与，一次或两次是有关经济补偿的会议，有政府官员参与。但是对于"减轻损害措施"，地方官员获得的信息也不充足。

项目周围的群众对降低电价和增加就业期待很高，同时他们也担心毁林现象可能增加。许多民众在接受一位从事湄公河地区发展研究的学者采访时表示担心毁林面积会扩大。一位曾做过社区林木巡视员的村民称该地区林木遭砍伐的面积大约为 3 000 hm^2。在柬埔寨有大规模开发项目动工时，如作业区靠近森林，一些非法伐木者或公司可能乘机进入林区砍伐树木，导致毁林面积扩大。

尽管居民普遍对于收到的补偿金很满意，但是仍有很多悬而未决的问题。甘再水电站项目带来的最大的社会经济影响是游客量减少，大坝蓄水导致一部分竹林被淹没，以此为经济来源的当地民众并未获得经济补偿。至少 10 户当地家庭受输电线路的影响，搬迁问题未得解决，也无经济补偿；大坝下游鱼类资源锐减。另外，民众期待很高的电力供应，因供电情况的不均衡，并没有普惠当地人。通过这一案例可以看出，在此类项目中保障措施的应用和实施仍有相当大的缺口。同样，在环评过程中，社会和环境保障措施也存在缺位。作为柬埔寨的第一个大型水电站，甘再水电站作为一个重要案例，可以为地方决策者和开发商以及投资商提供经验。

4．案例启示

通常，中国的开发商和投资者在对外投资中主要是依靠当地的法律法规来规避或者缓解负面的环境社会影响。然而，当项目东道国的法律框架不健全、法律体系有待完善时，问题就浮出水面。尽管近些年来，中国政府、国营企业和投资者已经意识到这一投资方式的不足，但开发援助和对外投资中的保障措施仍远远不够。

在甘再水电站案例中，项目方和柬埔寨政府应加强和当地社区群众的沟通，增强对民众生活的扶助，开展修复工程。项目对当地河水的水质和水量、对渔业和当地生态系统的影响是长期的，柬埔寨环境部门应该公开甘再水电站的全面环评报告，让社会了解项目带来的积极影响和消极影响，以及项目方的环境管理计划。项目方、柬埔寨地方政府应建立有效的监控机制，确保可能的消极影响能够在各方的有效沟通、监督和合作之下得到缓解。

柬埔寨法律规定所有发电量大于 1 000 kW 的水电项目都应开展环境影响评价。但是在柬埔寨，批准和实施环评的程序有很多关键缺陷。很多项目未经完整的环评就开工建设，包括很多有潜在的广泛影响的大型项目。甘再水电站服从了开展环评的规定，但是 2012 年 7 月环评终报告才审查通过，而项目已于 2007 年开工，可想而知项目的环境管理计划并没有被通过或公开。纵观整个项目的实施过程，在缺乏完整透明的环境管理计划的情况下，许多问题都是"兵来将挡水来土掩"，随时出现随时解决。

中国进出口银行于 2008 年公布了一套环境政策准则，该指南要求对外投资项目在贷款通过之前完成社会环境影响评估，并且要求在借贷期间继续进行评估和监督。指南同时要求项目实施方遵守东道国法律，尊重当地人民土地和资源的权利，正确处理移民问题，对有严重环境影响的项目开展公共咨询。自 2008 年以来，中国水电建设集团已开发并采纳了一套海外投资环境政策。在开发这些准则的过程中，中国水电建设集团请教国际环保机构"国际河流"的建议，同时表现出与社会团体合作的意愿，除了与"国际河流"合作外，还在老挝与中国的 NGO "全球环境研究所"就社区发展进行深入合作。

尽管柬埔寨法律中对于这些保障措施已有所提及，但是政策和准则尚未成熟，甘再水电站目前还有不少严重的影响。最主要的不足就是缺少充足的环境影响评估、公众咨询以及缓解措施。这样就导致了与当地民众的冲突，解决途径也是逐一解决，并不能提供指导性解决方案。

提供充足的资金，减缓措施中的责任细化，当地的群众参与等行动中可以为未来在柬埔寨实施水电项目或者其他的中方投资项目提供一个积极的例子与模型。从甘再水电站的案例中可以学习到经验。

尽管在水电管理的立法和政策框架方面存在缺口，在形成一个更加综合的框架前，现有法律仍能够为保护受影响群众以及环境提供重要的准则。由于缺乏足够的能力和专业知识、充足的人力和财力资源、政治意愿等，这些法律的实施往往不顺利。非常明确的是，如果中国想在柬埔寨进行长期投资，必须加强其项目和融资中的环境和社会标准，并严格依照实行。只有这样，中国才能确保其项目在长期来看是可持续的，并能够为减少贫困和促进柬埔寨的发展做出有意义的贡献。

中国的官方发展援助和对外直接投资可以为柬埔寨带来可观的利益，近些年，为柬埔寨长期受忽视的基础设施行业注入了很多必需的资源。然而，这也为那些鼓励透明度、援助责任、企业社会责任以及遵守社会环境准则的人带来了新的挑战。

作为第一个在柬埔寨实施的此类项目，甘再水电站是一个重要的尝试，并且可能定下未来水电项目通过和实施的基调，以及中国国营企业发展项目中的环境社会准则实施。

（1）加强对外投资环保意识，重视环境影响评价要求。

由于柬埔寨现有环评法律体系较为薄弱，尤其缺乏具体化的概念界定，致使没有章程可循，中国企业在环评事项上多采取"实用性达标"的标准，而柬埔寨当地民众和一些国际 NGO 则认为中国企业应该采取国际标准。这种标准的错位导致了各方对中国企业在柬埔寨的环评做法有很大分歧。政府基于对社会经济发展的看重，对环评重视度不够，同时，环评主管部门在人力、专业能力、技术、财力等方面存有不足，致使环评报告在独立性和客观性上也容易遭受公众质疑。

正在制定的环评法草案，在机构权限和环评过程上进行修订，针对当前环境部在环评中权限不足、无法提供决定性建议的问题进行调整。草案赋予了环境部一票否决权，如第29 条规定："项目方在取得环评许可文件或证书之前不应开始任何工程建设行为或项目运作行为，环境部有权对所有未取得环评文件或证书的工程建设行为或项目建设行为进行延期"①，同时根据环评类型不同，规定了不同的审查期限，使得环境部获得了更为合理的时间期限。所有这一切的修改都表明了柬方已经认识到环评概念不清和机构权限不明这一问题。中资企业也应该及时跟进这一问题，不能依照传统的做法，尤其不能像甘再水电站的环评报告在工程竣工前几个月才提交初稿，这必然授人以柄。尤其在当下生态环境问题的重要性不断攀升，中国企业在柬埔寨应提高环评认识，严格依照当地环保法律按章办事，不能贸然有违法律规定。

针对中国企业在海外的环保和社会责任问题，我国商务部和环保部于 2013 年 2 月联合印发了《对外投资合作环境保护指南》，对中国企业履行所在国的社会责任提供指导和引导。其中一个方面就是要求企业遵守东道国的环境保护法律法规，投资建设项目要依法取得当地政府环保方面的许可，履行环境影响评价、达标排放、环保应急管理等环保法律义务②。同样，中国企业在柬埔寨的投资活动也应了解东道国的环境保护法律规定，积极遵守当地法律规范，实现企业盈利和东道国可持续发展的双赢目标。

（2）提升企业环境管理水平，推动绿色发展。

在甘再水电站建设中，中国水电建设集团通过与柬埔寨本地和国际环保组织的接触，提升了应对当地环境事件的能力和水平，于 2011 年率先发布了《可持续发展政策框架》，对未来水坝建设可持续发展提出了总体规划，包括规划目标、环保承诺、社区政策等。同时，对移民和环境问题，中国水电建设集团将世界银行的保障政策作为最低标准；在社区关系政策中，承诺将国际金融公司的绩效标准纳入考虑范畴③，这些为企业的快速发展奠定了绿色基础。

基于上述对柬埔寨环评草案的分析，以及环评法修订的推进，中国企业在入柬投资上应努力提高自身的环保管理水平。以国际组织的绿色标准为借鉴，结合柬埔寨法律规定实际为导向，制定中资企业自身的环保标准。同时，在环评考虑因素、气候变化、累计社会影响、健康影响方面有针对性地构建环保制度和提升应对能力。同时要建立和健全环保培训制度，提升员工的环境、健康和生产安全方面的知识水平，使员工了解和熟悉东道国的环保法律规定。

因此，中国企业及员工要提升自己的环评管理水平，将环评事项拓展到项目调研阶段、项目实施阶段和项目后续跟踪阶段。企业内部要有专门团队负责此类事务，熟悉每个阶段

---

① Draft Law on Environmental Impact Assessment，Draft February 05，2015. Article29：Project Proponents shall not commence any construction activities or Project operations until after the EIA Approval Letter and Certificate has been issued for the Project. The Ministry of the Environment shall have the power to postpone all construction activities or Project operations that do not have an EIA Approval Letter and Certificate.
② 辛清影：《〈对外投资合作环境保护指南〉解读》，载《中国电力报》，2013 年 4 月 17 日，第 007 版。
③ 魏庆坡：《中资水电企业在柬埔寨的环保困境及对策》，载《东南亚研究》，2014 年第 4 期，第 55 页。

环评条款和具体要求，严格执行环评法律规定。

（3）加强沟通协调，构建良性互动机制。

中资企业应构建常态化的协调沟通机制，在项目调研和可行性研究报告阶段就要深入当地社区，通过座谈会、小组讨论等形式了解当地民众的一些要求，并征求他们的意见和看法，尤其关注妇女的要求，并记录在案。结合当地民众的要求，制定一套移民安置方案，努力将前期调研阶段的意见和要求纳入其中，以获得当地民众的支持。针对环评事务，中资企业应构建一个专门的协调沟通小组，与当地民众在信息公开和公众参与上建立良性互动机制，及时调整和解决存在的问题。诚如前述，在环评报告的考虑因素中会增加否定项目建设选项，提升公众参与和做好信息公开，必然会提升初始环评报告或完全环评报告在环境部通过的可能。在信息通知语言方面，要求使用柬埔寨语，确保民众能够全面参与整个公众咨询会。

（4）提升与非政府组织沟通和协调的能力。

与国内环境不同，柬埔寨境内存有 3 300 多个非政府组织（NGO）[1]，这些非政府组织已成为影响柬埔寨政治和社会发展的重要力量，它们在改进当地生存环境（如饮水质量、医疗卫生条件等）、促进国家和社会可持续发展（如支持教育发展、建言问责等）等方面发挥了重要作用[2]。由于柬埔寨人力和财力的不足，NGO 中最具影响力的是环保类的 NGO，它们带来的资金和人力能够缓解这一问题，因此环保类 NGO 在柬埔寨社会中占有重要地位，在很多工程建设项目中都可以看到环保类 NGO 的身影[3]。在这些 NGO 中，有很多都是来自欧美国家的组织，基于教育和法律体系的影响，它们对环保的要求和评价往往依据是本国的标准，而中国一些企业则更多依据的是适用标准或当地标准。同时，这些环保类的 NGO 也会将欧美一些企业的环保标准和中国企业的做法进行对比，这些都导致了中国企业在柬埔寨环保问题上的被动。

同时，中国企业不擅长或不屑于与 NGO 打交道，这一方面源于对柬埔寨政府部门的依赖和信任，另一方面源于公关应对能力比较弱。除了自己印刷册子外，这些 NGO 还会经常召开一些研讨会，对一些具有社会影响的事件进行评议[4]。以甘再水电站为例，很多NGO 和当地学者都会非常关注中资企业的环保行为，甚至将法律条款逐一筛选，以发现中资企业的问题。依据自身的价值和角度，往往从很笼统的法律规定解读出中资企业环保方面的负面问题。

基于环保类 NGO 在柬埔寨的地位及中国企业应对方面的不足，结合这次环评草案对

---

① Ruth Bottomley，The Role of Civil Society in Influencing Policy and Practice in Cambodia，Report for Oxfam Novib，August 2014. p. 18.

② 周龙：《柬埔寨非政府组织的发展及其社会影响》，载《东南亚纵横》，2015 年第 8 期，第 65～66 页。

③ 魏庆坡：《中资水电企业在柬埔寨的环保困境及对策》，载《东南亚研究》，2014 年第 4 期，第 53 页。

④ 如 2013 年柬埔寨大选，很多 NGO 都会积极举行研讨会，跟踪和分析大选选情，并对一些敏感事件进行评论。

公众参与和信息公开的规定，中资企业应严格遵守环评法律，避免在法律明确规定的条款上授之于柄。同时，要化被动为主动，改变之前拒绝与 NGO 沟通的做法，积极构建畅通的信息交流机制。在项目调研初期，要树立 NGO 在问题解决中的重要枢纽作用，因此要邀请一些 NGO 进行座谈和讨论，对于 NGO 提出的问题和关切，要及早进行梳理，将其作为环评事项中的一个重要方面进行研究。NGO 的较早介入有利于较早发现问题和解决问题，既可以节省问题解决的成本，也可以体现出中资企业对当地民生和环保问题的重视，体现出中国企业在柬埔寨的环境责任感。针对环评中要求的公众参与和信息披露，中资企业也应筛选和邀请一些 NGO 加入，扩大项目建设在环保方面的宣传力度。同时，针对 NGO 和当地民众的一些重大关切，除了向政府部门通报外，还应积极组织新闻发布会，向一些 NGO 通报和解释，避免谣言淹没真相。

（5）强化企业社会责任感，回报当地社会。

作为一个世界上最不发达的国家之一，柬埔寨接受了很多国际援助，包括欧美和日韩等。这些国家的项目建设很多都属于援建性质，在社会公益和回报社会方面都超出了柬埔寨本国的一些标准，这无形中提高了柬埔寨当地的一些标准和期待，导致柬埔寨本国对于外资建设在环境保护和移民安置方面存有很高期待。而这些标准和要求对刚刚"走出去"的中资企业来说还有点高，它们往往在这方面要么意识不强，要么基于收益而行动不够。

环评草案要求在移民安置问题上，项目方在提交给环境部审核环评方案之前就要提供一个被当地民众接受的方案，这就要求中国企业不仅要在环保问题上更为专业，而且在移民安置问题上更应凸显更多社会责任，如结合当地人需求，修建一些教育和基础生活、医疗设施，如公路、医院、诊所、学校等。同时在项目开工建设后，要多雇佣当地工人，为他们提供具有竞争力的薪水和晋升渠道，并且提供相关技术培训，赢得当地民众的接受和支持。

此外，多参与当地的社会公益事业，塑造中资企业的正面形象。作为一个洪水多发的国家，柬埔寨每年都会遭受或大或小的洪水，导致很多依河而居的村民极易流离失所，甚至被洪水夺走生命。中资企业应积极为救灾贡献力量，树立企业社会形象，这对融入当地社会具有重大意义。

（二）柴阿润水电站项目

1. 案例基本情况

柴阿润水电站（Stung Cheay Areng Hydropower Station）最初提上议程是在 2006 年年底，当时由中国南方电网公司（CSG）与柬埔寨工业、矿业及能源部（MIME）签署备忘录，开展建造大坝的可行性分析。然而，到 2008 年，国际社会对这一项目的关注热度持续上升，尤其是针对其可能造成的环境影响和生态价值损失。以野生动植物保护国际为首的众多保护组织提出了对柴阿润水电站可能造成的严重生态影响的密切关注。

随着争议的持续白热化，因项目的环境影响问题，南方电网公司决定撤资。2010 年，由中国国电集团接替南方电网成为柴阿润水电站的开发商。中国国电集团[1]于 2010 年 11 月与柬埔寨政府就柴阿润水电站项目签订协议[2]，并于 2012 年 5 月向柬埔寨工业、矿业、能源部会议提交该水电站的可行性研究报告进行审议，最终获得通过。该水电站以 BOT 模式运行，中国国电集团计划投资近 45 亿美元，预计可于 2020 年正式建成并开始运营。[3]值得一提的是，该水电站的年均发电量比甘再水电站还要大，若建成，将成为柬埔寨国内届时最大的水电站。在柬埔寨国内电力供应不足、电价高企的背景下，仅从经济的角度考虑，建设该大型水电站将助力于柬埔寨国民经济的发展，并为其民众生活带来诸多便利。

但是，柬埔寨首相洪森与 2015 年 2 月对外宣布，在其任期内，即 2018 年之前，该水电站都不会开工。造成这一结果的原因是当地居民的反对。柴阿润水电站一旦建成，周围的生态环境将发生巨大改变，这会导致依靠当地自然资源（主要是水资源、渔业资源等）的居民，尤其是当地的少数民族不得不离开而另觅居住地。而对于习惯摆渡、打渔的少数民族居民而言，外迁意味着对传统生活方式的放弃，而且他们的生活很可能变得困难。离开了故土的少数民族文化也将渐渐消失。同时，当地的野生动物也将因为水坝的建设而失去生存空间，鱼类也会因失去洄游河道而减少，某些鱼类甚至会濒临灭绝。

当地民众以及环保组织出于对上述问题的担忧而纷纷上街游行以示抗议，希望叫停柴阿润水电站项目。首相洪森在民意的压力之下，做出了上文所提及的承诺：大坝在其本次任期结束之前都不会开工。尽管这将严重延迟柬埔寨国内完全实现电力自给自足的时间而不得不继续从邻国进口电能，并发展火电站；其国内的电价也将继续保持高位。

由于 80%的柬埔寨人不能获得稳定的供电，所以柬埔寨急需发展电力。对电力的需求反映在国家能源发展计划（1999—2016 年）中，优先发展水力发电以满足日益增长的电力需求。然而，从某种角度看，用国家发展作为建设柴阿润水电站的理由，更像是对掠夺阿林河谷的自然资源所做的辩护。据国际河流组织东南亚项目主任 Ame Trandem 讲，柴阿润水电站可能为阿林河谷地区的非法狩猎和肆意砍伐森林提供了一个绝佳的借口。的确，水坝建设通常会伴生出许多非法行为，为贵重木材（大多流向中国市场）的非法砍伐、非法采矿提供方便。

---

[1] 中国电力建设集团有限公司（简称"中国电建"）成立于 2011 年 9 月 29 日，由中国水利水电建设集团公司、中国水电工程顾问集团公司以及国家电网公司和中国南方电网有限责任公司 14 个省（区域）电网企业所属的勘测设计企业、电力施工企业、装备修造企业改革重组而成。

[2] 中国国际贸易促进委员会，走出去案例：国电柴阿润水电站遭民众抗议搁置，http://www.ccpit.org/Contents/Channel_3430/2015/0922/489652/content_489652.htm，更新于 2015 年 9 月 22 日。

[3] Gregory B. Poindexter，Opposition to Proposed Hydroelectronic 260-MW Stung Cheay Areng Dam in "Biodiversity Jewel" of Southeast Asia，Oct.29，2014（last visited Sep.20，2016）.

中国企业"走出去"的脚步遍布整个东南亚。但是机遇往往伴随着风险。在对外投资的过程中，由于很多国家缺少社会环境保障措施，许多大型国有企业如中国电力投资集团、中国铝业集团等深陷环境和社会争端。

柬埔寨社会的环境意识越来越强，像 Mother Nature、Khmer Youth Empire、Wildlife Alliance 这类环保组织始终坚持做着斗争，即使遇到诸多阻碍。通过媒体宣传、请愿以及在中国大使馆门口绝食抗议，公众意识被逐渐唤醒和加强，并推动决策的公众参与。2013年，美国导演 Kalyanee Mam 指导拍摄的《溯源之河》荣获圣丹斯国际电影节世界电影单元最佳纪录片奖，他曾深入阿林河谷考察、走访，他指出，这不是一场针对柴阿润大坝的抗议活动，而是为了保卫柬埔寨自然资源和精神财富。

面对无法改变的生态退化、传统生计的流失，以及土著文化的破坏，很多当地村民在一些草根 NGO 组织和环保团体的支持下拉开了保卫阿林河谷的斗争序幕①。2014 年 3 月31 日上午，柬埔寨国公省大约 200 多名含少数民族在内的民众前往国公省政府递交请愿书，要求政府停止兴建柴阿润水电站。理由是：柴阿润水电站将会迫使依靠自然资源生活的少数民族离开，将对他们的生活造成困难，国家也将会失去少数民族人民的文化，除此之外，生活在森林和湄公河里的野生动物同样也会失去生存空间。居住在柴阿润河附近的家庭大约有 600 户，其中大多数是少数民族。

在抗议游行队伍中，除了柴阿润河居民之外，也有僧侣和部分民间组织人员。他们手上除了持有联合国、美国、澳大利亚、日本、韩国、中国、越南和老挝等多个国家的国旗外，还持有"我们不需要阿润区的水电坝"的柬英中三种文字的横幅。

支持当地民众抗议活动的力量不仅有柬埔寨反对党，还有西班牙环保活动人士亚历克斯。亚历克斯是非政府组织"自然母亲"的联合创始人，该组织公开反对柴阿润电站大坝的建设。

在民意压力之下，2015 年 2 月 24 日，柬埔寨首相洪森正式公开承诺，"从现在起直到 2018 年，大坝都不会开工"。洪森的本届总理任期在 2018 年结束。

2015 年 3 月上旬，柬埔寨电力公司（EDC）总经理高洛达那公开表示，由于柴阿润水电站项目不能按照计划开发，阻碍了柬埔寨实现电能自给自足的大计，也影响到了政府定下 2020 年电费下降至每千瓦时 400 柬币的目标。目前，针对这个项目的建设进程，各方仍在博弈之中。

为开发水电项目，政府打算强制将移民搬至豆蔻山保护区，然而这是一个至关重要的大象走廊，将导致人类活动严重入侵这一世界公认的生物多样性热点地区。

柬埔寨是东南亚地区生物多样性领域的一颗珍宝。大坝将淹没 26 000 hm² 土地，这是

---

① Pichamon Yeophantong. Cambodia's Environment: Good News in Areng Valley? Can Cambodia's nascent environmental movement save the pristine Areng Valley from a Chinese dam? 2014-11-03.

1 500 名当地土著民族的家园。数以千计的当地居民将受此影响，由于大坝的阻隔，破坏了下游鱼类的生境，而渔业正是当地经济的主要支柱。大坝也会改变河流的天然径流状况，使当地居民耕种的 600 余 hm^2 稻田因缺失河流中原有的丰富营养而大幅减产。水库将淹没31 种濒危动物的栖息地，其中包括濒危暹罗鳄的重要繁殖地。暹罗鳄是一种长约 3 m 的珍稀物种，目前世界范围已有近 99%灭绝，阿林河谷为这种生物提供了最安全也最珍贵的繁育场所。其他受大坝建设影响的稀有物种包括老虎、亚洲象、野生戴帽长臂猿，以及世界上最价值连城的淡水鱼——亚洲龙鱼。

2．案例启示

近年来，我国企业深入实施"走出去"战略，对外投资区的跨越式发展，对国民经济和社会发展的贡献日益增大。电力企业也积极响应并践行"走出去战略"，参与国际分工和国际合作，特别是国有大型电力企业，纷纷抢滩海外，拉开了以形式多样、资源导向、项目多元、专业开发为特点的境外投资大幕。

据统计，相同的项目在境外的投资利润要比在国内多出 10%左右。但应看到的是，巨大的利润背后往往潜伏着巨大的投资风险，汇兑限制、国有化征收、政治暴乱、政府违约等风险都有可能给境外电力项目带来无法挽回的损失。

中国企业在进行海外电力项目投资时，应重视对项目所在国的政治、经济、法律、文化等投资环境的了解，避免由于项目可行性研究报告与实际情况不符，导致项目搁置甚至失败。在投资可能对环境造成影响的大型项目时，也不能仅靠上层关系，还要深入了解当地社会生态和生存逻辑，充分运用当地媒体、法律和社会资源，促进公共关系，做好民众安抚工作。

（三）万谷湖项目

1．案例基本情况

万谷湖（Boeung Kak Lake）在柬埔寨首都金边附近，面积约 90 hm^2。有人说万谷湖之于金边，犹如西湖之于杭州。万谷湖在当地的环境系统中有重要作用：由于金边处于多雨的气候中，万谷湖对于排涝和缓解洪水危害尤其重要，该湖有河道通往洞里萨河。万谷湖同时还是很多水生动物和植物的栖息地，湖边景色优美，是旅游和休闲的著名景点。鉴于该湖周边人口稠密，来自城市和交通的污染已然严重累积，该湖泊如果消失，将使污染的缓解更加困难。

2006 年柬埔寨政府计划将万谷湖填平，建设成金边市的卫星城。2007 年，金边市政府与柬埔寨苏卡库公司签订了 99 年的租赁开发合同。在获得万谷湖租赁开发权后，苏卡库选择了中国的鄂尔多斯洪骏公司合作开发。2010 年两家公司的合作协议中明确注明：在苏库卡完成土地拆迁工作后，中国公司才参与项目。①

苏库卡公司填湖导致周边 4 000 户居民失去住所，而金边市政府和苏库卡没有为居民提供可行的搬迁和补偿方案。填湖过程中部分住所被毁，环境破坏严重，不适居住。苏库卡公司和当地人冲突激化，民众抗议声不断。2013 年群众在首相洪森位于金边的住宅外示威，被大约 200 名警卫和警察驱散，被社会组织称为是"政府对万谷湖社区居民最暴力的镇压之一"。②虽然苏库卡公司在 2012 年完成了环评，但是环评报告并没有公开，当地人的搬迁问题也没有解决，项目进展频频受阻，在累计投入大约 1 亿元人民币之后，鄂尔多斯洪骏公司放弃了万谷湖项目的投资。③

项目搁置后了大约 3 年后，苏库卡在 2015 年找到了新的合作伙伴：来自新加坡和中国香港的两家开发商。2016 年环评公司 Green Development of Cambodia 再次对项目进行了环评，据该公司负责人介绍，环评已经审核通过。新的报告中提出了三种赔偿方案：①项目方提供 8 000 美元/户的经济补偿和 250 美元/户来自政府的搬迁交通费用补贴；②为居民在金边 Borei Piphup 地区附近建设大约 60 m^2/户的公寓（flat house）作为补贴；③为仍然愿意留在附近生活的家庭提供住所（apartment）。后来第三种方案被剔除，据称是因为居民希望能获得更高的补偿。

目前万谷湖的项目已经重新开始，建筑施工已经开始动工。与此同时，当地人仍然在向政府抗议表达不满。

2016 年 8 月 23 日，《金边邮报》再次报道了万谷湖项目的纠纷案件。两位此前被判煽动罪的"万谷湖活跃分子"（Boeung Kak lake activists）的罪名被改为"袭击公务人员"，被拘留 6 天（触犯《柬埔寨刑法》第 502 条），罚款约 20 美元。④

环评公司介绍说，为解决剩下的 12 户家庭的搬迁问题，目前他们正积极尝试和金边市政府沟通。环评咨询负责人希望通过增加对当地人的经济补偿的方式解决问题，但他表示，在过往与政府部门打交道的经验中，磋商达成一致解决方案的过程十分艰难，政府官员常用"政治决定"为由推阻。

2. 案例启示

从万谷湖项目来看，由于当地的生活水平很低，民众参政的机会微弱，老百姓对建设项目最主要的关心是拆迁补偿，这也是项目可能引发民众抗议或者示威的最主要原因，对于项目的环境影响，老百姓的关心有限。

此外，在柬埔寨这样法治尚不完善的国家，中国投资者应警惕地方性的潜在规则，法

---

① 2011 年 8 月 29 日，新华网报道。

② 2016 年 8 月 23 日《金边邮报》报道。

③ 项目环评负责人于 2016 年 8 月 25 日的介绍。

④ 2016 年 8 月 23 日《金边邮报》报道。

律和公义并不那么重合。要当一个好的投资者，除了遵守东道国法律外，更需设身处地，理解当地人的现实问题。

中国企业在"走出去"之前，要研究当地法规行规。万谷湖事件的根本原因应该是柬埔寨不完善的土地制度。柬埔寨政府将万谷湖土地交由企业开发，激化了涉及多方的土地纠纷和政治矛盾，也将参与投资的中国公司卷入其中。根据柬埔寨人权中心发布的一份《2007—2011 年柬埔寨土地纠纷统计报告》显示，4 年来，柬埔寨全国一共发生 223 起土地纠纷案，涉案的纠纷面积达国土面积的 5%，受到影响的人数为 76 万人，其中金边最为严重，占所有纠纷的 10%。

随着"走出去"战略的推进和东盟—中国自由贸易区的建成，中国投资在东南亚尤其在柬埔寨、老挝、缅甸等国的影响不断增大，但由于当地复杂的政治经济利益纠葛，中国企业在促进当地经济发展的同时，也不断引发诸多议论。

在柬埔寨，中国连续多年成为其最大外资来源国。截至 2010 年，中国对柬埔寨投资协议金额超过 77 亿美元，主要集中在水力发电项目、河流港口建设、灌溉系统和输电系统等方面，普遍获得好评，但是万谷湖项目纠纷将中国投资推上了舆论的风口浪尖。柬埔寨中国商会副会长胡金林表示，作为不发达国家，当地政府更倾向于追求引进外资、促进经济快速发展，而往往会忽略社会与环境的可持续发展，对民众造成不利影响，使其对投资企业产生对立情绪。而一旦有中国公司参与其中，又势必会引来对中国因素的关注。近年来，一些西方媒体总是会"深入挖掘"一些东南亚项目中的中国因素，并加以放大和炒作。

中国企业应该在进入柬埔寨后通过跟踪新闻、咨询经济学家、体验社区生活来了解当地社会，并且在赴柬埔寨投资之前进行独立的社会和环境影响评估，避免在投资过程中与当地社会产生冲突，对双方都造成不可弥补的损害。

柬埔寨的各个政治势力都掌控媒体资源，常会抓住小事大做文章，甚至故意抹黑对方，以达到政治目的，即便是当地公司也难免陷入纠纷。由于媒体不敢抨击百姓欢迎的基础设施项目，一些商业项目更容易成为炒作对象。因此中国海外投资应该多加小心，避免踩上地雷。

（四）优联地产旅游项目

1. 案例基本情况

2008 年 5 月 9 日，优联与柬埔寨政府签订了特许权使用合同，在柬埔寨"经济发展特许土地"（Economic Land Concession，ELC）的法律框架下获得了位于戈公省沿海 36 000 hm^2 期限为 99 年的土地使用权，又在 2011 年获得了 9 100 hm^2 的相邻土地来建一座水利工程。

项目分期开发，一期占地面积 44 km^2，开发海岸线 20 km，拟建设酒店、别墅、休闲健身及商业设施、公共建筑、高尔夫球场、种植园、游艇俱乐部、中心公园等，总建筑面积 108.3 万 m^2。由于其占地面积庞大，牵涉到当地居民的移民和补偿问题，所以引起了与当地人民的土地争议，而面临来自村民、NGO、柬埔寨国内外媒体的压力。优联项目在建设过程中，在柬埔寨国内法的框架下与当地居民的权利产生了冲突，主要集中在土地权属和拆迁补偿问题上。

优联项目在中国海外投资中具有典型性。从对外投资主体角度来说，投资优联项目的天津优联公司是一家私营企业。根据我国商务部、国家统计局、国家外汇管理局 2014 年联合发布的《2013 年度中国对外直接投资统计公报》（以下简称《公报》），截至 2013 年年底，在非金融类对外直接投资 5 434 亿美元存量中，国有企业占 55.2%，非国有企业占 44.8%，较上年提升了 4.6 个百分点。2013 年，非金融类对外直接投资流量 927.4 亿美元，其中国有企业占 43.9%。非国有企业占比不断扩大，国有企业流量占比降至四成。私企正逐渐成为中国海外投资的主力军。

从海外投资的对象角度来说，优联项目位于柬埔寨，而 2013 年中国对拉丁美洲、大洋洲、非洲、亚洲的投资分别实现了 132.7%、51.6%、33.9%、16.7% 的较快增长。中国海外投资的主要增长点是亚非拉国家。

从海外投资领域来说，房地产开发和基础设施建设是中国海外投资的重要领域，其都牵涉到土地买卖、土地征用、土地补偿等问题。而这些问题正是优联项目所面临的非商业风险中的核心问题。

天津优联集团发展有限公司是一家民营企业，目前在建柬中综合投资开发试验区。据该公司执行董事王超介绍，公司接到 NGO 要求停止项目的邮件和传真后很重视，曾联系一家 NGO，但对方希望中国公司出钱，再由 NGO 为当地人做事，王超不认同这种合作模式。公司愿意给当地村民贷款，鼓励他们创业，买种子、养猪崽，然后卖给公司还贷、致富。王超告诉《环球时报》记者："欧美企业走出去得较早，我们愿意学习他们的经验，让当地百姓成为我们的保护伞，而不是障碍。"

2. 案例启示

（1）严格投资前行政审批。

在一个法制落后的国家，法律往往得不到很好的执行，这会给投资带来很大的风险。而投资者往往在利益的驱动下忽视这些风险，而依赖于东道国政府的承诺，最终导致损失。中国政府可以在海外项目审批阶段加强监管，对敏感行业的投资进行实质审查，确保投资合约不违反当地的法律。或者应要求企业提交投资的合规报告，证明投资符合当地法律规定。如《境外投资项目核准和管理办法》可以规定，企业在申请审批时需要提交合规报告，逐条分析与投资项目有关的法律合规性，这样既方便中国政府监管，也可以使企业提早发现项目中的法律风险。

（2）成立海外投资保障促进机构。

优联项目投资中反映出的不但有项目审批阶段就可以发现的法律风险，还有项目运行管理阶段的法律风险。因为项目一旦开始就会脱离投资母国的控制，所以成立一个海外投资保障促进机构来防控运营阶段的风险是非常必要的。

以美国海外私人投资公司（Overseas Private Investment Corporation，OPIC）为例，法学界一般从海外投资保险制度的补偿机制的角度分析其作用，而忽视了其相对应的风险识别、评估、防范和化解功能。这些工能主要体现在以下几个方面：

首先，海外投资如果想要得到 OPIC 的支持，就需要满足一定的条件。如投资目标国必须在指定的 150 多个国家内；对于大多数工业领域，OPIC 希望项目能满足更严格的世界银行或者东道国的环境、健康和安全标准。OPIC 还要求被列为"环境敏感"的项目进行完整的"环境影响评价"（EIA），其不会向对环境、健康或者安全有不合理的或者重大不利影响的项目提供保险或者金融服务。作为审查程序的一部分，这些项目都要经历 60 天的公众评价阶段，公众可以要求公开 EIA 报告。

其次，OPIC 会系统地监控投资者的行为是否符合美国的经济、环境、员工权利和反腐要求。主要监控手段有调查问卷、投资者报告和实地调查。不合规的行为会构成保险合同或者贷款合同的违约。

通过以上手段 OPIC 不但在项目执行前的审查阶段，也在项目运营阶段很好地预防了投资国当地的法律执行风险。其要求美国投资者要遵守美国本地的环境、劳工、卫生标准，而如果投资东道国或世界银行有更高的标准，则以更高的标准为准，这样很好地约束了投资者的政治投机行为，避免其投资行为与当地法律相冲突。

实际上，中国已经在海外投资保障方面有所尝试。一方面，中国信保推出的海外投资保险产品为进行海外投资的企业提供了风险管理的手段。当发生风险事件时，企业在理赔申请得到审批通过之后可以获得相应的损失赔偿，从而减少经济损失带来的财务压力。另一方面，中国信保提供多种多样的风险管理服务。投资之前，专业的海外投资咨询服务帮助企业确立目标，了解东道国的法律、投资政策以及文化习惯，评估投资风险和项目可行性。同时，中国信保每年定期发布 190 个主权国家的《国家风险分析报告》，为中国企业开拓国际市场、开展海外投资识别风险，进行科学判断与决策提供了重要依据。[①]但是，由于法律和制度的不完善，中国信保的产品与 OPIC 的产品效果还是存在很大差距。比如，中国信保的承包范围并不清晰，并没有涉及蚕食性征收。在项目运营阶段，中国信保也无法对项目是否合规进行定期检查。

---

① http://www.ftchinese.com/story/001050917.

美国 OPIC 其实还可以与美国的其他海外机构相配合，利用其他机构在全球广泛分布的优势为 OPIC 提供相关的信息支持，帮助 OPIC 更好地进行风险管理。例如，OPIC 可以与承担美国大部分对外非军事援助的联邦政府机构美国国际开发署（USAID）合作[①]。USAID 对外援助的一个很重要的方式就是提供技术帮助。以柬埔寨为例，USAID 资助建立了柬埔寨开放与发展委员会（Open Development Cambodia，ODC），其作用就是提供开源数据，增强柬埔寨发展的透明性。ODC 的很大一部分工作人员都来自美国本土，他们通过 ODC 的运营掌握了柬埔寨发展的前沿信息和社会动态。有美国学者批评美国并没有很好地利用这些机构的作用来促进海外私人投资领域的发展，如 USAID 的技术帮助的预算、计划系统设计并没有与 OPIC 的金融模块相兼容。当 OPIC 需要 USAID 的技术帮助并且要求 USAID 用自己的预算来支付成本时，USAID 的预算往往已经被提前安排好了。而且明确资金、设计技术帮助方案、完成合同签订需要数月甚至一年多的时间。[②]

（五）桑河下游二级水电站项目

1．案例基本情况

桑河下游二级水电站由中国、越南、柬埔寨三国联合投资。中国华能集团和云南澜沧江国际能源有限公司参与了该项目。总装机 400 MW，2012 年 11 月开工建设，预计 5 年建成，三国联合投资的水电公司将享有该水电站 45 年的运营权。

中越柬三国投资的桑河下游二级水电站项目，一直受到各方的质疑。2014 年 5 月 27 日，来自柬埔寨、泰国和越南的 15 家民间 NGO 机构发布公开信，谴责该项目在缺少跨境环境影响评价的情况下就已开展前期施工准备工作，且项目缺乏信息公开和问责机制。针对此问题，柬埔寨国会在 2014 年 6 月召开听证会。工业、矿产、能源部部长瑞赛在听证会上说，该项目将促进柬埔寨电力系统的发展，提高柬埔寨的供电能力和供电安全，降低电价，为柬埔寨社会和经济发展发挥重要作用，同时将给国家每年带来 2 959 万美元的税收。该项目虽然得到了政府的支持，但是来自各个组织的阻力并没有消失，受大坝影响的居民土地所有权、移民搬迁和赔偿费用等问题也是悬而未决，搬迁地的学校、医院等基础设施情况也不明朗。不过目前，该项目建设仍在积极进行中。

《美国国家科学院院刊》的文章预测说，大坝建成后，全湄公河流域渔获量将下降 9.3%，

---

① http://en.wikipedia.org/wiki/United_States_Agency_for_International_Development#Technical_assistance.

② For discussion of difficulties resulting from OPIC's lack of technical assistance，and in particular，its reliance on USAID capabilities，see Dan Runde，*Sharing Risk in a World of Dangers and Opportunities*（Washington：Center for Strategic and International Studies，2011），7，15. USAID's "budget，planning，and procurement systems for TA are not designed to work in tandem with development finance instruments，especially those used by other agencies such as OPIC. This problem is exemplified by instances when OPIC identifies projects that need TA and then requests that USAID pay for this TA out of USAID's budget，but the budget is often preassigned... Often，the process of identifying funds，designing a TA project，and contracting for that project can take many months or a year or more".

图 2.13　正在建设的桑河下游二级水电站

50 多种鱼类面临灭绝威胁。2014 年 10 月，18 家来自柬埔寨和湄公河流域的机构就该水电站项目发表联合声明，督促项目开发商及柬埔寨政府暂停该项目的建设并重新进行环境影响评估。但中国企业的工作人员向记者强调，企业已把工程对生态环境的影响降到最低，并按照环评履行责任。

除环境评估外，在受水电站建设影响需要搬迁的村落里，接受公司拆迁款的村民和不愿意接受的村民之间也有分歧。非政府组织 "国际河流" 的中国项目主任、加拿大人简颂芬告诉《环球时报》记者："有 5 000 多名村民需要搬迁，目前仍有村民不愿意搬。"记者实地采访得知，西公 1 村和 2 村是桑河流域受影响较大的一个社区，村里大多数居民是老挝族和高棉族人。2014 年，部分反对水电站项目的村民代表向当地政府递交公开信，要求暂停建设。

在西公 1 村，村民居住的木屋分散在各个角落，有的木屋上用红漆喷上 "LSS2" 字样，即桑河二级水电站的英文缩写，这表示房子已被丈量，主人同意接受拆迁款并搬到中国公司给他们安置的新村中去。一些不想搬的村民在门前树上挂出蓝色标识，上面写着："如果水电站建成，我们宁愿死在这里。"西公 1 村的负责人夏湄公告诉记者，他担心这里的原始森林会消失，河里以后再也没有鱼。桑河二级水电有限公司（云南澜沧江国际能源有限公司是其最大股东）了解村民的顾虑，已设计好鱼道来保护鱼类。但一些村民认为鱼道不会有太大作用，并且他们还有其他的担心。比如，58 岁的女村民帕维告诉记者："我们的祖先葬在这片土地上。如果我们离开，我们会更加贫穷甚至生病。"简颂芬解释说，这是当地人的生活方式，他们相信森林是有灵魂的。

图 2.14　以捕鱼为生的桑河当地居民

尽管洪森首相曾在多个场合表示中国的援助和投资对于本国经济的重要性，但像桑河二级水电站这样有中国投资身影的项目还是会在柬埔寨社会中引发激烈的反应。对此现象，中方逐渐已能从容应对。为破解"大工程魔咒"，中方与非政府组织频繁互动，为当地老百姓出力出钱，实实在在解决问题。一次，下游的一个村庄得了皮肤病，村民认为是上游的工程所致。中国企业邀请了当地政府和机构对上游、施工区域和下游的水进行了对比检测，后来证明三个地段的水质是一致的。中国企业用数据说话，没有对水质造成污染。

2．案例启示

柬埔寨的投资潜力很大，但投资者也必须要重视潜在的风险。除了关注柬埔寨的政局、执政党与反对党之间的关系外，柬埔寨的人力资源状况也要考虑。柬埔寨高素质人才还比较欠缺，适龄人群就学率较低，失业率、待业率较高，这使中国投资者在柬埔寨不得不面临招工难、用工难的困难，而现有的工人罢工一旦被政治力量所利用，其对投资企业的冲击可想而知。

让当地百姓成为保护伞，而不是障碍。柬埔寨政府虽然无奈关闭过一些民生项目，但却警告一些非政府组织不要说三道四。中国企业虽然遇到一些麻烦，但却开始重视和非政府组织打交道。据悉，在柬埔寨登记的非政府组织达 5 000 多个，其中大部分都很活跃。据"美国公谊服务委员会"的东亚代表张杰生（Jason Tower）介绍，来自新兴国家的公司通常不太清楚如何同投资国的非政府组织打交道，它们不知道和这些组织谈人权和环境会有什么后果。同时，这些组织也缺乏对公司的了解，这使得双方难以实现对话。加强沟通，才能增信释疑，共同为东道国的经济社会发展做贡献。

（六）达岱水电站项目

1. 案例基本情况

达岱水电站位于柬埔寨国公省东北约 40 km 处的莫邦区，由中国重型机械总公司以 BOT 方式建设和运营，2010 年 3 月开工，总装机 246 MW，年均发电 8.49 亿 kW·h，特许经营期 37 年，建设期 5 年。已于 2014 年建成投产，洪森总理亲临现场并为水电站剪彩。这件事在当时备受瞩目，不仅由于中国投资的巨额资金，还由于其所牵涉的社会与环境争议。水电站投产发电当天，柬埔寨当地及国际媒体对这一项目的报道大多是提及其负面的环境和社会影响：柬埔寨一个非政府环保组织发出报告，指责水电站对森林资源和水产资源的破坏。再往前追溯，类似的报道和话语屡见不鲜。在关注中国以及中国企业在柬埔寨投资的过程中，非政府组织扮演着非常重要的角色。

第一，当地环保组织认为项目对森林和水产资源造成了很大的危害。第二，水电站的建设给当地居民带来影响，需筑坝移民，基础建设投资大，并且如果水库水位超出预计，还会再增加新的移民数量。第三，水库淹没了大量耕地，从而导致整个库区人多地少，生态环境趋于恶化。第四，项目对生态环境产生影响。因为有大坝的阻隔，鱼类无法正常通过，它们的生活习性和遗传等会发生变异。完成蓄水后有可能会像中国的三峡大坝一样淹没上百种的陆生珍稀物种。第五，由于水流静态化，污染物不能及时下泄而蓄积在水库中，因此会造成水质恶化和垃圾漂浮，并可能会引发传染病。

2. 案例启示

对于中国企业来说，首先需要了解投资企业与非政府组织之间的误解是什么，以及引起误解的深层次原因。柬埔寨非政府组织最早关注的中国投资项目，是 2007 年 9 月动工建设的甘再水电站，指责中方企业环境和社会管理措施不透明，未及时提交全面环境评估报告等。相形之下，2007 年万谷湖地产项目引起的风波给中国企业带来了更为深刻的教训。当时中国企业只负责拆迁完成后的建设工作，拆迁问题由柬方公司全权负责。但由于缺乏沟通，导致当地居民集体向中国大使馆请愿，向中资企业发公开信，甚至呼吁抵制中国货物。优联地产旅游项目是另一个移民拆迁安置矛盾问题突出的项目，牵涉到当地 1 000 多名居民。由于赔偿和安置问题，居民从 2009 年即开始上访、抗议、请愿。当地非政府组织联合开展了两次大范围调查行动，媒体也始终追踪事态进展。

随着中国企业在柬埔寨投资的影响越来越大、形式越来越多元，中国企业所牵涉的环境和社会争议越来越受到柬埔寨民众的关注。由于沟通缺乏，加上语言、文化的隔阂，在柬埔寨民众、媒体及非政府组织眼中，中国企业整体上在社会和环境问题上出现问题较多，形象不佳。所以，在柬埔寨政府对中国投资热烈欢迎的同时，媒体、民众和非政府组织对此怀有疑虑、反感甚至抵触。

分析导致误解的原因，我们可以得出以下结论：首先，中国企业仍处于"走出去"的初期阶段，对柬埔寨社会和环境相关问题总体上仍较陌生。到国外后，容易较为惯性地依赖当地政府部门，缺乏与民众、民间组织、媒体有效沟通，加上语言、文化的隔阂，引起了误解甚至激起了风波。其次，中国企业对柬埔寨的"非政府组织""非营利组织"身份不熟悉并普遍存在的疑虑。再次，中国企业不重视企业的社会责任，企业的社会责任政策往往过于空泛、实际操作性不强，同时与境外项目的具体管理和实施有距离。最后，柬埔寨民众和非政府组织对中国海外投资与政治关联的猜测也会加剧分歧。

柬埔寨 20 世纪 90 年代末才实现政局稳定，经济发展严重依赖国际援助，接受国际社会的援助，必然会受到国际社会的介入和影响，这就导致柬埔寨的非政府组织、反对派和媒体的活动空间都比较大。尽管非政府组织实际作用和力量存在争议，但由于柬埔寨非政府组织数量众多，而且有些非政府组织可以参加政策层面的对话，柬埔寨政府有时也会就政策制定和具体项目的开展征询非政府组织的意见。所以在柬埔寨，非政府组织还是比较有影响力的。

对于中国企业来说，应增强企业透明度，与村民和非政府组织进行建设性沟通，甚至寻求与非政府组织合作，减少项目负面影响。企业应当加强引入环境和社会管理、农村发展、生态保护的专业人员以及对外沟通人员，做到有专人专才负责相关事务，并尽力向国际标准看齐。

第三章
印度尼西亚环境管理制度及案例分析[①]

一、印度尼西亚基本概况

（一）自然资源

印度尼西亚共和国（Republic of Indonesia，简称印尼）是海洋大国，也是世界上最大的群岛国家，由太平洋和印度洋之间 18 110 个大小岛屿组成，有"万岛之国"的盛名，其中约 6 000 个岛屿有人居住。截至 2015 年 7 月，印尼陆地面积约 1 904 443 km²，而海洋面积则高达 3 166 163 km²（不包括专属经济区）。印尼处于亚欧大陆和太平洋板块的接触带，火山活跃，地震频繁。境内有火山 400 多座。

印尼的自然资源和农林资源十分丰富，境内石油、天然气、煤炭等矿石能源总量丰富，是区域资源大国。据印尼官方统计，印尼石油储量为 97 亿桶（13.1 亿 t），天然气储量 4.8 万亿～5.1 万亿 m³。2013 年，印尼日产原油 85.7 万桶。印尼煤炭已探明储量 193 亿 t，潜在储量可达 900 亿 t 以上，主要分布在加里曼丹岛、苏门答腊岛和苏拉威西地区。此外，印尼的锡、铝矾土、镍、铜、金、银等矿产资源也十分丰富。矿业在印尼经济中占有重要地位，产值占 GDP 的 10%左右。

---

① 本章由庞骁编写。

由于印尼的热带雨林气候十分适宜热带树木生长，其棕榈油、金鸡纳霜产量居世界首位，橡胶、胡椒、木棉、椰子等产量居世界前列。其中，印尼金鸡纳霜的产量占世界总产量的 92%。在森林资源方面，据印尼统计局统计，印尼 2010 年森林面积 1.37 亿 hm^2（即 137 万 km^2，20 世纪 50 年代为 162 万 km^2），热带雨林面积仅次于亚马孙地区，森林覆盖率超过 60%。由于原始森林减少速度过快，自 2002 年起，印尼政府宣布禁止出口原木。2012 年原木产量为 534.2 万 m^3。

由于海洋面积巨大，印尼也是渔业大国，据印尼政府估计，其潜在捕捞量超过 800 万 t/a，而 2013 年的实际捕捞量高达 582.9 万 t。印尼渔场建设不断加强，逐渐由单一捕捞转向捕捞与养殖并重，其金枪鱼、虾类产量居亚洲首位。

（二）社会人口

印尼于 1945 年 8 月 17 日独立，成立印度尼西亚共和国。实行总统制，总统为国家元首、行政首脑和武装部队最高统帅。印尼现行宪法为《"四五"宪法》，国内主要立法机构为国会（全称人民代表会议），与地方代表理事会（来自全国 34 个省级行政区，每区代表 4 人）共同组成人民协商会议，为最高权力机关。2004 年起，总统和副总统不再由人民协商会议选举产生，改由全民直选；每任五年，只能连任一次。总统任命内阁，内阁对总统负责。

2015 年，印尼全国人口约为 2.555 亿，为世界第四人口大国。其中首都雅加达（Jakarta），人口约 996.9 万。印尼国内有 100 多个民族，其中爪哇族人口占 45%、巽他族占 14%、马都拉族占 7.5%、马来族占 7.5%、其他占 26%（官方统计华人约占 3.79%，实际可能高于此数字）。印尼官方语言为印尼语，约 87% 的人口信奉伊斯兰教，是世界上穆斯林人口最多的国家。印尼 60% 的人口集中在爪哇岛。

值得一提的是，印尼的城市化发展速度很快，根据印尼国家统计局 2010 年人口普查结果，全国 86% 的城市人口集中在爪哇岛（Java），其中 20% 的城市人口集中在雅加达附近的城市集群。1950 年，印尼百万人口以上城市只有雅加达 1 个，2010 年这个数字达到 10 个（其中雅加达人口排名世界第二），最高城市人口密度达到 1.1 万人/km^2。有统计显示，印尼城市化比例与经济增长速度呈正相关。世行数据显示，2014 年印尼城镇化人口比例已达 53%。

印尼共有一级行政区（省级）34 个，包括雅加达、日惹、亚齐 3 个地方特区和 31 个省，二级行政区（县/市级）共 512 个。爪哇岛及其延伸的马都拉岛历史上为国家重心所在，称为内岛或内省，其余各岛通称为外岛和外省。

印尼是东南亚重要大国，其体量与经济水平在区域内首屈一指，在东盟一体化过程中发挥着重要作用。由于穆斯林人口众多，在西方与伊斯兰世界的沟通中起到了独特作用。

（三）经济发展

根据东盟 2014 年统计简报，印尼 GDP 总量为 8 600 亿美元，居东盟首位，第三产业（服务业）占比 47.8%，第二产业（工业）约占 46%，其中制造业 2006 年对 GDP 的贡献率为 27.5%，其他产业贡献率均低于 20%。人均 GDP 约 3 460 美元，年增长率约为 5.8%，通货膨胀率 8.4%。此外，2014 年印尼人口有 11.4% 低于国家贫困线，失业率为 6.2%。印尼的货币单位为印尼盾（IDR），其中央银行为印尼银行（Bank Indonesia），行政级别与内阁其他部门平行且独立运行。

作为东南亚最大经济体，印尼 1970—1996 年 GDP 年均增长 6%，跻身中等收入国家。1997 年，受亚洲金融危机影响，印尼盾大幅贬值，银行产生信誉危机。根据国际货币基金组织（IMF）的整改意见，印尼政府对银行业体系进行了全面改革。2008 年，尽管经受了国际金融危机，但印尼经济增长仍保持较强势头。

印尼人口众多，中产阶级比例 2014 年已达到 56.5%，国内消费需求规模较大，个人消费支出占 GDP 的 60%。印尼基础设施建设较为落后，逐渐成为制约经济增长和投资的主要因素。

印尼政府十分注重吸引外资，根据世界银行数据，2014 年印尼吸引外资净流量 263.5 亿美元。印尼政局较稳定、自然资源丰富、市场潜力较大且金融市场开发程度高，一直以来市场前景很好。印尼的矿业是外资投入的传统热点领域，占外资投资总额的约 1/6。由于中产阶级人数增多，国内需求量大，在汽车、家电、化工等行业的投资额也在不断增高。此外，印尼政府推出了基础设施建设长期战略（2011—2025 年印尼经济发展总体规划），在交通、通信等基建领域政府投入加大，吸引了很多外资进入。然而，印尼是典型的未能摆脱中等收入陷阱的发展中国家，由于近些年政策趋于保守，国内资源民族主义与贸易保护主义倾向开始抬头，且印尼盾不断贬值，使其竞争力有一定下降。

2014 年，印尼出口额达 1 762.9 亿美元，同比下降 3.4%；进口额达 1 781.8 亿美元，同比下降 4.5%。其主要贸易伙伴包括中国、日本、新加坡、美国、马来西亚、韩国与印度等。中国是印尼非油气商品最大出口市场、最大进口国与最大贸易伙伴。

二、印度尼西亚环境状况及主要问题

（一）大气环境

印尼的大气环境质量面临的主要挑战有两个：一个是自然或人为的森林火灾/烧芭，另一个是城市交通造成的尾气污染。雅加达等爪哇岛上大型城市的空气污染问题尤为严重，且 80% 以上源于交通。印尼大气监测结果显示，其二氧化硫、氮氧化物、一氧化碳、碳氢化合物及铅含量均超过国际标准。

由于地域不同，印尼各主要城市的主要空气污染源各不相同（表 3.1）。基于资金技术限制，印尼只有极少数城市开展了空气污染源及排放调查，其中包括雅加达。值得一提的是，奥地利政府曾于 1999 年和 2000 年在印尼 10 个城市援建了空气质量监测网络系统。该系统由 33 个空气质量监测站组成，分别位于雅加达（5 个）、棉兰（4 个）、万隆（5 个）、泗水（5 个）、三宝垄港（3 个）、北干巴鲁（3 个）、帕朗卡拉亚（3 个）、登巴萨（3 个）、占碑（1 个）和坤甸（1 个），监测对象包括一氧化碳（CO）、二氧化硫（SO_2）、氮氧化物（NO_x）、臭氧和可吸入颗粒物（PM_{10}）等。

城市	潜在空气污染来源
巴厘	炼油厂
班达楠榜	炼油厂、发电厂
万隆	机动车、垃圾焚烧、工业
班扎尔马新	橡胶制造业、三合板制造业
巴淡岛	化工行业
雅加达	机动车、垃圾焚烧、工业
占碑	森林火灾
孟加锡	炼钢业、发电厂
棉兰	机动车、垃圾焚烧、工业
巴东	水泥制造业、橡胶制造业
巴邻旁	炼油厂、化肥、橡胶手套、森林火灾
北干巴鲁	森林火灾
坤甸	森林火灾
三马林达	煤矿、三合板、森林火灾
三堡垄港	机动车、垃圾焚烧、工业
泗水	机动车、垃圾焚烧、工业

表 3.1 印尼各城市主要空气污染源

每个监测站的空气质量监测结果都以电子方式传送到该城市的区域空气质量监测中心，在中心进行数据核实、备份、记录。之后，数据传输到环境部的主中心。在初期阶段（2001—2003 年），所有的站点都运行良好，但几年之后一些站点就由于维修问题或者使用寿命到期等原因退出使用。

雅加达分别在 1992 年、1997 年和 2003 年进行了 3 次大气污染排放调查研究，并于 2009 年开展了新的研究。1992 年的研究包括的城市有雅加达、泗水、棉兰、万隆和三堡垄港，而 1997 年和 2003 年的研究只关注大雅加达地区。这一系列研究得出以下结论：

①交通是碳氢化合物（HC）、一氧化碳（CO）以及氮氧化物的主要来源；②工业是二氧化硫的主要贡献者；③可吸入颗粒物的主要来源是交通排放。其中，交通排放污染对 PM_{10} 的贡献程度在三年的报告中有所不用。相比 1997 年和 2003 年的报告，1992 年的研究显示，家用和垃圾焚烧的综合，与交通产生的 PM_{10} 相等；而后两次报告显示，交通对 PM_{10} 的贡献率较大。产生不同的原因在于 1992 年的调查覆盖更广的来源：家用、工业、交通和垃圾焚烧；而其他的研究只涉及家用、工业和交通来源。

表 3.2 是印尼国家空气质量标准、雅加达市自定空气质量标准与世界卫生组织指导标准的对比，可以看到，印尼制定的标准多没有世界卫生组织指导标准严格，但雅加达作为印尼首都，制定了更加严格的标准，体现了对自身国际化大都市的高要求。然而，实际情况不尽如人意。以臭氧为例，雅加达 2001—2008 年的年均臭氧监测数据表明，其浓度虽然大部分时间低于国家标准，但常年高于雅加达市自定标准。目前，印尼还没有将细颗粒物浓度列入国家标准。

表 3.2 印尼环境空气质量标准与世界卫生组织指导标准比较

污染物	测量时长	雅加达环境空气质量标准/（μg/m³）	印尼国家环境空气质量标准/（μg/m³）	世界卫生组织指导标准/（μg/m³）
总悬浮颗粒物	24 h	230	230	—
	1 a	90	90	—
可吸入颗粒物	24 h	150	150	50
	1 a	—	—	20
二氧化硫	1 h	900	900	—
	24 h	260	365	20
	1 a	60	60	—
二氧化氮	1 h	400	400	200
	24 h	92.5	150	—
	1 a	60	100	40
臭氧	1 h	200	235	—
	8 h	—	—	100
	1 a	30	50	—
铅	1 a	—	1	0.5
一氧化碳	1 h	26 000	30 000	30 000
	8 h	—	—	10 000
	24 h	9 000	10 000	—

印尼的空气污染物浓度与当地居民呼吸道、肺部疾病患病率、血铅浓度都有一定的相关性。一项由印尼大学在 2005 年开展的关于雅加达地区 $PM_{2.5}$ 和一氧化碳浓度的研究显示，受调查者在从家到办公室或学校的路上吸入了大量的空气污染物。同时指出，即使坐在空

调车中，也不能阻止污染物，同样吸入了相同水平的污染物。

有很多研究对印尼的空气污染可持续经济成本做了测算。据世界银行在 1994 年的一项研究预测，由于空气污染，雅加达地区的经济损失为 5 000 亿印尼盾，造成 1 200 例死亡，320 万人患上呼吸道疾病，导致 464 000 例哮喘病例。2002 年亚行开展的一项研究估算由于 PM_{10} 污染造成的经济损失为 1.7 兆印尼盾，并预测如果不采取措施，到 2015 年该项损失将增长到 4.2 兆印尼盾。

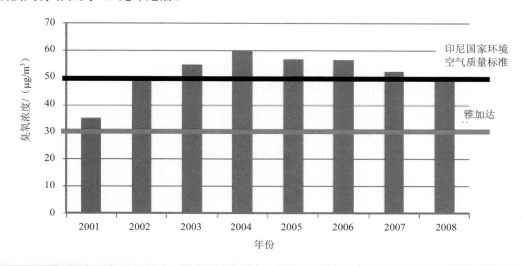

图 3.1　2001—2008 年雅加达市年均臭氧浓度与相关标准对比图

在交通方面，印尼机动车拥有率快速增加。1990 年，登记车辆总数为 600 万辆，2007 年增长到 5 700 万辆，预计 2030 年将达到 9 300 万辆。两轮车的数量也在快速增长，并且数目是最多的。轿车、公共汽车、卡车以及摩托车是主要的交通工具类型，分别占 14.4%、3.1%、7.7% 和 74.8%。伴随着摩托车数量的不断增长，

图 3.2　印尼烧芭现场

如果不抓紧出台严格的排放标准，执行控制交通需求以及促进非机动交通模式等措施，将对空气质量产生严重的不利影响。

烟霾是印尼空气污染管理的又一挑战。印尼烧山垦田/林现象严重，每年 10 月前后的烧荒（俗称"烧芭"）季节内不仅国内空气重度污染，新加坡等邻国也叫苦不迭，在东盟国家内部饱受诉病，其恶劣影响甚至导致了印尼与新加坡、马来西亚等邻国关系恶化。东盟还以此为起因于 2002 年 6 月在马来西亚吉隆坡签署了《东盟跨界烟霾协定》，提出共同防治跨境烟霾与森林火灾，并成立了东盟跨界烟霾部长级会议机制。印尼国会在重重压力下批准了《东盟跨界烟霾协定》。

这一特殊问题既有其历史渊源，也是印尼现行环境保护制度与经济发展无法协调统一的具体体现。烧芭多为棕榈树公司以扩大种植面积为目的进行的开荒行为。根据印尼现行法律，这种烧芭实际上是一种有组织犯罪行为，但因为执法能力有限和背后的经济因素驱动，屡禁不止且愈演愈烈。此外，印尼境内大量的泥炭地也为森林大火提供了燃料。据统计，2015 年，因烧芭导致了严重的森林大火与泥炭地燃烧，给印尼造成了严重的社会与经济损失。

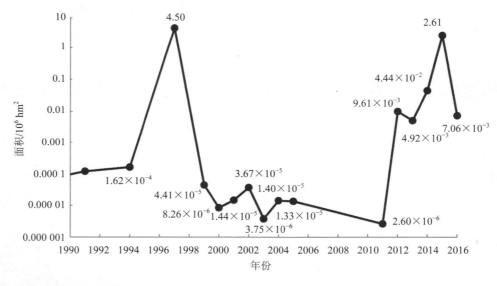

数据来源：印尼环境与林业部。

图 3.3　印尼历年火灾面积统计

图 3.3 显示，印尼在 1998 年、2015 年遭遇了两次历史上最大面积的森林火灾。前一次是因为厄尔尼诺现象，后一次则是因为烧芭失控。近年来，印尼政府治理烧芭的力度越来越大，甚至关停了一些种植公司，并且与邻国开展了很多这方面的监测及技术合作，但是效果仍有待证明。

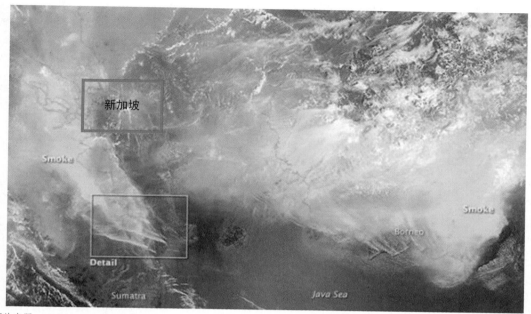

图片来源: NASA, 2015 年 10 月。

图 3.4   中分辨率成像光谱（MODIS）卫星拍摄的烟霾示意图

（二）水环境

印尼水资源丰富，全国共 808 条河流，约有 131 个主要流域、8 000 个子流域。其中 5 个流域为跨界流域，37 个流域对印尼有着战略性的重要意义。但印尼各地区水资源差别很大，在雨季，印尼经常遭受水灾，旱季又会发生干旱，在水资源管理方面，印尼还非常欠缺。现在，印尼水能资源仅开发了 15%，还有 85% 的水能资源有待继续开发。在印尼全国水资源划分的近 90 个主要的江河流域中，约有 60 多个面临严重的水资源短缺和集水问题，威胁到食品安全和国家繁荣。未净化水的数量和质量已成为制约灌溉和供水运营的主要问题之一。

印尼全国降水的总体特点是时空分布不均，降水特点包括季风性气候、赤道性气候与地方性气候三种。其中季风性降水（降水量随时间变化呈 V 字形，每年 7 月、8 月降雨量最少）多处于印尼南部岛屿，如南苏门答腊、帝汶岛、南加里曼丹岛、苏拉威西岛及巴布亚岛部分地区；赤道气候特点的降水（降水量大致呈 M 形，峰值在 3 月、10 月前后）多见于印尼西北部地区，如苏门答腊岛北部、加里曼丹岛西北部等；地方性气候的降雨（降水量呈倒 V 形，每年 6 月、7 月降水量达到峰值）则处于马鲁古群岛与苏拉威西岛北部地区附近，此类降水受厄尔尼诺现象影响最大。印尼的年均降水量见表 3.3。

表 3.3　印尼各地区年均降水量

地区	年均降水量/mm
苏门答腊省	2 820
爪哇省	2 680
巴厘	2 120
西努沙登加拉省（NTB）	1 440
东努沙登加拉省（NTT）	1 200
加里曼丹省	2 990
苏拉威西省	2 340
马鲁古省	2 370
巴布亚	3 190
全国平均	2 350

数据来源：印尼原环境部 2012 年统计数据。

因降水量的影响，印尼一些主要河流如芝龙河（Citrum）、梭罗河（Solo）流量年内变化很大，一般在上半年 2—4 月达到峰值，随后在 8 月左右降到谷底，10 月后再缓慢上升。

在地下水方面，有研究显示印尼年地下水存量可达 5 200 亿 m³，如按每年实际安全出水率为总量的 30%计，印尼地下水使用量高达 1 550 亿 m³（表 3.4）。然而，城市地区的地下水常年处于过度开采状态，也缺乏一定的使用许可制度，很多工业与居民都在使用深层地下水，而深层地下水的过度使用往往可能导致地下水枯竭与地表下沉。雅加达等城市集中区已经深受其害。为此，世行、亚行等国际开发机构在雅加达等地区开展了一系列水资源综合管理项目，旨在提高其水资源管理能力。印尼也积极参与了东盟框架下的水资源综合管理指导计划制定。

表 3.4　印尼各主要地区地下水含量估值

地区	流域数量/个	面积/km²	水量/（10⁶ m³/a）		
			浅层地下水	深层地下水（承压）	安全出水率
苏门答腊	65	272 843	123 528	6 551	39 024
爪哇和马杜拉	80	81 147	38 851	2 046	12 269
加里曼丹	22	181 362	67 963	1 102	20 720
苏拉威西	91	37 778	19 694	550	6 073
巴厘	8	4 381	1 577	21	479
西努沙登加拉省	9	9 475	1 908	107	605
东努沙登加拉省	38	31 929	8 229	200	2 529
马鲁古	68	2 583	11 943	1 231	3 952
巴布亚	40	26 287	222 524	9 098	69 487
合计	421	907 615	496 217	20 906	155 137

数据来源：印尼地质局。

在水质管理方面，印尼环境与林业部负责地表水水质的监控与污染防治，并每年提交水质报告。印尼卫生部则负责饮用水质量标准的制定与饮用水水质监控。地方政府负责具体流域的水质调查、取样、测试与水面巡查。根据印尼政府 2001 年颁布的 82/2 001 号规定第 8 款，印尼的水质分为四类：

（1）一类水体，符合饮用水标准。

（2）二类水体，可用于淡水渔业、畜牧业、农业灌溉、水上娱乐活动或有类似水质要求的用途。

（3）三类水体，可用于淡水渔业、畜牧业、农业灌溉及/或有类似水质要求的有利于生产发展的用途。

（4）四类水体，可用于灌溉或其他有类似水质要求的用途。

总体来讲，印尼的水体污染情况非常严重，很多城市、工业区对河流直接排放污水废水。监控数据表明，印尼河流平均水质中超过一半的指标超标，如生物需氧量（BOD）和化学需氧量（COD）等水质指标都严重超标。超过一半的河流达不到二类水体标准。对全印尼 44 条大型河流的监控数据表明，仅 4 条河流全年平均值达到二类水体标准，多数为富营养化水体。

在城市区域集中的爪哇岛，大部分河流都是三四类水体，雅加达附近的河流更是远超四类水体标准，和我国的劣Ⅴ类水体类似，城市污水、生活垃圾、固体废物、工业废水直接排放问题严重，对周边居民健康造成严重影响。其中雅加达地区芝塔龙河垃圾成山，景象惊人，被列为世界上十大有毒地区之一。芝塔龙河的具体情况在下文案例部分有详述。

在过去十年内，印尼地表水体水质呈总体下降态势，主要污染源包括：

（1）生活。印尼城市污水中化学需氧量、营养物质与大肠杆菌严重超标，很多都未经处理直接排放到河流中，是印尼地表水体的主要污染源。2012 年的数据表明，在拥有 1.1 亿人口的城市地区，仅 1%的废水得到了充分处理，仅 4%的下水道污水被集中收集处理。在有约 1.3 亿人口的农村地区，并没有任何生活污水处理设备。

（2）工业。印尼原环境部的一项调查表明，印尼全国约有 1.2 万个大中型企业与 8.2 万个小型企业可能直接向河流排放工业废水。具体占比结构为纺织业 20%、橡胶业 13%、化工 9%、皮革制造业 6%、造纸业 3%以及矿业 1%。

（3）矿业。印尼矿业资源丰富，是重要经济支柱产业之一。据估计，印尼矿业从业人员中有约 100 万人在遍布几乎印尼所有岛屿的小型矿场工作。印尼非法采矿现象严重，导致采矿用到的大量水银严重污染了周边环境，影响到人体健康（详见下文案例部分）。

（4）农业。农业生产需要用到大量化肥、除草剂与杀虫剂，是 COD、水体营养物与杀虫剂等污染物的主要来源。牲畜排泄物也是重要污染源之一，一头牛产生的排泄物量约等于 5 个成年人。

（5）渔业。很多鱼类养殖都通过在河流、湖泊或蓄水池安装浮式网箱进行。这类养殖会对水体产生可观的有机污染物，不当或过量投食也会在河床或湖底有沉积。

（6）固体废物。城市固体废物对水体的 COD、BOD、氮、磷和病菌含量有一定贡献，但比其他源的贡献要低。

（7）其他。城市地表径流、空气中的重金属与有机污染物沉积也对水质有一定影响。

地下水水质水量监控与保护由印尼矿业与能源部负责。在爪哇岛，浅层地下水受到严重污染。在雅加达，45%的地下水受粪便大肠杆菌污染，80%的地下水含大肠杆菌。地下水污染源主要包含城市废水排放、填满垃圾场渗漏与工业排放等。

此外，印尼水灾严重，受气候变化影响显著。1970—2011 年，印尼洪水次数达 3 980 次，受灾的农田达 110 万 hm^2，道路面积达 6.5 万 km^2。此外，水灾还导致了土壤侵蚀、健康安全等问题。此外，虽然印尼水资源总体超过需求量，但由于时空分配不均也存在着干旱的隐患。

（三）生物多样性

印尼是世界生物多样性热点地区，也是 17 个世界生物多样性大国之一。由于湿热的气候环境，不受冬天影响，其国土内广袤的热带雨林是数万种动植物的栖息地，独特的珍稀物种不胜枚举。世界自然保护联盟的红色名录（Red list）中，印尼已知受威胁物种有 1 246 种，其中有 185 种哺乳动物、131 种鸟类、32 种爬行动物、32 种两栖动物、150 种鱼类、284 种无脊椎动物、426 种植物及 6 种软体动物[①]。

以著名的苏门答腊岛为例，其约 2/3 的土地为常绿湿润赤道林，岛内有柯林茨-塞拉特国家公园（Kerinci-Seblat National Park）、洛伦兹国家公园（Lorentz National Park）等东盟遗产公园，覆盖着亚洲地区最古老的原始热带雨林，海拔 200～3 805 m，有着多个美丽的火山湖（如 Gunung Tujuh 湖是东南亚最高的火山湖，海拔近 2 000 m）。数百种当地独有的动植物物种，如苏门答腊虎、苏门答腊杜鹃、红嘴鹧鸪、苏门答腊宽嘴鸫、蓝画眉等，还有着世界上最大的花——大王花。仅柯林茨-塞拉特公园内已探明的物种就有包括 4 000 余种植物、36 种哺乳动物、129 种鸟类、8 种灵长类、6 种两栖类、10 种爬行类动物等。

目前，印尼的生物多样性急剧减少，由于过度开垦、非法伐木、非法狩猎、非法采矿、道路建设等人为因素及气候变化等客观因素，印尼的生物多样性正在面临生境丧失、栖息地减少的巨大压力。

---

① 世界自然保护联盟濒危物种红色名录（2015 年 11 月更新），http：//www.iucnnredlist.org。

（四）森林资源

印尼自然资源丰富，林业、矿业、渔业、种植业等对自然资源依赖度较高的行业都是印尼国民经济的主要支柱性行业，同时也一定程度上造成了印尼的环境退化问题。

印尼的热带雨林总面积居世界前三。历史上，印尼强大的中央集权推行粗放发展政策，大幅提高了人民生活质量，但对环境破坏严重，最后仍然没有突破经济发展的中等收入瓶颈。由于印尼政府在苏哈托时期（约 1967—1998 年）实行的以资源换发展的战略，大面积森林资源遭到乱砍滥伐，而这一势头近年来仍然没有得到有效遏制[①]。近 50 年来，印尼森林面积减少了 40%[②]。2000—2005 年，印尼森林面积减少了 180 万 hm^2，相当于每分钟有 8 个足球场大小的森林消失。这一数字十分惊人。从环境经济角度来看，虽然伐木能够带来短期收入，但隐性的生态系统服务功能损失将造成长期的经济损失，而且将为当地居民，尤其是低收入人群带来更大的负面影响。

（五）海洋环境

印尼是千岛之国，海洋资源特别是海洋生物资源十分丰富，习近平主席正是在访问印尼时提出了"海上丝绸之路"合作倡议。印尼的巴厘岛是著名的旅游胜地，印尼也是世界著名渔业产品的产地，但由于人类活动过于频繁，以及气候变化等因素的影响，印尼的海洋环境受到了严重威胁。

近年来，海洋垃圾问题在国际上逐渐获得越来越多的重视，印尼也是海洋垃圾的受害者与排放者。过度捕捞与非法捕捞正在使印尼的渔业资源遭受严重破坏，气候变化导致的海洋温度上升也使珊瑚礁等生态系统遭到破坏。

（六）固体废物

印尼城市化速度惊人，废物管理与饮用水安全成为了城市发展最大的短板之一。城市的生活垃圾任意堆砌甚至沿河道丢弃，造成了巨大的环境风险。流经首都雅加达的芝塔龙河一度成为垃圾的海洋，曾被评为世界最毒的地点之一。21 世纪以来，印尼曾有 90% 的垃圾用简单堆砌的方法处理，饮用水、地下水污染一度十分严重，致使病菌、害虫大量繁殖传播。由于大量垃圾水分高、热值低，焚烧效率十分低下，垃圾露天焚烧致使空气严重污染。

---

① 李雯：《苏哈托时期印度尼西亚的林业政策》，载《东南亚研究》，2015 年第 5 期，第 4～9 页。
② Wingqvist G，E Dahlberg，2008. Indonesia Environmental and Climate Change Policy Brief [OL]. [2016-9-1] http：//www.sida.se/globalassets/global/countries-and-regions/asia-incl.-middle-east/indonesia/environmental-policy-brief-indonesia.pdf.

根据 2001 年数据，印尼城市垃圾有 40.09%采用了卫生填埋、堆肥、露天堆砌等方式进行最终处理，直接焚烧占 35.49%、回收垃圾占 1.61%、堆肥占 7.54%，直接未处理扔到街道、河水及公园的占 15.27%。2006 年以来，印尼垃圾填埋的比例不断增加，但垃圾的回收率却仍然比较低，每年产出的垃圾只有约 69.5%进行了回收[1]。

三、印度尼西亚环境管理机构设置和主要部门职能

（一）政府部门

印尼的环境保护主管部门为印尼环境与林业部。2014 年，印尼政府换届后，新任总统佐科·威多多于 10 月 26 日正式公布新一届政府内阁组成和部长名单。此次政府内阁由 34 个部门组成，包括 4 个统筹部（每个统筹部由数个部组成），下辖 30 个部。其中，环境与林业部是经济统筹部下辖的 10 个部之一，由原印尼环境国务部与林业部合并而成。印尼现任环境部长为希媞·努巴雅·巴卡尔博士（Dr. Siti Nurbaya Bakar）。

由于多次政府更迭，印尼由苏哈托时期的中央集权特点转变为中央与地方共治。现在的印尼环境与林业部更多地强调与地方政府之间的协调与沟通。

根据 2015 年 1 月 21 日发布的印尼总统令（2015 年第 16 号），印尼环境与林业部由部长领导，下设 18 个部门（图 3.5）。

印尼环境
与林业部

- 秘书长
- 规划、环境战略与评估司
- 自然资源与生态系统保护司
- 流域管理与保护司
- 经济林业管理司
- 污染与环境退化防治司
- 固废及危废管理司
- 气候变化司
- 林业与环境社会伙伴关系司
- 环境与林业执法司
- 监察总长
- 人力资源开发与环境宣传委员会
- 科研与创新委员会
- 政府间与区域关系专员
- 国际贸易与工业专员
- 能源专员
- 自然资源经济专员
- 食品专员

图 3.5　印尼环境与林业部组织机构

---

① Wingqvist G，E Dahlberg，2008. Indonesia Environmental and Climate Change Policy Brief [OL]. [2016-9-1] http：// www.sida.se/globalassets/global/cou ntries-and-regions/asia-incl.-middle-east/indonesia/ environmental-policy-brief -indonesia.pdf.

虽然延续了一些原印尼环境部与林业部的司局设置，但从新的印尼环境与林业部机构设置也可以看出，印尼环境问题的主要走向仍以林业与自然资源保护为主。此外，印尼政府政治生态特点也从"政府间与区域关系专员"及其他相关领域专员的设置中可窥一斑。由于政府松散的分权结构，导致中央与地方政府间、各政府部门间的工作协调与衔接需要花费更多的成本。

此外，印尼公共工程与住房部（Ministry of Public Works and Housing，原印尼公共工程部）以及水资源管理司（Department of Water Resources Development，DWRD）也担任部分环境相关职责。

（二）非政府组织

印尼环保非政府组织十分活跃。除世界自然保护联盟、世界自然基金会、野生动植物保护国际、地球之友等国际非政府组织在印尼的分部外，本土地方性质的非政府组织也很多，并且非常活跃。如 Wahana Lingkungan Hidup Indonesia（WALHI）就在印尼著名的纽蒙特公司偷排废水污染海洋环境事件中扮演了重要角色。其他还有婆罗洲大猩猩生存基金会（Borneo Orangutan Survival Foundation）等地方性环保组织。

四、印度尼西亚环境保护法律法规及政策

（一）环境基本法

印尼的环境保护基础法律的前身是 1997 年第 23 号法案《环境保护管理法》，主要内容包括环保目标、公民权利与义务、环境功能维护、环保机构职责、环境管理、纠纷解决、环境监察与执法等内容。此外，还包括 1999 年颁布的《空气污染防治法规》、1995 年颁布的《工业许可证规定》、1999 年颁布的《环境影响分析事实导则》、1995 年能源部颁布的《固定源排放标准法案》、2001 年通过的《森林火灾预防规定》等。

2009 年，印尼对环境领域基本法进行了更新，发布了《环境保护与管理法（2009 年第 32 号）》。这部法规成为了印尼 2009 年以来环境保护工作的指导性法规，对环境规划、城镇化、污染防控、环境保护、监管、执法等一系列问题进行了进一步规定（图 3.6）。除此之外，印尼配套发布了一系列政府法规与环保条例。

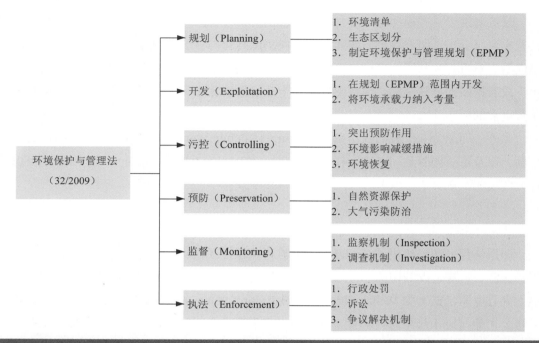

图 3.6　印尼 2009 年《环境保护与管理法》基本框架

（二）环境影响评价相关法律法规

印度尼西亚语中，环评的缩写为 AMDAL，不同于英语中常用的缩写 EIA。印尼的环评法规可追溯至 1997 年颁布的《环境保护管理法（23/1997）》。2006 年，印尼环境部（现环境与林业部）发布了环境部规范（2006 年第 6 号）[①]，对环评工作内容进行了更新，成为了印尼环评的指导性法规。同年，发布了建设项目"正面清单"（positive list）[②]，就项目类型及相对应的环评要求进行了分类。未列入清单中的项目需提交环境管理工作计划[③]与环境监督工作计划[④]，同时，需进行完整环评的领域包括防务、农业、渔业、林业、交通、卫星科技、工业、公共事业、能源与矿业、旅游业、核电、危险废物处理、基因工程。

其中，每个行业的环评门槛都有详细规定。以矿业为例，达到以下标准的矿业部门需进行全面环评：①矿区面积不小于 200 hm^2；②开采面积不小于 50 hm^2/a；③开采放射性矿；④含海中作业开采或涉及水下排放；⑤涉及氰化物使用。

---

① Ministry of Environment Regulation No. 08 of 2006.

② Ministry of Environment Regulation No. 11 of 2006.

③ Upaya Pengelolaan Lingkungan（UKL）.

④ Upaya Pemantauan Lingkungan（UPL）.

可以看出，印尼的环评制度在长期积累完善中获得了很多改进，然而受其岛屿众多、管理分散的体制约束，其监察与执法能力有待加强。很多重大环境影响事件是通过民间组织、媒体渠道曝光而获得政府重视的。

（三）其他环境管理法规及管理政策

印尼国内实行的环境相关法规还包括 1999 年颁布的《森林法》《渔业法》《水资源发展法》等。相关法规政策包括《国家大气质量标准》（41/1999）、《噪声标准》（DME48/1996）、《有毒有害废物监管条例》（18/1999）及《水污染控制办法》（条例 20/1990）等。其中森林法在近年不断更新，对森林采伐进行了更加严格的规定。

不得不说，印尼的环境法律法规框架相对完善，然而其实施过程却存在很大漏洞。其中最主要的原因就是执法不严，这既体现在执法机构人员配置松散、执行力度不够上，也体现在执法技术手段、方法落后，执法能力不足上。

（四）国际合作情况

印尼于 1978 年批准加入《濒危物种公约》，1994 年批准加入《联合国气候变化框架公约》与《生物多样性公约》，2004 年批准加入《京都议定书》。可以说印尼对相关国际公约基本持积极态度。然而，印尼政府对个别关系到切身利益的公约的态度则有所不同。如上面所述，印尼国会出于政治原因迟迟未批准加入《东盟跨界烟霾协定》。2015 年，印尼国会在长达 10 余年的拉锯后终于批准加入了该协定，使该协定范围全面覆盖了东盟 10 国。

五、印度尼西亚环境管理案例

（一）美国纽蒙特公司废水污染事件

1. 案例基本情况

印尼是东南亚大国，拥有丰富的金、锡、铜、镍等矿产资源，吸引了大批国际矿业公司投资，但本土企业开采能力有限且非法开采现象十分严重。为保护国家矿产资源，印尼政府规定，凡外国矿业公司在印尼采矿，必须有印尼本土企业参股。1999 年，美国著名黄金矿业大亨纽蒙特矿业公司（Newmont Mining Corporation）与印尼本土企业（PT Tanjung Serapung）合资（纽蒙特公司控股 80%）在印尼北苏拉威西省南部成立了米纳哈萨-拉亚采矿公司（PT Newmont Minahasa Raya，以下简称 PTNMR），并在布雅特（Buyat）湾附近进行金矿开采。2000 年，该矿区开采了 32.4 万盎司金。

2004 年，印尼一家环保非政府组织 Wahana Lingkungan Hidup Indonesia（WALHI）发

布了于 2000 年开展的一项研究报告，称 PTNMR 每天利用暗管偷偷向布雅特湾中排放 2 000 t 采矿废渣废水，严重污染了海洋环境，并根据美国一家实验室对当地居民血样的化验结果，称当地居民体内重金属严重超标，直接导致了当地 4 名村民与 2 名儿童[①]死亡，并导致当地一些居民罹患癌症、眩晕及其他皮肤疾病。随后，印尼 Sam Ratulangi University 的研究人员也得出了布雅特湾水体汞、砷等重金属含量超标的研究结论[②③]。

报道一出，印尼举国震动，WALHI 甚至将当地居民患的病称为"布雅特病"，以类比 20 世纪 50 年代日本发现水俣病的严重程度，民间环保组织纷纷呼吁政府关停该矿并进行调查。对此，印尼政府及环境部、卫生部首先表现出息事宁人的态度，其后在民意的压力下迅速开展调查，意图尽快结束这场社会震动。很快，印尼卫生部的一个独立调查组宣布当地居民血样重金属超标。随后，印尼检察院于 2005 年对 PTNMR 进行起诉，要求纽蒙特公司赔偿 1.17 亿美元的环境损失补偿，以及 1 630 万美元的国家名誉赔偿，并要求追究该矿业公司总裁理查德·奈斯及其他管理层刑事责任。当地居民在非政府组织的帮助下也开展了民事诉讼。一时间，印尼社会群情激奋，并一致认为在关键性证据确凿的前提下，判决只是时间问题。此后，矿场停业，几名主管被检方带走调查达 1 个月。

作为一家大型跨国集团，纽蒙特公司对指控予以坚决否认，并称矿厂的各项排放均在印尼国家标准之内[④]。随后，公司发言人还暗示审判存在暗箱操作，并表示调查受到了政治影响，调查结论不可信。在随后的辩诉中，纽蒙特公司发布了澳大利亚实验室的水样监测数据，表示该地区水体污染物并没有超标。随后，公司的律师团经过深度挖掘，又戏剧性地逆转了此前的"铁证"，并指出印尼政府调查组在调查取证过程中存在重大瑕疵，证据不能使用。此后，联合国驻印尼机构法律部门及很多国际组织参与了调查。最终，印尼法院以证据不足为由于 2007 年驳回了对 PTNMR 公司的所有指控，PTNMR 也与印尼政府达成协议，支付 3 000 万美元的环境修复及补偿费用[⑤]。

在长达 21 个月的审判过程中，印尼社会经历了案件风波的冲击，最终撤销了对 PTNMR 公司的所有指控。纽蒙特公司在 2004 年起停运了布雅特湾矿场，并缩小了其在印尼的业务范围。由于大型矿业公司的退出，当地的经济呈现衰退迹象。矿场停运后，PTNMR 公

---

① 水俣病是有机汞侵入脑神经细胞而引起的一种综合性疾病，可造成胎儿畸形，因 1953 年首先发现于日本熊本县水俣湾附近的渔村而得名，水俣病是慢性汞中毒的一种类型。

② Nuraida，I. The practice of corporate social responsibility of Pt Newmont Minahasa，south east Minahasa，North Sulawesi，Indonesia[J]. The Journal of Bina Ekonomi（Indonesia）. 2012.（16）1：93-102.

③ Septanti，Dini.，The Buyat Case：Straddling between Environmental Securitization and De-securitization[J]. Global & Strategis.2013（7）2：183-195.

④ Mines and Communities Organization，PT Newmont Minahasa Raya condemned for destroying Buyat Bay waters [OL]. http：//www.minesandcommunities.org/ article.php ？ a=1388，2004-4-26/2016-3-20.

⑤Nones，J.A. PT Newmont's Richard Ness Cleared of All Charges in Indonesia[OL]. http://www.resourceinvestor. com/2007/04/24/pt-newmonts-richard -ness-cleared-of-all-charges-in，2007-4-24/2016-3-20.

司开展了一些当地环境的修复工作，但纽蒙特在印尼仍有其他矿场运营。2009 年，PTNMR 完成了一些后续补偿工作，主要包括：

（1）关闭矿场。该公司与印尼政府确认了关闭程序[①]，并永久性关停了矿场。

（2）与当地居民协商。矿场关闭方案包括了与当地社区和居民的交流活动。

（3）恢复种植。矿场关闭后，约 200 hm^2 土地恢复了种植用途，并成功使多种鸟类回迁。

（4）支持当地红树林、海底珊瑚等物种的重建与保护。

矿业是印尼政府的重点支持产业。由于印尼原油产量因油井设备老化等问题不断下降，政府不断出台鼓励措施，此案例中，很明显 PTNMR 公司存在污染现象，但由于印尼法制不健全，被矿业集团抓住了把柄，且跨国集团诉讼手段与律师团队实力雄厚，主要责任人得以免责。此后，印尼社会对国际矿业公司的环保问题越来越重视。

2009 年，印尼政府颁布了新的《矿场和煤炭开采法》，规定将旧法的矿产及煤炭标准工作合同制度改变为政府颁发矿业许可证的制度[②]。新法规的特点是地方政府权力明显扩大，且按照新矿法要求，矿业企业的中外资股权在其矿山投产 5 年后向中央或地方政府或国有企业、地方企业、国内私营企业减持股份，这增加了投资回报的不确定因素。外资矿业公司在开采 5 年后股权需下降至 30% 以下，印尼的矿业投资环境全球排名也因此有所下降。

2. 案例启示

这个典型的案例给我们带来了很多思考。和许多东南亚国家一样，印尼境内的民间环保组织影响力很大，对外国投资带来的环境污染问题十分敏感，外国投资公司在运营管理、污染物排放与社会责任方面存在的问题常常被这些组织曝光甚至扩大宣传。此外，印尼政府在希望吸引外国投资的同时，也害怕这些投资会带来的负面舆论，影响政客的政治生命，经常会对社会敏感案件施加政治影响。

众所周知，印尼华人通常比较富裕、社会地位较高，因此印尼本土居民排华现象一直存在，我国企业在印尼投资发展时比西方企业更加需要注重企业社会责任与舆论宣传，不仅要在官方层面与政府监管部门保持良好关系，也要利用各种机会、活动与当地社区、居民及民间组织增加交流互动，在赚取利润的同时注重回馈当地社会发展，这样才能够更好地扎根印尼、开花结果。

---

① 李晴宇：《美国纽蒙特公司计划关闭在印尼的金矿》，载《稀有金属快报》，2016 年第 6 期。

② 宋国明：《2009—2010 年印度尼西亚矿业管理动态及投资环境影响》，载《国土资源情报》，2011 年第 1 期，第 23～27 页。

（二）亚洲开发银行印尼芝塔龙河水资源综合管理投资项目

1．案例基本情况

芝塔龙河（Citarum）位于印尼西爪哇岛，长约 270 km，流域总面积约 13 000 km²，是爪哇第三大河流，也是印尼最重要的水源之一，流经印尼人口最密集的地区，包括印尼首都雅加达市。芝塔龙河流域2010年的人口数量约为 2 100 万，产生印尼人口20%的GDP[①]。此外，芝塔龙河还具很高的历史人文价值。公元 400 年，西爪哇岛建立的塔鲁玛王国（Tarumanagara）就建立在芝塔龙河流域。

20 世纪 80 年代之前，芝塔龙河曾经是一条著名的清澈美丽的河流。然而，由于印尼的快速工业化与城市化粗放发展，大量的工业废水、生活污水与固体废物未经任何处理就倾倒到河流中，使河流水体遭到严重污染，曾有西方媒体将其列为世界上 15 个最"毒"的地点之一[②]。印尼政府虽然一直试图治理该流域水质，但治理的速度远远赶不上当地城市化发展的速度，河流水质每况愈下。

图片来源：http：//slide.news.sina.com.cn/green/slide_1_2841_17310.html/d/1#p=1。

图 3.7　芝塔龙河的污染景象

[①] Fulazzaky，M.A.& M. B. Hadimuljono. Evaluation of the suitability of Citarum river water for different uses[A]. World Water Week in Stockholm 2010 [C]. Stockholm. 2010：31-32.
[②] Mother Nature Network. The 15 most toxic places to live[OL]. http：//www.mnn. com/earth-matters/wilderness-resources/photos/the-15-most-toxic-places-to-live/citarum-river-indonesia，2009-10-16/2016-3-20.

2001 年，印尼政府发布了旨在加强水质管理与污染控制的第 82 号政府令。随后，印尼政府采取了一系列治理措施，并积极申请国际援助与国际合作（包括东盟—中日韩合作机制下的东盟水资源综合管理国家战略指导方案 IWRM 合作等），旨在改善芝塔龙河水质。2008 年，亚洲开发银行审核通过了芝塔龙河水资源综合管理投资项目（The Integrated Citarum Water Resources Management Investment Program），项目由印尼原公共工程部（Ministry of Public Works）负责运营，旨在通过一系列水质与土地管理项目改善流域恶劣的生态环境，并提高印尼政府的水质管理能力，初期预计总金额为 35 亿美元，项目总周期为 15 年[①]。

总体项目主要内容包括：

（1）项目机构设置与规划。编制芝塔龙河流域水资源综合管理规划，规划实施水资源管理的组织机构重建与能力建设，开展地区政策制定、立法、规划研究，提出政策建议。

（2）水资源开发与管理。提高水资源使用效率，开展相关基础设施建设与维护，包括蓄水池、地下输水管道、明渠等的设计、建设、维护等，并建设、改造气候变化适应设施。

（3）水资源共享。建立与维护相关群体的水权，合理分配水资源，并明确水资源短缺时的用水优先顺序。

（4）环境保护。保护流域内河、湖、湿地、林地及其他可能影响水质的生态系统的环境。具体包括建立污水处理厂、开发社区固体废物与卫生设施、加强机构制度管理，并鼓励当地民众社区改变生活方式、参与生态环境保护。

（5）灾害管理。针对洪水、泥石流等自然灾害，设计建造水坝、防洪堤、防洪水库等，编制应急预案，建立灾害预警系统，并大力宣传相关防灾减灾知识。

（6）社区能力建设。社区能力建设的目的是服务于上述五个主要项目目标。主要包括四个部分：一是针对社区与民众的水资源管理保护教育、能力建设、意识提升等活动；二是水资源管理相关信息的公开公布；三是帮助当地民众参与水资源的规划与管理；四是开发以社区为单位的"自助"项目，以帮助当地民众改善饮用水质与生存环境。

（7）数据、信息与决策支持。主要包括地表水、地下水流量与水质等水资源信息，土壤、地理地质、地表覆盖物、生态系统等自然环境信息，以及人口、贫困程度、土地使用情况等社会经济信息的收集、验证、储存、管理、散发。这些数据将用来进行水文设计、人口统计学研究，以及决策支持工具、GIS 系统、水利与水力学模型等分析工具的开发。

（8）项目管理。支持各利益相关方之间、各项目部门之间的联络协调，提高沟通效

[①] Asian Development Bank. Integrated Citarum Water Resources Management Program - Project 1: Social Safeguard Monitoring Report[OL]. http://www.adb.org/ projects/documents/integrated-citarum-water-resources-management-program-project-1-sep-2013-smr，2013-9-1/2016-2-25.

率，避免重复劳动和资源浪费；及时、准确地发布相关项目监管与项目进展报告。

在总体项目下，将首先开展第一期项目，即对西塔罗姆运河（WTC[①]）长度为 54 km 的库鲁–贝卡斯（Curug-Bekasi）运河河段进行修复升级[②]。

在第一期项目的实施过程中，由于拆迁补偿费用问题，项目实施方与当地居民及社区组织产生了纠纷。当地民间组织"芝塔龙人民联盟"的代表向亚洲开发银行（简称"亚行"）正式提交了申诉。亚行相关部门在接到申诉后启动了亚行相关问责与后续处理程序，此事件自此被亚行作为问责机制的经典案例，在每年的总结报告中都会提及。此案例反映了国际开发机构风险管控的典型做法，以及其与在发展中国家开展项目的社会责任要求，值得我们学习借鉴。

亚洲开发银行在项目环境与社会风险管控方面有着一套完整的体系。1995 年，亚行针对建设项目非自愿移民问题编写发布了《非自愿移民导则》，该导则于 2006 年更新并在 2009 年与环境导则共同汇编成为了亚行的《风险保障政策声明》，对项目开发过程中可能出现的各类环境与社会风险的评估、解决方案、管理机制进行了详细规定。此外，为保障项目实施的合规，亚行专门成立了问责机制，设立了特别项目协调员办公室（Office of the Special Project Facilitator，OSPF）、合规审查委员会（Compliance Review Panel，CRP）等独立的内审机构。

此案例中，当地居民及其代表组织"芝塔龙人民联盟"于 2011 年 1 月 4 日向亚行项目特别协调员办公室发起投诉，称并未收到任何拆迁补偿费用。接到投诉后，该办公室于同年 1 月 10 日将该投诉记录在案并于同年 2 月 5 日开展问题回顾与审查。调查发现，当地居民的补偿方式的确有违亚行的《非自愿移民导则》的相关要求。为此，亚行重新编制了移民框架方案，新方案主要根据以下几个原则编制：①项目移民特别是家庭条件较差的项目移民不会因此失去生计或更加穷困；②增加了各阶段与当地社区民众沟通的次数；③增加了额外的监管与评估机制。同时，亚行管理层编制了项目补救措施，使项目于 2014 年重新步入正轨。此后，合规性审查委员会于 2014 年审查了两次半年度监督报告，显示项目已恢复正轨。

2. 案例启示

亚洲开发银行作为国际开发机构，十分注重项目的环境与社会责任，在长期的项目开发过程中不断总结经验并援引世界银行相关规定及"赤道原则"[③]，形成了一套全面严谨

---

① 该运河为雅加达地区主要用水渠道，始建于 1966 年。

② Asian Development Bank. Proposed Multitranche Financing Facility and Administration of Grant and Technical Assistance Grant-Republic of Indonesia: Integrated Citarum Water Resources Management Investment Program [OL] http: // www.adb.org/projects/documents/integrated-citarum-water-resources-management-investment-program-rrp.

③ 赤道原则是一套由一些大型跨国银行与金融组织开发的非强制的自愿性准则，用于决定、衡量以及管理大型投资项目的社会及环境风险。详见：http: //www.equator-principles.com/。

的环境社会风险管理程序[1]。虽然这套程序有时在发展中国家或贫穷国家因附加条件多、程序复杂且有官僚主义而不接地气，但在设计层面显然能够有效地避免项目引发当地环境恶化与社会冲突，有利于项目的可持续发展与国际声誉。

图 3.8 为保证运河水质，西塔罗姆运河改造为从贝卡斯河段下方穿过

作为负责任大国，中国的企业在对外投资过程中应当以此为目标。2013 年 2 月 18 日，中国商务部与环境保护部联合印发了《对外投资合作环境保护指南》[2]，指导我国企业在对外投资合作中进一步规范环境保护行为，引导企业积极履行环境保护社会责任，推动对外投资合作可持续发展。作为企业，应认真学习指南精神，努力承担起应尽的社会责任与社会义务，这样才能在"走出去"过程中少走弯路，取得可持续的良性发展。

① Asian Development Bank. 2009. Safeguard Policy Statement. Manila，Philippines.
② 商务部，环境保护部：《商务部　环境保护部关于印发〈对外投资合作环境保护指南〉的通知》，2013-02-18。

第四章
老挝环境管理制度及案例分析^①

一、老挝基本概况

（一）自然资源

老挝人民民主共和国（以下简称"老挝"）位于中南半岛北部，是半岛北部唯一的内陆国家，北邻中国，南接柬埔寨，东临越南，西北达缅甸，西南毗连泰国，边界线长度分别为 508 km、535 km、2 067 km、236 km、1 835 km。老挝国土面积 23.68 万 km²，处于热带、亚热带季风气候地区，5 月至 9、10 月为雨季，11 月至次年 4 月为旱季，高原地区年平均气温约 20℃，平原地区年平均气温约 26℃。老挝全境雨量充沛，平均年降水量约为 2 000 mm。

老挝境内自然资源丰富，地处中国三江成矿带延伸部分，有锡、铅、钾盐、铜、铁、金、石膏、煤、稀土等矿藏。迄今得到开采的有金、铜、煤、钾盐、煤等，矿业占老挝年GDP 贡献的 10%，并且是老挝未来国民经济发展的重点方向。老挝同时也是森林资源较为丰富的东盟国家之一。据 2012 年数据，老挝森林面积约 1 700 万 hm²，全国森林覆盖率超过 40%，产柚木、花梨等名贵木材。其中，森林保护区、保育区面积约 1 300 万 hm²，经

---

① 本章由庞骁编写。

济林面积约 310 万 hm²。

老挝境内的水利资源情况特别值得一提。老挝是澜沧江-湄公河流域重要国家，境内的湄公河干流长度约 777.4 km，是湄公河下游水力资源最丰富的国家。湄公河干流流经首都万象，老挝与缅甸界河段长 234 km、老挝与泰国界河段长 976.3 km。老挝对其境内丰富水力资源的依赖程度很大，有长期的开发计划，也曾引起不少争议。如何推进老挝参与澜沧江-湄公河框架下的水资源与环境合作是值得探讨的问题。

（二）社会人口

老挝旧称寮国，历史悠久，曾于 1353 年建立澜沧王国，历经法国、日本等国的入侵，1975 年成立老挝人民民主共和国，实行社会主义制度，唯一政党是老挝人民革命党。人口总数约为 680 万（2015 年），包括 49 个民族，分属老泰语族系、孟-高棉语族系、苗-瑶语族系、汉-藏语族系，统称为老挝民族。通用老挝语。居民多信奉佛教，其中华侨华人约 3 万多人。由于城市化水平只有不到 30%（2007 年），老挝的人口密度是东盟国家最低的，约为每平方千米 24 人。据 2007 年数据，老挝人口的识字比率为男性 74%、女性 50%，人均寿命为男性 63 岁、女性 59 岁。

老挝全国共有 17 个省、1 个直辖市，全国自北向南分为上寮、中寮、下寮三大区。首都万象是全国的政治、经济、文化中心。北部的琅勃拉邦、中部的沙湾拿吉、南部的巴色市也是国内的主要经济中心。

（三）经济发展

老挝的经济总量约为 113.3 亿美元（2014 年），经济增长率达 7.8%，人均国内生产总值约 1 672 美元，人均年收入为 500 美元。老挝是世界经济最不发达国家之一，与中国经济互补性很大。其境内丰富的自然资源对国际投资有一定吸引力。由于气候原因，老挝的农业资源条件也得天独厚。老挝国民经济收入来源以农业和林业为主，其中 80% 的人口从事与农业有关的职业，经济发展严重依赖于自然资源，以传统农业耕作方式为主。

老挝的能源结构仍十分传统落后，木材占燃料总量的 90%，工业与服务业发展缓慢，但工业增长率仍能保持 10% 以上。

表 4.1 总结了近年老挝经济增长情况。

老挝近年来积极开展市场经济改革，其经济发展非常迅速，单就年均 GDP 增长而言已经列居亚洲乃至世界前列。其农业、林业增长占 GDP 增长的约 1/4。当然，这与老挝的经济总量基数较小有关，但其发展潜力仍不容忽视。

表 4.1   老挝近年经济增长情况

年份	经济总量/亿美元	经济增长率/%	人均 GDP/（美元/人）
2010	71.81	8.5	1 147.1
2011	82.83	8.0	1 301.1
2012	93.59	8.0	1 445.9
2013	111.89	8.5	1 700.5
2014	117.72	7.5	1 759.8
2015	123.27	7.0	1 812.3

数据来源：世界银行数据库。

二、老挝环境状况及主要问题

由于经济发展阶段较为初级，总体来说老挝的自然环境优美，空气质量很好，自然资源丰富，为国家经济社会发展带来了很大潜力。但是，由于环境保护能力不足，老挝存在着大量的潜在环境风险，特别是由于其国民经济对自然资源依赖度比较高，生态环境较为脆弱，国民生计极易受到极端天气如洪水、干旱等自然灾害影响。特别值得强调的是，环境污染与自然灾害对老挝的农村及低收入人群造成的负面影响更大。下面就老挝主要环境状况及问题进行探讨。

（一）大气环境

随着人口的不断增长，老挝水污染和空气污染程度也随之加大。老挝 80% 的国内能源消耗为木材和煤炭，并且经济落后的地区和家庭尤甚。林产品占老挝出口创汇比例的 41%。老挝北部多山的地形、较寒冷的气候、文化习惯及传统房屋的布局，使得室内烧柴、炭现象更普遍，并一直延续着刀耕火种的传统。在耕种季节对局部大气环境造成一定影响。这与山地居民的传统生活方式不无关系。

老挝山区的山民很多过着原始游耕生活，靠山吃山。在雨季后，山民们会砍伐一片森林，在旱季晒干，然后放火烧荒。雨季开始时，在覆盖着草木灰的山地上播种旱稻、玉米等作物，也不用科学的种植方式，导致土地产量迅速下降，两三年就要换一块地。

尽管近些年来，老挝政府已经下决心改变农村刀耕火种的落后面貌，而且也取得了成效。但是，农民们用火燃烧稻草和其他植物获得肥料的现象仍然普遍，所幸由于工业发展较慢，环境容量大，虽有负面影响但影响程度不大。

随着老挝经济的发展，汽车、工厂等也对空气产生着影响，只不过这种影响还未引起有关部门的重视。老挝的工业数量一直在不断上升，但基数较小。城市机动车的数量，尤其是摩托车，在过去的 10 年以超过 9% 的年增长率不断增长。大气污染主要来源于首都万象，那里有几乎全国一半以上的车辆。一些区域性跨境雾霾也会影响到老挝本土。但是大气污染并不是老挝最严重的环境问题，因此政府重视程度不够。

（二）水环境

老挝有丰富的水资源，全国有 20 多条流程 200 km 以上的河流，其中最大的是纵贯全国的湄公河。湄公河全长 4 800 km，是世界第十二大河流，每秒流量达 1.5 万 m^3，上游为中国的澜沧江，下游流经越、老、缅、柬、泰五国，即大湄公河次区域国家，在老挝境内河段长 1 877 km，干流长度约 777.4 km，湄公河沿岸肥沃的冲积平原，是老挝主要的农业发源地。湄公河流域覆盖了老挝总面积的大约 90%。除湄公河外，还有许多小溪流从老挝流向越南。

老挝是湄公河沿线的重要国家。由于较为落后的国家工业结构与经济发展水平，老挝的国民经济对自然资源依赖度较高，特别是对湄公河水利资源的利用需求很大。截至 2015 年，已建成 16 个发电量 10 MW 以上的大型水电站。

老挝河水流量随降雨量变化，主要季节分为雨季与旱季。其中雨季流量约占全年的 80%（5—10 月），旱季约占 20%。老挝中部和南部的河流在旱季水流量只占全年流量的 10%～15%。

老挝境内年均降水量约为 2 000 mm，北部地区平均 1 300 mm，南方平均 3 700 mm。老挝拥有地区内最高的人均水资源拥有量，每人每年约 35 000 m^3。相对而言，区域内其他国家如柬埔寨人均水资源拥有量约为 9 201 m^3，泰国和越南分别约为 3 344 m^3、4 690 m^3。老挝近年来旱涝灾害严重，因此十分重视气候变化与减灾工作，1996 年、1998 年和 2003 年老挝发生 3 次严重旱灾，1995 年、1996 年、2000 年、2002 年、2005 年、2008 年、2010 年均发生了洪灾，2006 年、2007 年遭遇台风，2009 年的凯萨娜台风席卷南部地区，2010 年全年降水量突升为 16 328 mm，南部地区山洪造成 7 人死亡，经济损失达 700 亿基普（约人民币 6 000 万元）。

地表水是老挝唯一的灌溉资源。老挝自然资源与环境部目前已开展了一些国际合作项目，推动可持续的灌溉。目前老挝用水竞争较小，估计年用水量为 10 亿 m^3，其中农业用水占 90%，居民生活和工业用水量分别占 4% 和 6%。水力发电是老挝未来经济发展的重要依托。目前，老挝有 9 个水力发电项目，总发电量为 624 MW，有 65%～80% 的发电量用于出口。

（三）土壤环境

由于老挝是农业国家，土壤环境质量对老挝国民经济有着直接影响。老挝国土面积 80% 属于高原和高山地形，适合精耕的土地估计有 190 万 hm^2，仅占土地总面积的 8%，包

图 4.1 老挝引入国际专家参与土地规划方案设计

括永久性牧场、可耕种土地和永久性耕地。可耕种土地主要由狭长的河谷和湄公河及其支流冲刷而成的肥沃平原组成。全国耕地面积约 74.7 万 hm^2，仅占土地总面积的 3.4%，其中 78%用于种水稻。

老挝人口密度较低，但用于耕种的土地资源的压力却迅速增大，土地的生产力正在持续下降。土壤侵蚀、化学品过度使用等是主因。土地利用不恰当，加上多山的地形，土地的贫瘠和高雨量使老挝绝大多数土地容易受到侵蚀。土地侵蚀夹杂着休耕期的缩短和杀虫剂的大量使用，导致了生产力降低和增加了对土地的需求。近年来，虽然农业人口仍占老挝大多数，但第二、第三产业的比重正在不断增加。

在土地规划方面，老挝加强涉及林业、农业用地的规划，在土地使用规划中加强公众参与。2007 年 10 月，老挝启动了综合空间规划（ISP）项目，旨在加强对空间与土地可持续利用的规划。2010 年，老挝在 4 个省份完成了 ISP 规划，2015 年，完成规划的省份增至 8 个。目前，老挝仍有 6 个省份正在积极开展规划。规划方案对土地利用、自然资源与环境保护、未来居住与工业用地、未来投资项目用地与使用用途等进行了综合规划，整体考虑了经济、社会与环境等用途。

（四）森林资源与生物多样性

老挝的森林资源与生物多样性资源紧密相关。老挝是东南亚生物物种最丰富的国家之一，森林资源十分丰富，森林面积为 9 824 700 hm^2，2002 年森林覆盖率约为 41.5%，2010 年增长到 46.6%，主要包括常绿林、混合落叶林、落叶林等类型（表 4.2）。

表 4.2 老挝森林类型

森林类型	面积/hm^2
常绿林	3 400 000
混合落叶林	5 680 000
落叶林	1 600 000
其他	480 000
合计	11 160 000

资料来源：http：//www.fao.org/docrep/005/ac778e/AC778E12.htm。

在中南半岛，老挝的生态系统十分多样，自然资源与生物物种非常丰富，且开发程度较低。根据世界自然保护联盟（IUCN）2006 年的统计，老挝国内已知物种包括 172 种哺乳动物，212 种鸟类，8 286 种高等植物，并不断有新物种被发现。表 4.3 是 2015 年 IUCN 红色名录中老挝、东盟国家与中国相关红色名录物种的对比。总体来讲，老挝丰富的生态系统孕育着丰富的生物多样性资源，但由于观测、统计能力有限，很多物种都未被记录在案，发达国家或国际机构组织的实地考察往往都会发现一些新的物种，甚至会发现一些已经被认为灭绝的珍稀物种。

表 4.3　老挝、东盟与中国 IUCN 红色名录物种数量对比

国别	哺乳动物	鸟类	爬行动物*	两栖动物	鱼类*	软体动物*	其他无脊椎动物*	植物*	总计
老挝	45	24	17	9	55	16	5	41	212
东盟合计	575	507	250	180	653	97	1 386	2 035	5 683
中国	74	89	43	88	131	15	61	568	1 069

资料来源：http://www.iucnredlist.org。
注：* 对植物、爬行动物、鱼类、软体动物及其他无脊椎动物等类别尚未完全统计。

2005 年，科学家在老挝发现了一种貌似老鼠的啮齿类动物，当地人称为"kha-nyou"，这种动物长了老鼠的脸和松鼠的身体。在发现之前科学家们一直以为在 110 万年前这种动物就已经灭绝了。此外，老挝的哺乳动物也很多，包括虎、豹、熊、犀牛、驼鹿、猴、松鼠、野牛等，还发现过十分罕见的白色野象。老挝的大象仅存不到 3 000 头，很多大象被驯化后用于在森林中运输木材。

湄公河老挝流域有 30 种鱼类在至少两个不同国家之间洄游。鱼类与其他一些小型水产品如蜗牛、青蛙、贝壳、甲壳类动物等是很多不发达地区家庭重要的蛋白质摄入来源，而过度发展渔业及大量的水利工程建设，对这些鱼类的繁衍造成了严重负面影响，老挝也因此受到很多国际环保组织的诟病。

目前，老挝生物多样性面临的主要问题包括毁林烧荒、过度捕猎、过度渔业与过度水利开发等。特别由于非法伐木、水电建设等原因，更使得老挝的树木、鱼类生物多样性严重减少。

（五）固体废物与城市废水处理

近年来，老挝城市产生的固体废物量不断增加。2004 年，老挝城市人均每天产生垃圾 0.75 kg。老挝年产生垃圾 27 万 t，主要来自万象等大城市。目前，老挝城市化快速发展对固体废物处理带来了越来越多的压力。老挝的固体废物处理能力比较初级，垃圾收集不充分、处理不科学，城市水体质量受到严重影响。根据对 57 个城镇的调查，只有万象和琅

勃拉邦、他曲、沙湾拿吉、巴色等城市处理固体废物使用垃圾填埋法，但处理的区域很小，而且没有沥出物的采集和监测井。而其他地方，随意倾倒和燃烧垃圾仍是处理垃圾的惯用做法，危险和易感染垃圾常常与城市垃圾一同处理。随着老挝旅游业的不断发展，酒店、餐厅、咖啡馆、民宿数量激增，城市产生的大量垃圾成了老挝地方环境部门面临的新挑战。

在老挝首都万象，市政府将垃圾处理业务交给了垃圾处理公司，居民按需处理的垃圾箩筐数量向垃圾公司缴纳费用。万象的固体废物处理方式局限于堆肥、填埋，一些有毒有害垃圾未得到有效处理。距离万象市 32 km 的万象垃圾填埋厂（当地人称"32 km 垃圾场"）目前占地 100 hm²，未来计划扩大到 750 hm²。

再以老挝著名旅游城市琅勃拉邦为例。琅勃拉邦位于湄公河左岸，距首都万象约 500 km，经济发展水平较高。自 2000 年以来，酒店、餐厅数量急剧升高（图 4.2）。

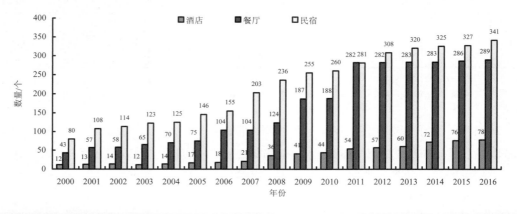

图 4.2　琅勃拉邦市酒店、餐厅与民宿数量

此外，由于琅勃拉邦属于世界文化遗产城市，城市发展建设受到老挝政府、国际组织的严格监督，城市排污基础设施建设进展缓慢，大量污水直排入自然水体，城市垃圾也未得到有效处理，只是简单填埋或露天堆放。

图 4.3　琅勃拉邦市湿地周边居民落后的排污方式

三、老挝环境管理机构设置和主要部门职能

（一）政府机构

老挝的环境管理机构为 2011 年成立的老挝自然资源与环境部。其前身为老挝水资源与环境局（WREA），并整合了部分国家土地管理局（NLMA）与农业与林业部（MAF）的职能。

目前，该部下属司局主要包括水资源司、环境司、气象水文司、大湄公河次区域秘书处、环境与社会影响评价司、水资源与环境研究院、土地资源司、土地政策与使用监督司、土地资源信息研究中心、土地规划开发司。2012 年，该部还成立了森林资源管理司。

老挝自然资源与环境部有两个主要职能，即自然资源的可持续管理与环境质量的保护。2016 年 1 月 18 日—22 日，老挝人民革命党第十次全国代表大会在万象召开，这次会议对于老挝未来发展有着重要意义。大会通过的决议中提出要保证老挝在 2030 年前实现绿色可持续发展，并提出：为实现绿色可持续发展目标，确保自然资源的高效利用与环境保护；对自然灾害与气候变化进行有效应对。以上这些目标的具体牵头落实机构就是自然资源与环境部。

此外，老挝还有很多部门参与到了环境保护工作中。老挝能源与矿业部（MEM）具体负责与采矿及能源开发相关的环境管理，包括参与一些水电的政策制订。老挝农业与林业部（MAF）负责森林与保护区、生物多样性保护等方面的工作。老挝工商部（MIC）进出口局（DIMEX）负责木材家具及其他农林业产品出口的管控。老挝公安部的经济警察、环境警察部门负责林业犯罪事件管理。此外，老挝总理办公室下还成立了国家环境委员会，由副总理担任主席，负责政府环境政策的建议与战略的制定。

（二）非政府组织

在老挝，由于经济发展水平与公众环境意识限制，本土的民间环保组织较少，国际非政府组织也多为发展援助类组织，较为活跃的环境领域非政府组织包括世界自然保护联盟（IUCN）、世界自然基金会（WWF）、国际野生动物保护协会（WCS）、全球环境研究所（GEI）等。

四、老挝环境保护法律法规及政策

（一）环境基本法

老挝于 1999 年正式颁布《环境保护法》。2013 年对环境保护法进行了修订，新修订的

《环境保护法》2013 年正式生效，该法共 9 章。

第一章：总则。包含法律的适用范围、相关定义与基本原则等内容。

第二章：环境退化预防。包含环境影响评价、技术应用、自然资源的保护与开发、生物多样性资源保护、文化历史与自然资源保护区、灾害预防等内容。

第三章：污染防治。包含污染定义、污染物类型、防治责任划分、防治目标等内容。

第四章：环境影响减缓措施与环境修复。包含环境影响减缓措施与修复基本定义、责任划分、灾后修复、气候变化适应等内容。

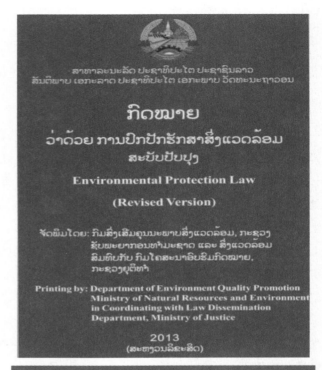

图 4.4　老挝的环境保护法

第五章：环境保护基金。本章规定了政府部门将设立环境保护专项基金，并规定了资金来源与用途。

第六章：环境国际关系与合作。本章规定了老挝开展环境国际合作、处理环境国际争议的原则。

第七章：环境管理与监测。本章规定了环境管理与监测机构的设立机制、各级环境管理监测机构的权利与义务、环境监察机制的设立机制等。

第八章：奖励与处罚。本章对个人及机构对环境造成影响的奖励与处罚进行了规定，其中处罚包括警告、罚款、补偿措施、刑事诉讼、附加处罚等类型。

第九章：最终条款。本章规定了法律生效日期与执行主体。

（二）环境影响评价及其他环境相关法律法规

老挝的环境保护法中明确规定了环评的职责分工、执行方式、参与部门等。2000 年，老挝出台了第一个环评条例，2010 年上升为《国家环评法令》（Decree）。法令规定了环评各阶段（申请阶段、项目建设阶段、项目运营阶段、结束阶段）的实施细则。

老挝政府将建设项目分为两类：第一类为对环境社会影响较小的项目，只需提交初步环境评估（IEE）报告；第二类为对环境社会有一定影响或影响较大的项目，需提交完整的环境影响评价（EIA）报告。具体流程见图4.5。

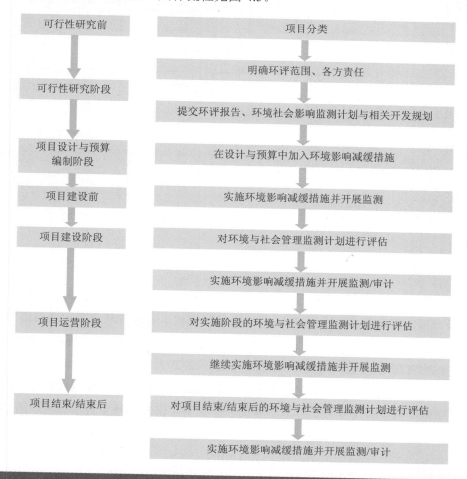

可行性研究前	项目分类
可行性研究阶段	明确环评范围、各方责任
	提交环评报告、环境社会影响监测计划与相关开发规划
项目设计与预算编制阶段	在设计与预算中加入环境影响减缓措施
项目建设前	实施环境影响减缓措施并开展监测
项目建设阶段	对环境与社会管理监测计划进行评估
	实施环境影响减缓措施并开展监测/审计
项目运营阶段	对实施阶段的环境与社会管理监测计划进行评估
	继续实施环境影响减缓措施并开展监测
项目结束/结束后	对项目结束/结束后的环境与社会管理监测计划进行评估
	实施环境影响减缓措施并开展监测/审计

图4.5　老挝环评流程

目前，老挝政府正在进行一系列环境法律框架的更新工作，包括对战略环境影响评价（SEA）的法案与导则的最终完善、对综合空间规划（ISP）法案与导则的起草、对排污费规定的更新、对环境标准的更新、对环境技术服务法规的更新，以及对环境友好技术及可持续生产消费相关指导意见的起草等。

在战略环境影响评价方面，老挝政府的环境管理支持项目（EMSP）在亚洲开发银行的支持下开展了战略环境影响评价研究，自2010年起举办了两期培训，并正在对战略环境影响评价法案终稿进行完善。目前，老挝自然资源与环境部正在积极寻找合作伙伴进行战略环评试点示范项目。

老挝环境领域法规很多，除传统的污染防治领域外，也涵盖了水利、林业、农业、工业等各个领域。

表 4.4 老挝部分环境相关政策法规	
法规政策名称	发布年份
经济林区可持续管理法案	2002
林业法	2007
关于环境标准的决定	2010
关于臭氧层消耗物质管理的决议	2012
关于工业与手工业锅炉管理的决定	2014
关于工业过程中大气污染物排放管理的决定	2015
关于有毒与危险废物管理的指导意见	2015
关于污染控制的指导意见	2015
老挝人民民主主义共和国国家自主共享文件	2015

(三) 环境管理政策

老挝颁布了国家环境战略（2006—2020）。目前，在该战略下已执行了两个五年计划（2006—2010、2011—2015）。2015 年，该战略增加了老挝自然资源与环境部面向 2030 年的愿景，成为了新的《国家自然资源与环境战略》（2016—2025），目前在新战略下已形成了老挝自然资源与环境第三个五年计划（2016—2020）。

老挝的可持续发展目标，就是通过绿色经济发展实现可持续发展与工业化，同时实现气候变化适应与减灾能力提升，使老挝成为一个拥有丰富的自然资源的绿色、清洁和美丽的老挝。

老挝自然资源与环境第三个五年计划（2016—2020）有 7 个核心目标，分别是：①制定土地管理规划；②制定森林资源与生物多样性管理规划；③制定地质与矿业资源管理规划；④制定水资源、气象与水文管理规划；⑤制定环境保护与气候变化规划；⑥制定区域与国际合作及一体化规划；⑦制定机构能力发展规划。

在其中第⑤点，即环境保护与气候变化规划中有 4 个重点项目，分别是环境质量改善项目（可持续城市、战略环评、环境友好技术、环境教育等）、污染监测与控制项目、环评及投资建设项目管理、气候变化适应与防灾减灾。

在国际合作方面，老挝于 1995 年加入了《湄公河流域可持续发展合作协定》（又称"湄公河协议"，由柬埔寨、老挝、泰国、越南 4 个湄公河下游国家共同签署）。此后，老挝围绕着水利发展与环境保护问题与其他流域国家开展了一系列博弈，旨在维持环境与发展的平衡。

近年来，老挝对可持续发展的重视程度越来越高，也越来越重视通过开展国际合作推动自身经济发展与国家治理能力，并高度重视发展与中国的关系。老挝的经济总量较低，但发展速度很快，未来具有相当的发展与合作潜力。

五、老挝环境管理案例

（一）沙耶武里水坝项目

1. 案例基本情况

自 1992 年起，亚洲开发银行（ADB）大力支持推动了"大湄公河次区域（GMS）经济合作"，合作领域包括交通、能源、通信、环境、人力资源开发等，旨在推动该区域经济发展。其中，能源合作特别是水电开发是其中的重点合作领域，也是争议最大的合作领域之一。1995 年 12 月，东盟领导人峰会提出开展湄公河流域合作开发的构想，并积极邀请中国、日本、韩国、亚洲开发银行和世界银行参与投资。根据该计划，中国、越南、泰国、柬埔寨和老挝五国计划在湄公河上建 12 座大坝，用于水力发电和协调农业灌溉。位于老挝境内的沙耶武里水坝是其中的第一个拟建项目。

由于湄公河对区域各自有着十分重要的社会、经济影响，泰国、越南、柬埔寨与老挝共同成立了湄公河委员会①，确保有关各国对湄公河水力资源的可持续开发利用。该委员会还负责审议相关国家湄公河开发项目的可行性与可持续性。

关于湄公河合作，有一个题外话值得一提。由于中国是湄公河上游国家，下游相关国家对中国的水资源开发相当关注，美国等西方国家也经常以此为由对中方加以指责。为此，中国提出了开展更为全面的澜沧江-湄公河合作机制（以下简称"澜湄机制"），并于 2016年在海南三亚举办了澜沧江-湄公河合作首次领导人会议②，一举回应了各方关切，做出了负责任大国的表率。

沙耶武里电站位于万象市以北约 350 km 处，总投资约 38 亿美元，设计发电量1 260 MW，坝高 49 m，长 830 m，可形成至少 60 km 长的蓄水库。2007 年，老挝政府与泰国 Ch. Kamchang 公司签署了关于建设沙耶武里电站项目的备忘录。2008 年 11 月，双方签署项目开发合同。但是，2010 年 8 月发布的项目环评报告饱受各方批评。该报告仅对水坝下游 10 km 范围开展了环境影响评价，而对整个下游地区的生态、鱼类迁徙、人居环境与生计等评估不足，引起了越南等国的严重关切，一些非政府组织对项目也提出了强烈批评。反对者认为过度开发水电项目会影响下游生态环境，破坏鱼类活动，同时威胁下游居民生活质量与用水安全。批评者认为，大坝对鱼类、沉积物和水流量可能造成的灾难性后果会影响泰国北部至越南境内湄公河三角洲流域的大批居民。

① http：//www.mrcmekong.org/.

② http：//www.gov.cn/zhuanti/2016lanmei2rivers-hezhuohuiyi/index.htm.

值得关注的是，美国国务院也就此发表声明，表示："目前，沙耶武里大坝对生态系统产生影响的广度和严重性都尚不清楚，该生态系统对数百万人的食物安全以及生计都有重大影响。"声明还称，湄公河下游国家如越南等对大坝将对湄公河水文以及生态造成的影响仍有疑虑。美国国务院表示，美方在对湄公河的可持续管理方面有很大的利益，"我们希望老挝政府能够遵守承诺与邻国合作，共同解决有关沙耶武里大坝尚未解决的问题"。而一直以来，美国被认为在幕后影响着湄公河委员会。

2011年4月，项目没有通过湄公河委员会的审议，并被要求开展进一步评估。此后，老挝政府聘请了一家欧洲咨询公司按照湄公河委员会的要求重启了评估。评估结果为项目应继续开展。该评估报告没有公开，但同样引起了反对方的争议和怀疑。此后，湄公河委员会一直搁置了该电站的建设，但实际上，湄公河委员会对老挝政府的约束力也是有限的。

一直以来，老挝政府不断推动工程的启动。各方进行了一年多的拉锯战后，老挝能源部于2012年11月5日表示，为平息邻国对大坝环境影响的担忧，大坝的修建方案已经做出修改，并取得相关国家的同意。老挝当局还表示，沙耶武里大坝将使该国成为"东南亚地区的电池"，届时老挝将有能力向周边的富裕国家售电。2012年11月7日，老泰两国举行开工仪式。此后，老挝政府采取了一系列措施降低该大坝建设对其声誉的影响。比如，老挝政府于2013年召开记者发布会，公布了该工程在建设过程中对环境无恶劣影响的数据，并邀请湄公河委员会成员国代表参观建设情况。

目前，大坝正在按计划建设，该大坝预计将于2020年完工。

2. 案例启示

耶武里大坝曲折的建设过程充分体现了东南亚地区特别是湄公河流域地区错综复杂的国家利益关系和利益格局，也体现了东南亚国家处理国际敏感事务的特点和智慧。作为落后国家，老挝国内大型工程项目的建设高度依赖世行、亚行等国际开发机构及中、日、韩、美等大国的投资、贷款与援助，而湄公河在老挝境内的水电开发潜能将为老挝带来现实的国家利益。当这一切与其他国家利益及地区环境可持续发展产生潜在冲突时，项目建设方似乎曾试图通过"暗箱操作"的方式通过项目环评并开展施工，但没有成功。当此项目造成了很大的国际影响时，项目建设方通过一系列符合国际舆论期待的做法，迂回地推动了项目动工，并最终事实上成功启动了项目建设。然而，此项目仍然面临着不佳的国际声誉。

图片来源：http://www.ch-karnchang.co.th/en/#/project/detail/112/energy-xayaburi-hydroelectric-power-project。

图 4.6　沙耶武里大坝施工场景

　　水电项目是中国企业"走出去"的强项，然而，我们在这个领域得到了不少教训，遇到过一些挫折。沙耶武里大坝事件一时间在国际社会中沸沸扬扬，与中国企业承建的缅甸密松水电站等项目有一些相同之处，可以给我们一些启示。

　　打铁还需自身硬。作为企业，首先要遵守当地法律法规，不要想当然地以为这些发展中国家可以通过"走关系""打通关节"等手段走捷径来减小建设项目环境管理与社会管理成本。一方面，遵守当地法律法规、担好企业社会责任是"走出去"企业的职责，代表了企业的长期声誉，也代表了中国企业的国际形象；应当以国际企业的高标准要求自己，以更好的工程质量完成发展中国家项目，"受人之托则忠人之事"，不仅对项目建设负责，还要对当地社会抱一颗高度责任心。另一方面，东南亚国家与中国几十年前的情况还不同，虽然政府贪腐严重，但美、日、韩等西方国家的影响力巨大，很多社会组织与环保组织都是欧美国家长期资助的对象；在西方主流媒体的影响下，甚至在本国政治斗争的需要下，一些环保组织对中国企业的建设项目特别关注，如果建设过程中通过一些不合规手段搞"猫腻"，可能很快就会被广泛宣传，造成恶劣的舆论影响，有时还会造成一些项目的延期甚至停建。因此，即使在欠发达国家，企业也不应报任何侥幸心理，"走捷径"有时就是在"走弯路"。还是那句话，打铁还需自身硬，要用自身过硬的技术水平和扎实的建设质量赢得市场。当然，与当地政府、社会组织与民众多开展互动、建立友好的日常关系也很重要。

（二）老挝南累克水电工程项目

1. 案例基本情况

南累克（Nam Leuk）水电工程是老挝国家水电网络的重要组成部分，位于老挝中部万象省，距万象市约 150 km，南累克工程完工较早，电站装机容量 60 MW，年均发电量 215MW·h。

工程主要由一座高 51.5 m 的黏土心墙堆石坝、宽 60 m 的开敞式溢洪道、宽 75 m 的第二溢洪道、长 2.7 km 的 Nam Poun 输水系统、电站取水口、长 2.8 km 的发电引水洞、调压井、压力管道、主副厂房、尾水渠等组成。同时，合同范围还包括 38 km 的升级公路和 39 km 的新建进场公路等。工程于 1996 年 12 月 26 日发布开工令，计划 1999 年 9 月 1 日第一台机组发电。该工程由亚洲开发银行、日本国际协力银行、老挝政府和老挝电力公司（EdL）共同提供资金。老挝电力公司为电站建设工程的执行机构与日常管理机构，工程咨询机构为法国的索格雷阿公司（SO GHAR）公司。中国水利水电第十工程局（以下简称"水电十局"）参与了项目部分标段的土建工程。

在项目建设过程中，作为中国"走出去"企业的水电十局在该工程施工初期就遇到了严重问题。首先，工程地处原始森林地区，荒无人烟，项目建设场地前期的通水、通电、通路、通信等一无所有，建设单位需要在工期内同期从头开展生活基础设施建设，先生产再生活，生活条件极其恶劣。其次，老挝地处热带，热带雨林内常年气温在 32℃ 以上，气候条件恶劣，中方工人十分不适应，而且当地旱、雨季分明，只能在旱季 6—7 月施工，工期十分紧张。再次，工程量很大，工程又相对分散，所有器材、劳动力当地都不能解决，严重影响生产进度。最后，水电十局当时缺乏国际工程经验，1996 年 12 月底开工后，1997 年 1 月底设备才进场，1997 年 1 月部分人员到场，1997 年 2 月开始在原始森林中修筑进场公路，3 月即开始主体工程的部分施工，同时展开临建设施的兴建。工程进展至 4 月中旬，由于雨季提前两个月来临，沿线道路基本中断，主体工程被迫全面停工。此外，由于前期衔接不到位，工程处于老挝 Phou Khao Khouay（PKK）国家公园的中部，违反了贷款方亚洲开发银行的环境与社会安全保障原则，项目于 1997 年 5 月受到亚洲开发银行的书面警告，面临被迫中断退场的危险。事实上，1997 年 6 月起项目的施工就终止了。在新水库的周边地区，因老挝当地的人口增长，环境质量严重恶化。工程无疑加剧了当地环境压力，在亚行的压力下不得不停工重新进行环境管理规划与设计。

图片来源：中国水利电力对外公司，http：//english.cwe.cn/show.aspx？id=1854&cid=22。

图 4.7　南累克水电站建设场景

根据水电十局时任副局长的回忆，当时员工对工程前途"普遍失去信心，管理混乱，项目几乎处于瘫痪状态，而且职工干部不愿留下工作，强烈要求回国，工作难以展开"。

在工程停工两个多月后，亚行向老挝派出了一个高层贷款审查团，对现场情况进行评估。评估后，各方均认为工程应该继续施工，但必须首先解决好现场出现的各种问题。为此，亚行专家组制定了两个行动计划，一个用于解决施工管理问题，另一个用于解决环境和社会问题。

在施工方面，计划指派了一名来自瑞士 Colence 电力工程公司的施工专家参与工程建设，派驻了常驻现场的总工程师，并增加了亚行现场审查的频率。同时，项目施工单位水电十局也开展了一系列补救措施，重新聘用了项目负责人，重新调整了基层领导班子和队伍建制，替换了 10 余名科队级干部，制订了统一的人、财、物分配制度，还与所有民工补签经济合同，并多次召开员工大会，稳定现场干部和工人情绪，坚定信心。

在环境和社会影响方面，项目开展了多项补偿措施，主要包括：①在项目中设立定额储备金账户，以便老挝电力公司快速解决环境与社会补偿所需的小额资金与赔偿金。②为 PKK 国家公园提供了一名保护区顾问，拟定了专业管理规划，提升了保护区管理水平，修建了新游览中心，增加了 PKK 国家公园吸引力。③保持水库水质，水库维持了有暹罗鳄及多种稀有鸟类的水生生态系统。④重新安置受水库影响拆迁的 16 户当地村民。⑤受影响的下游居民优先获得就业机会。⑥为受影响的 3 个村子修建 1 座学校、不受河流影响的供水设施、跨河桥梁以及新的灌溉系统。⑦通过村咨询委员会解决工程小范围影响问题。期间，相关 NGO 还前往当地进行了深入调查，并与当地居民广泛接触，确保项目无长期的环境与社会影响。

2. 案例启示

此案例具有非常典型的意义。工程开始因违反了亚洲开发银行贷款的相关安全保障政策，而造成了贷款中断，并直接造成工程停工。为此，各方积极采取补救措施，且工程设计单位得到亚行的一系列强有力的技术和财政支持，在额外增加了约 30%工作量的基础上，工程得以按时竣工，并能够按照合同要求，在 1999 年即开始产生发电收益。此外，项目总体的工程费用还比预计少了 9.3%。

"一带一路"建设将带动中国与周边发展中国家的产能合作，推动中国的服务业与制造业走出国门。对于企业来说，"走出去"将促进企业的发展壮大与国际化发展，是企业转型升级的重大机遇。然而，我们也应清醒地看到企业"走出去"过程中的种种困难与挑战。虽然时间较久远，但案例中中国企业遇到的困难是每一个"走出去"企业都可能遇到的：气候条件、生活条件不适应，施工基础设施缺乏、当地工人雇佣困难，国际经验少、对当地法律法规不了解，缺乏对施工环境的基本了解。目前，我们的企业都不缺乏"走出去"的决心，但客观来讲，尚对"走出去"需要的各类信息缺乏了解。当然，"摸着石头过河"的精神是我国改革开放初期留下的宝贵精神财富，但在信息化高度发展的今天，有很多的优秀经验与现有资源可供我们学习参考，没有必要再走事倍功半的老路。

首先，针对不同的工程类型与业务领域，我们的企业需要对当地市场的情况有所了解，储备适量的语言与专业兼备的复合型人才。其次，要充分了解当地的法律法规情况与相关施工管理要求以及财务管理制度，甚至可以事先聘请当地咨询公司参与项目可行性研究。"走出去"并不是单纯的技术与生产模式"搬家"，还要让中国企业的各项特长能够"落地"转化为在当地市场的竞争力，并且符合当地的法律法规、行业标准甚至社会文化氛围。因此，增加项目前期的调研、咨询投入，充分进行可行性论证研究是"磨刀不误砍柴工"的必要投入，能够有效降低投资风险。最后，一些国际化项目的贷款往往由国际开发机构提供（如亚行、世界银行及我国倡议成立的亚洲基础设施投资银行等），这些机构对贷款方项目实施的环境与社会风险有着一整套的要求，充分了解、运用这些国际化组织的规则也能有效避免投资风险，有意愿进行"走出去"的企业应对此多加学习了解。

第五章
马来西亚环境管理制度及案例分析①

一、马来西亚基本概况

(一)自然环境

马来西亚联邦,简称马来西亚或大马(Malaysia),是一个集半岛与岛屿特征的海洋国家,地处太平洋和印度洋之间,北纬 1°～7°,东经 97°～120°,居东南亚的核心地带,全境被中国南海分成东马来西亚和西马来西亚两部分。西马来西亚为马来亚地区,位于马来半岛南部,北与泰国接壤,西濒马六甲海峡,东临中国南海,东马来西亚为沙捞越地区和沙巴地区的合称,位于加里曼丹岛北部,与印尼、菲律宾、文莱相邻。

马来西亚靠近赤道,终年炎热、潮湿、多雨,属热带雨林海洋性气候,无明显季节变化,是个具有"永恒夏天"和"永恒阳光"的地方。全年平均气温为 26～32℃,内地山区年均气温为 22～28℃,沿海平原为 25～30℃。年温差较小,日温差较大,白天炎热,夜晚比较凉爽,几乎每天午后都有一场骤雨,故有"四季是夏,一雨成秋"之说。境内河流密布,但大河很少。位于东马的拉让河是全国第一大河,海岸线曲折,总长 4 675 km。西马西南部是著名的马六甲海峡,水道狭长,是连接太平洋与印度洋的重要海上通道。有岛

---

① 本章由张楠编写。

屿 1 007 个，大部分面积较小。较大的岛屿有兰卡威岛、刁曼岛、乐浪岛和邦喀岛。

（二）社会人口

马来西亚是东南亚国家联盟（ASEAN）的创始国之一，首都吉隆坡。总人口 2 717 万（马统计局，2007 年 6 月 30 日）。其中马来人占 68.7%、华人占 23.2%、印度人占 6.9%、其他种族占 1.2%。马来语为国语，通用英语，华语使用较广泛。伊斯兰教为国教。国土面积 329 758 km^2，其中西马 13 万多 km^2，东马 19 万 km^2。

全国分为 13 个州和 3 个联邦直辖区，包括西马的柔佛、吉打、吉兰丹、马六甲、森美兰、彭亨、槟榔屿、霹雳、玻璃市、雪兰莪、丁加奴以及东马的沙巴、沙捞越。另有吉隆坡、布特拉加亚和纳闽 3 个联邦直辖区。

马来西亚对外关系奉行独立自主、中立、不结盟的外交政策。视东盟为外交政策基石，优先发展同东盟国家关系。重视发展同大国关系。系英联邦成员，与其他成员国交往较多。已同 131 个国家建交，在 83 个国家设有 105 个使领馆。

大力开展经济外交，积极推动南南合作，反对西方国家贸易保护主义。1998 年主办了第六次亚太经济合作组织（APEC）领导人非正式会议。主张 APEC 保持松散的经济论坛性质，反对其发展为地区性集团。重视东亚合作，倡导建立东亚共同体。1997 年主办了首届东盟与中、日、韩（10+3）领导人非正式会议，2005 年年底主办首次东亚峰会。积极致力于东盟自由贸易区建设和湄公河盆地经济开发合作。

积极发展同伊斯兰国家和不结盟国家关系，关注伊斯兰事务。主张伊拉克战后重建应尊重其主权独立和领土完整，并符合伊拉克人民意愿。在中东问题上，认为巴勒斯坦人民的斗争不是宗教对抗，而是捍卫领土主权，独立的巴勒斯坦国应得到国际社会承认。2006 年多次以伊斯兰国家会议组织和不结盟运动主席国身份召集会议，并致信联合国秘书长和安理会各常任理事国，寻求对伊拉克问题和中东问题公正合理的解决。

主张维护联合国作为核心国际组织的地位，关注建立国际政治经济新秩序问题。马来西亚于 2004 年 5 月当选 2005—2007 年联合国人权委员会委员；于 2006 年 5 月、2010 年 5 月两次当选人权理事会成员，每届任期 3 年；于 2014 年 10 月当选 2015—2016 年联合国安理会非常任理事国。

（三）经济发展

马来西亚是一个新兴的发展中国家，目前经济发展水平在发展中国家中处于中上等，经济发展水平居东盟国家前列。在 20 世纪 70 年代以前，马来西亚的经济以农业为主，依赖初级产品出口。70 年代以来不断调整产业结构，大力推行出口导向型经济，电子业、制造业、建筑业和服务业发展迅速。同时实施马来民族和原住民优先的"新经济政策"，旨在实现消除贫困、重组社会的目标。80年代中期受世界经济衰退影响，经济一度下滑，后采取刺激外资和私人资本等措施，经济明显好转，连续10年保持8%以上的高增长率。1991年提出"2020宏愿"的跨世纪发展战略，旨在于2020年将马来西亚建成发达国家。重视发展高科技，先后启动了"媒体超级走廊""生物谷"等项目。近年来，通过稳定汇率、重组银行企业债务、扩大内需和出口等政策，经济取得较快增长。在保持经济持续稳定增长的同时，着力控制财政赤字，将重点转向农业等基础产业建设，带动乡村发展。积极推动消费和投资，将私营经济作为国家经济增长的新支柱。鼓励发展旅游、教育事业，实现经济多元化。

马来西亚自然资源丰富。农业以经济作物为主，橡胶、棕油和胡椒的产量和出口量居世界前列。2013年，棕油产量为1 922万t，同比增长2.3%。原棕油全年平均本地交易价格为每吨2 371马币，同比下降14.2%。棕油出口1 782万t，同比下降0.4%，出口金额417.7亿马币，同比下降21.3%，占出口总额的5.8%。其中对中国出口365万t。

2012年以来，由于主要市场需求减少，马来西亚出口下降，经济增长主要靠强劲的内需以及投资拉动。在私人领域稳定支持下，国内消费和投资持续扩张，不断推动经济增长。2012年和2013年，马来西亚GDP分别增长5.6%和4.7%。期间，马来西亚加快实现"2020宏愿"，稳步推进经济转型计划重点项目，部分措施包括自2014年1月起在全国实施最低工资，以及于2015年4月开征6%的货品和服务税（GST）。受外部经济环境复苏和内需持续增长的刺激，世行预估2014年马来西亚经济将增长5%。随着时间的推移，马来西亚政府早前采取的降低补贴以削减财政赤字的政策将对国内消费产生一定的影响。同时，马来西亚政府继续推行经济转型计划，尤其是其中的基础设施项目将有利于刺激投资继续增长。

在《2010年世界竞争力报告》中，马来西亚从上年的排名18跃升8位，跻身全球最具竞争力国家和地区排名中的第10名，这将吸引更多海外投资注资马来西亚。其他九大最具竞争力的国家和地区为新加坡、中国香港、美国、瑞士、澳大利亚、瑞典、加拿大、中国台湾和挪威。这意味着马来西亚已超越许多发达国家和地区，如丹麦、荷兰和卢森堡。

二、马来西亚环境现状

（一）水环境

1. 水环境概况

马来西亚年平均降雨量为3 000 mm，年地表径流总量为5 660亿 m³，入渗到地下的地下水量约为 640 亿 m^3，每年可获得的水资源总量约为 5 800 亿 m^3。

世界资源研究所（World Resources Institute）的评估表明，2007 年马来西亚平均每人每年可再生水供应量为 22 100 m^3，比 2006 年的 22 484 m^3 约下降 2%，到 2025 年，马来西亚年人均水量将下降到 10 000 m^3。

马来西亚的水资源主要源自其 150 多个河流流域，全国用水的 98%是取自河流（余下的来自地下水）。近十余年，马来西亚的河流系统遭到破坏和退化，水资源质量显著下降，主要源于对废物和有毒物质的不合理排放、水资源流域的非可持续发展。受污染河流主要分布在经济比较发达的地区。

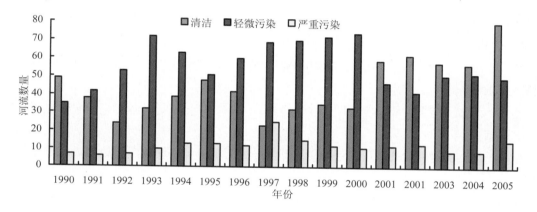

数据来源：马来西亚水业行业指南 2007。

图 5.1　马来西亚河流流域污染趋势（1990—2005 年）

2．主要治理措施

马来西亚将水资源的利用和保护列为国家发展战略之一。马来西亚联邦政府 2009 年财政预算的重点是为每个马来西亚人提供清洁的水资源条件，政府支出 8 500 万美元用于更新其农村的水供应设施。联邦政府在给水工程上为州立政府提供软贷款，贷款金额已超过 80 亿马币。联邦政府也为污水治理产业提供大量的资金支持。

马来西亚于 2007 年建立了国家水务委员会（Suruhanjaya Perkhidmatan Air Negara，SPAN）。国家水务委员会相对独立地规划管理国家水业发展，监督规范国家水务机构和企业。国家水资源管理仍然由联邦政府负责。州立公共事务部、州立给水部、州立给水集团、公司或私有企业承担各州给水工程的发展、运行与维护任务。在给水工程由州立给水集团或私有公司承包的地区设立有给水工程监管机构。马来西亚的污水处理于 1994 年被民营化，污水处理服务的运行和维护已被特许给英达丽水集团公司（Indah Water Konsortium）管理（除新山、吉兰丹、沙巴、沙捞越地区），并由污水处理服务部监管。

经济的快速发展促使污染治理产业的市场需求不断扩大。近年马来西亚的污水治理业得到快速发展。为了确保地表水源的安全，马来西亚政府建造了 55 个单用途水坝和 17 个多用途水坝，总的蓄水能力为 300 亿 m^3。英达丽水集团公司为马来西亚建造了有效的污水管理系统，该系统包括约 8 000 个公共污水处理厂、500 个网络泵站、17 000 km 的地下污水管道、50 万个家庭化粪池，组成庞大的污水处理网络。2006 年 2 月，马来西亚的能源、水资源与通信部（Ministry of Energy，Water and Communication）投资了 11.3 亿美元在吉隆坡、森美兰、马六甲建造了 4 个氧化沟污水处理厂，总容量为 40 000 m^3/d。

面对在水资源管理方面的挑战，马来西亚计划采取的措施有：

（1）兴建跨流域、跨州调水工程以解决供水需求迅速增长且空间分布不均匀的问题。现在已经投入建设的工程有"彭亨-雪兰莪州调水工程"（the Pahang-Selangor Raw Water Transfer Project，2015 年完工，调水量 2 260 000 m^3/d）等。

（2）应用《雨水管理指南》（Storm Water Management Manual），缓解供水压力，改善供水质量。

（3）通过建设独立监管机构、政策透明化、改革税收形式、加强公众参与等途径规范国家水业。

（4）建设新的污水处理厂和污泥处理设施，对已有污水处理和污泥处理设施进行维护、翻新。

（5）加强污泥在工业、农业等行业再利用领域的研究与探索，改善国内因为固体废物管理产业相对落后造成污水处理厂产生的大量可再生利用污泥由于没有销售市场最终被填埋的局面。

（二）大气环境

1. 空气质量概况

马来西亚没有大气环境质量标准，但是政府于 1988 年建立了马来西亚推荐大气环境质量导则（Recommended Malaysian Air Quality Guidelines）（表 5.1），其中规定了几种空气污染物的浓度范围。其中"平均时间"指的是对应的污染物浓度被监测并上报的周期。

马来西亚空气监测站为 CO、NO_2、O_3、SO_2 以及 PM_{10} 设立了 51 个连续监测点，铅浓度则由两个监测点每 6 天测定一次。几种污染物 1998—2006 年的浓度变化趋势如图 5.2 至图 5.6 所示。

表 5.1 马来西亚推荐大气环境质量导则

污染物	平均时间	推荐浓度范围	
		10^{-6}	μg/m^3
臭氧，O_3	1～8 h	0.10～0.06	200～120
一氧化碳，CO	1～8 h	30.0～9.0	35～10 mg/m^3
二氧化氮，NO_2	1～24 h	0.17～0.04	320
二氧化硫，SO_2	1～24 h	0.13～0.04	350～105
颗粒物质，PM_{10}	24 h～1 a		150～50
总悬浮颗粒，TSP	24 h～1 a		260～90
铅	3 个月		1.5
尘降	1 a	133 mg/（m^2·d）	

	1998	1999	2000	2001	2002	2003	2004	2005	2006
浓度	41	41	40	44	50	44	48	49	49
监测点数目	37	45	50	50	50	51	51	51	51

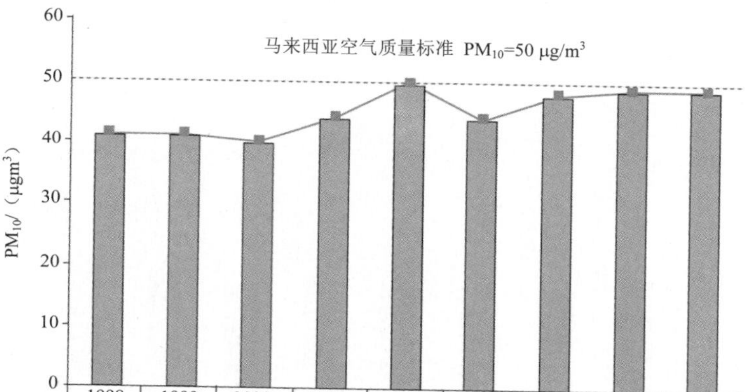

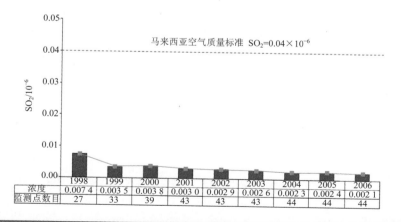

图 5.2 年平均颗粒物浓度（1998—2006 年）

	1998	1999	2000	2001	2002	2003	2004	2005	2006
浓度	0.007 4	0.003 5	0.003 8	0.003 0	0.002 9	0.002 6	0.002 3	0.002 4	0.002 1
监测点数目	27	33	39	43	43	43	44	44	44

图 5.3 年平均二氧化硫浓度（1998—2006 年）

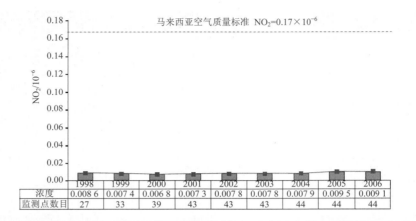

图 5.4　年平均二氧化氮浓度（1998—2006 年）

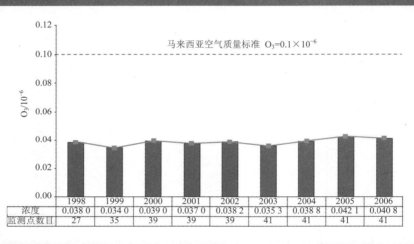

图 5.5　年平均每日最大时臭氧浓度（1998—2006 年）

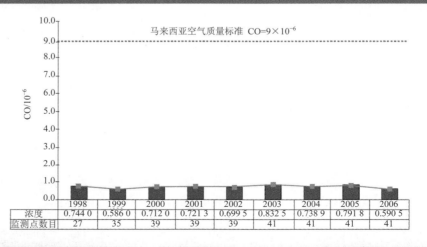

图 5.6　年平均 CO 浓度（1998—2006 年）

马来西亚采用空气污染指数（Air Pollutant Index，API）来表示空气质量。马来西亚的 API 系统是参照美国污染标准指数（Pollutant Standard Index，PSI）建立的。监测站主要测定 5 种污染物：悬浮颗粒物（PM_{10}，每 24 h 测定一次）、二氧化硫（SO_2，每 24 h 测定一次）、二氧化氮（NO_2，每小时测定一次）、一氧化碳（CO，每 8 h 测定一次）以及臭氧（O_3，每小时测定一次）。每种污染物的浓度都可以通过特定的计算方法算得一个小时污染指数（Hourly Index），其中数值最大的小时污染指数被确定为该小时 API 的值。

表 5.2　API 指数与对应的空气质量

API 范围	空气质量
0～50	好
51～100	一般
101～200	差
201～300	很差
301 以上	有毒

2. 空气污染源

马来西亚的经济增长主要建立在制造业、化学工业和橡胶工业的基础上。近年来马来西亚的工业蓬勃发展，随之而来的是一系列空气污染问题。马来西亚的大部分工业区都建造在森林附近或无人居住的地区，例如，雪兰莪州的 Shah Alam 工业区建造在森林附近，为了开辟空间树木被大量砍伐。带来的后果不仅是森林供氧量大幅减少，而且这些工厂排出的有毒气体大量扩散，严重影响了随工业区迁来的大量人口的健康。

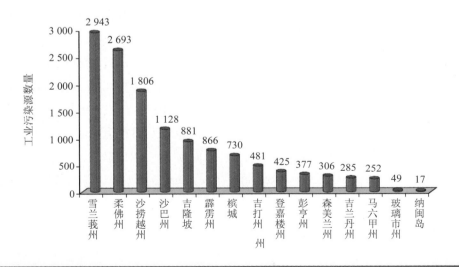

图 5.7　2006 年马来西亚大气污染各州工业污染源

马来西亚机动车数量的不断增加也加重了其空气污染。2004 年一年马来西亚新注册的汽车就有 14 000 000 辆，几乎是 10 年前的两倍。由于居民收入的增加，城乡移民以及有效公共交通工具的匮乏，致使这个数字还会进一步增长。

目前，马来西亚用来发电的能源有 14% 来自水电厂，还有 86% 来自传统化石燃料的燃烧，如天然气、石油和煤。化石燃料的使用会造成大量空气污染物的排放。

表 5.3　2004 年马来西亚主要污染物排放及各污染源贡献

污染物	总排放量/t	交通	工业	发电	其他
CO	1 280 164	98%	1%	1%	—
SO_2	169 796	7%	23%	57%	13%
PM_{10}	29 960	31%	23%	45%	1%
NO_2	305 401	59%	31%	7%	3%

居民住宅主要是通过消耗大量能源来间接污染空气。同时，家庭使用的电冰箱、空调等排放的氟利昂是重要的空气污染物之一。

由于人口和经济不断增长，国内固体废物处理处置产业发展相对缓慢，大量超出处理处置设施容量的固体废物被非法开放式焚烧，排放大量的污染物质和热量。

3．主要治理措施

马来西亚政府主要从以下几个方面开展大气污染控制：加强对国家可持续发展战略的规划与实施，加强公众教育，对自然资源与环境进行有效管理，预防和控制环境污染与环境退化，制定并实施具体行动计划等。马来西亚第九个五年计划（2006—2010）中特别提到：国家将建立并实施一套新的清洁空气行动计划（Clean Air Action Plan）。该计划主要涉及能源、交通运输、工业、土地利用、公众意识、科学研究、相关信息技术等领域，具体方向和行动目标如下：

（1）减少交通运输环节的废气排放。修正机动车废气排放标准：对柴油车采用 EURO2 标准，对汽油车采用 EURO3 标准；改进燃料质量：将柴油中的含硫量由 $3\ 000 \times 10^{-6}$ 降至 500×10^{-6}，将汽油中的含硫量由 $1\ 500 \times 10^{-6}$ 降至 500×10^{-6}；建设有效的公共交通系统，减少每乘客每公里废气排放量、每车每公里废气排放量以及燃料消耗量。

（2）减少工业环节的废气排放。促进清洁生产，实行"4R"概念：减量化、再利用、再循环、能源回收（Reduce、Reuse、Recycle、Recovery），鼓励采用清洁或可再生能源，等等。

（3）增强公众意识。加强公共宣传，在学校开设专门课程等。

（4）建设国家环境信息库及信息网络，改进国家大气环境监测，改进相关科学技术等。

马来西亚政府在尾气减排方面做出了很多的努力。马来西亚在机动车尾气减排方面的法律法规有：《环境质量（柴油发动机排放控制）法规 1996》（Environmental Quality（Control of Emission from Diesel Engines） Regulations 1996）、《环境质量（汽油发动机排放控制）法规 1996》（Environmental Quality（Control of Emission From Petrol Engines）Regulations 1996）、《环境质量（机动车汽油中铅含量控制）法规 1985》（Environmental Quality（Control of Lead Concentration in Motor Gasoline）Regulations 1985）、《机动车（阶段性监察设备及监察标准）法规 1995》（Motor Vehicles（Periodic Inspection Equipments and Inspection Standard）Rules 1995）。

依据以上法律法规，马来西亚在全国范围发起了一系列针对机动车尾气减排的项目。主要分为以下几类：

（1）柴油车尾气排放控制。1995 年，马来西亚发起了针对现存柴油车过量排放黑烟的"区域观察与卫生监督"项目（Area Watch and Sanction Inspection，AWASI）相关部门的视察车辆在各地区道路上观察过往柴油车的尾气排放情况，并随时停车检查疑似排放超标的车辆。为了减少柴油车尾气排放，马来西亚政府建立了"Approved Facility"机制。"Approved Facility"指经过官方认证的、配备完整设备器材的、具有检测机动车辆尾气排放功能的设施或地点。该机制的建立便于机动车所有者，特别是运输车队的负责单位以政府规定的频率对自己汽车的排放情况进行检测。经营加油站、机动车检修站、服务站等机构的个人和公司也被要求申请 Approved Facility。要获得 Approved Facility 认证，需具备政府规定的烟度计、CO/HC 气体分析仪、专业操作人员等。马来西亚环境部为符合要求的相关申请单位颁发"Approved Facility"证明。

（2）阶段性监察。道路交通局（the Road Transport Department）1995 年宣布施行的机动车（阶段性监察设备及监察标准）法规中推出了马来西亚机动车监察项目，重点监察机动车的安全和尾气排放情况。然而，目前阶段性监察对象只局限于商务车（占机动车总量的 11%）；商务车需每年接受两次检查。绝大部分机动车的尾气排放仍然不合规。

（3）分阶段削减汽油中铅含量。马来西亚政府于 1985 年实施了《环境质量（机动车汽油中铅含量控制）法规》，制定了削减汽油铅含量的阶段性目标，具体实施情况如下：第一阶段（1985 年 7 月始）将平均铅含量由 0.84 g/L 降低到了 0.5 g/L，第二阶段（1990 年 1 月始）将平均铅含量降低到了 0.15 g/L，第三阶段（1991 年始）几乎所有的原油公司都开始生产无铅汽油，第四阶段（1997 年始）全国市面销售的汽油 82% 已不含铅，第五阶段（1998 年始）政府宣布开始全面除铅。

（4）天然气作为替代能源。马来西亚环境部一直在鼓励使用天然气作为机动车特别是城市公共交通工具的替代燃料，并采取了一系列措施。如对相关设施进行税费减免、压低天然气价格使其低于柴油，并对使用天然气的车辆进行路费减免等。目前吉隆坡已有 1 500

多辆机动车（多数为出租车）转为混合动力车，1 000 多辆机动车已经开始单独使用天然气作为燃料，并建设了近 20 所天然气充气站。

（5）规范摩托车尾气排放。目前马来西亚摩托车数量占机动车总量的 50%。环境部建立了基于 EURO 1（97/24/EC）的摩托车尾气排放标准。

此外，马来西亚于 1989 年签订《蒙特利尔公约》，于 1999 年出台了《环境质量（制冷剂管理）法规》，并于 2004 年作了修订。在每年 9 月 16 日"国际臭氧层保护日"，马来西亚都会积极举办全国性的公众活动，对公众进行科普和教育，提高公众保护臭氧层的意识，促进对氟氯化碳等物质的禁用。

（三）生物多样性

马来西亚地处热带，自然条件优越，森林资源极其丰富，动植物品种极其繁多，其生物多样性及特有性在世界排名第 21 位。

马来西亚的生物多样性主要依托于丰富的森林资源。1995 年马来西亚森林面积约为 18 910 000 km^2，占国土总面积的 57.5%。按生态地理条件可划分为龙脑香林、低地沼泽林、沿海红树林、人工林。其中，龙脑香林 16 410 000 km^2、低地沼泽林 1 690 000 km^2、沿海红树林 620 000 km^2、人工林 190 000 km^2。为便于林业保护，马来西亚政府又将森林资源划分为永久保存林（14 290 000 km^2，其又被划分为可持续经营用材林、土壤保护林、土壤改良林、防洪林、水源涵养林、原始林保护区、休憩林、教育林、研究林和综合用途林）、保护林、转化林、人工林（190 000 km^2）和经济林。

马来西亚热带雨林中，一大部分植物具有很大的商业开发潜力，如有各种药用植物 1 370 种，同时盛产藤条、香料、精油、松香、单宁等。

马来西亚的生物多样性相关数据见表 5.4。

表 5.4　马来西亚生物多样性数据			
	马来西亚	亚洲（不包括中东）	世界
国土总面积/10^3 hm^2	32 975	2 494 475	13 328 979
2003 年保护区面积/10^3 hm^2			
自然保护区、野生地区、国家公园（一类及二类保护区）	916	89 140	438 448
自然遗迹（三、四、五类保护区）	468	57 211	326 503
可持续利用和未分级地区（六类保护区及"其他"）	8 717	57 878	692 723
所有保护区总面积	10 101	204 229	1 457 674
海洋及湖滨保护区 [a]	1 352	21 995	417 970
保护区面积占总国土面积比例，2003 [b]	30.6%	8.3%	10.8%

	马来西亚	亚洲（不包括中东）	世界
保护区个数，2003	647	5 761	98 400
面积大于 100 000 hm^2 的保护区个数，2003	22	295	2 091
面积大于 1 000 000 hm^2 的保护区个数，2003	—	—	243
国际社会承认的重要湿地（Ramsar Sites），2002：			
湿地个数	1	98	1 179
总面积/10^3 hm^2	38	5 641	102 283
生物圈保护区，2002：			
生物圈保护区个数	—	55	408
总面积/10^3 hm^2	—	—	439 000

注：a）海洋及湖滨保护区面积不包括在"所有保护区总面积"中。
　　b）包括一至五类保护区，不包括海洋及湖滨保护区。

马来西亚科技与环境部从 1988 年开始就设立并管理国家科技研究与发展基金，有力促进了国内相关领域的科学研究。利用政府或其他资源提供的大量资金支持，马来西亚国内有很多公共组织、研究机构、大学和 NGO 从事生物多样性相关领域的研究工作。但目前有很多领域尚缺乏深入研究，如生物分类学。值得一提的是，由于近年马来西亚在生物技术领域的发展，国内关于基因学的研究势力逐渐增大，且主要致力于改良国家主要出口产品如橡胶、油椰、水果等。其他的研究方向包括热带雨林的可持续生产、自然保护区管理、生物多样性调节、社会经济学、政策研究、生物安全等。

马来西亚政府还提倡联合其他东南亚国家建立区域性研究中心，以努力解决边界环境保护、环境公约履行等一些共有的环境问题。马来西亚政府积极推动《生物多样性公约》等国际公约，并成立了生物多样性公约国家委员会。

由于马来西亚的生物多样性主要依托于丰富的森林资源。因此对于马来西亚而言，林业保护是维护生物多样性的最重要的方面。林业资源由联邦政府的初级工业部负责管理，下设国家林业委员会、马来西亚半岛林业总局和各州林业局、马来西亚木材工业局、马来西亚林业研究所、马来西亚木材理事会。

马来西亚林业保护方面的主要研究内容是实现森林可持续经营和建立造林体制，了解采伐和其他人类活动对森林的影响。林产品方面的研究主要集中于有效多元化地利用森林资源、引进新的技术、提高现有生产效率。前文已提到马来西亚将 14 290 000 km^2 的森林划分为永久保存林，并在其中大力修建了许多不同种类的原始林保护区。马来西亚还出台了天然林采伐环境影响评估指标，以从环保角度规范采伐业。

马来西亚政府重视林业政策的制定与立法。按照马来西亚宪法，各州能够独立颁布林业法律和制定林业政策。为了便于相互协调和采取一致步伐，1971 年成立了马来西亚国家林业委员会。1977 年国家林业委员会通过了《国家林业政策》。20 世纪 80 年代，马来西亚各州为了管理好森林,都颁布了地方性的森林法令和法规,但是这些森林法律在森林保护和经营计划以及森林可持续发展方面不够完善。1984 年马来西亚议会通过了《国家森林法》和《木材工业法》。为了防备森林边缘地带的非法侵犯和木材盗伐,1993 年国家林业委员会考虑到国际社会对生物多样性保护和森林资源可持续利用重要性的关注,以及社区在林业发展中的作用,对《国家林业政策》进行了修订。这项政策的签署促进了联邦和州政府在林业发展上的相互协作与理解。另外,与林业有关的法规还有《水法》《土地保护法》《国家土地法》《野生生物保护法》《环境质量法》等,为生态保护和维护生物多样性提供了法律保障。

在马来西亚,森林砍伐最严重的是沙巴州。每年造林面积不及伐木面积的 10%。现在,该州森林资源几乎枯竭,相关的财政支出不断增加而税收日益减少,木材的材质也越来越差。到 2000 年,国际热带木材组织对持续森林管理的指南将会生效,如果此前该州政府不能扭转现在这种局面,国际市场将不再向沙巴购买木材产品。鉴于此,该州从 1997 年 9 月起开始实施"沙巴州持续森林管理计划"。该计划首先在德拉玛阁一处面积超过 5.5 万 hm^2 的地区进行,采用符合生态发展的砍伐方式,减少冲击伐木和天空缆索运输系统,并进行森林重建。为了鼓励私营部门参与、解决资金不足问题,政府承诺所有参与此项计划的私营机构可获签长达 100 年的合同。目前已有 10 家私营机构参与,预计还会有更多私营机构加入。

(四)固体废物

在实现 2020 年迈入发达国家行列的目标进程中,马来西亚面临的重要挑战之一就是固体废物管理问题。马来西亚全国的固体废物产生量在 2001—2005 年由 16 200 t 增长到 19 100 t,平均产生量为 0.8 kg/(人•d)。预计 2020 年马来西亚全国固体废物产生量将达到 30 000 t。

据 2008 年的统计,大约 90%的固体废物被填埋、2%被焚烧、5%被回收(全国每天大约可以回收 1 352 t 塑料、2 097 t 纸、315 t 玻璃),还有一部分固体废物被非法排放。全国共有 291 个填埋场,其中 179 个填埋场仍在运行(其中 10 个为卫生填埋场),112 个填埋场已被关闭。

据 2008 年的统计,马来西亚国内的固体废物中大约有 45%为食品垃圾、24%为塑料垃圾、7%为纸质垃圾、6%为铁和玻璃类、余下 18%为其他类型。马来西亚固体废物组成的特点是含有较多有机物,含水量高。

马来西亚是世界上第一个实施固体废物管理全面私有化的国家。早在 1983 年马来西亚政府就已提出将固体废物管理私有化。1991 年政府宣布了"固体废物管理私有化总体规划",其中阐述了实行固体废物管理私有化的目的为:①减轻政府的财政和管理负担;

②提高生产力和生产效率；③促进经济增长；④缩小国民经济中公共事业的规模；⑤辅助实现国民经济政策目标。马来西亚政府将固体废物管理纳入私有化进程，在第 7 个国民经济发展五年计划期间，将固体废物管理列为 1996—2000 年私有化的主要项目。该计划强调：固体废物处置可由私人财团承担，建立一个废物综合管理体系，以尽量减缓环境恶化。2007 年，马来西亚政府推出了《固体废物与公共清洁管理法》，进一步规范国内固体废物管理。

自 1997 年 1 月 1 日起至今，马来西亚已经将全国的五个区域（北部、中部和东部、南部、东马的沙巴、纳闽和沙捞越）的固体废物（不包括危险废物）管理分别特许承包给 4 个公司：Northern Waste Industries、Alam Flora、Southern Waste Management 和 Eastern Waste Management。这 4 个公司获得了为期 20 年的固体废物管理特许权。作为缓冲措施，地方市政当局将在一段时间内继续执行废物管理职能直至相应的公司已具备独立管理固体废物的能力。私有化的固体废物管理体系如下运行：私有企业接替市政当局负责固体废物从收集到处理处置的全过程，包括收集、运输、处理、转运、回收、处置等环节，并扩展至道路清洁、公园维护、草坪修剪等。

危险废物的处理处置则承包给一个联营企业。该联营企业在咖啡山和森美兰建设了用于危险废物集中贮存、处理处置的综合性设施，于 1998 年开始运行。为了将危险废物的污染最小化，马来西亚政府还采取了其他一些措施如加强化学品安全标准和施行危险废物安全管理，并对采用清洁技术或促进废物回收再利用的企业采取税费减免等优惠政策，等等。

马来西亚施行固体废物管理私有化的效果和问题有以下几个方面：

（1）管理效率。以 Alam Flora 公司为例，该公司接管了中部和东部区域的固体废物管理工作，覆盖了包括吉隆坡、雪兰莪、彭亨、丁加奴和吉兰丹在内的 72 263 km^2 的面积。其产生的规模经济效应使公司有能力进行更高效有力的管理，充分利用资源，提高生力，并积极应用先进技术。该公司近年获得了较高的公众满意度。

（2）最终处置。固体废物管理私有化并没有解决废物最终处置方面的问题。由于用地限制，填埋已经不再是最优选择。而垃圾焚烧的污染问题尚未解决。人力资源稀缺等问题也亟待解决。

（3）服务费用。私有化前垃圾收集费用包含在政府分摊费中。私有化后公民和社区需要对垃圾收集进行单独缴费，而至今合理的收费方式尚未确定。

（4）公众反馈。从媒体报道来看，马来西亚公民对私有化后的固体废物管理系统期望非常高，与媒体和企业的交流反馈也很积极。4 个公司也相应地建立了与公众沟通的机制，包括投诉窗口、科普讲座等，同时积极地对公众的意见建议进行反馈响应。

三、马来西亚环境管理机构设置和主要部门职能

自然资源与环境部组建于 2004 年 3 月 27 日，由 4 个部门合并而成，分别是国土部的国土和矿山局、马来西亚测绘局和国土调查国家协会，初级工业部的马来半岛林业局、马来西亚森林调查协会、马来西亚矿业和地理科学局，科学技术和环境部的环境局和马来半岛野生动植物和国家公园局，农业部的给排水局和马来西亚国立水力研究院。自然资源与环境部的主要职责包括：

（1）自然资源管理：森林管理、给排水管理、野生动植物管理、矿产管理。

（2）环境管理和保护：环境保护、海洋公园管理。

（3）国土测绘管理：国土管理和行政、国土测量、绘图处理。

其组织机构如图 5.8 所示。

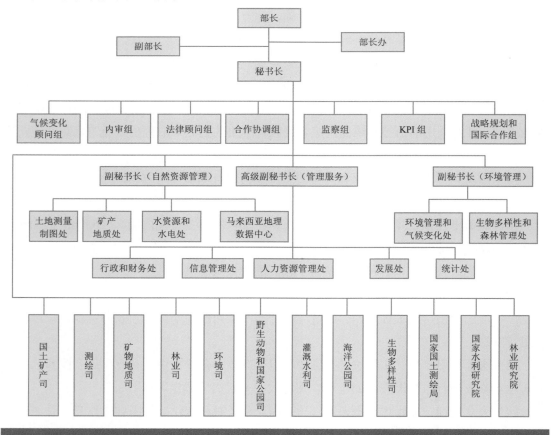

图 5.8　马来西亚自然资源与环境部组织机构

四、马来西亚环境保护法律法规及政策

(一)环境法律法规

20 世纪 70 年代以来,环境恶化引起了马来西亚政府的重视,马来西亚政府自 70 年代中期开始采取措施以减轻污染。1974 年,马来西亚政府颁布了《环境质量法》。这项法案包括控制空气污染、噪声污染、水污染、土壤污染、石油污染等内容。《环境质量法》规定,新的工程在得到批准和实施之前要预先做出环境影响评估,把污染控制作为一种治疗性的措施。法案颁布后,马来西亚政府相继对其做了一些修改和补充,最近又增补了关于解决日益增长的危险废物导致的环境威胁;扩大了环境执法部门的权力;加大了环境保护力度,如加大罚款、对污染物的排放实施更加严格的标准、有权力关闭污染严重的企业等内容。

马来西亚 1974 年的《环境质量法》被认为是一项全面性的立法。这项法律是环境管理的一次重大突破,它提倡使用全面的、综合性的方法来治理环境,为协调全国环境管理活动提供了法律基础。根据这项法律,马来西亚政府建立了环境局。环境局负责监督环境质量、评估新工程可能带来的环境影响、制定环境法规、实施政府批准的规章制度。环境局在全国各州都有实施环境保护的分支机构,主要监测大气、河流、海洋的环境污染状况。根据马来西亚西海岸空气污染较为严重的情况,马来西亚政府派专家组进行调查。专家小组经过调查后得出结论,马来西亚半岛地区西海岸的"烟雾"是空气污染和气候条件共同形成的。于是马来西亚政府在有关棕榈油生产业环境质量法颁布后不久,又制定并实施了控制汽车污染的相关法规,以控制汽车尾气排放,该法规于 1977 年 12 月开始生效。按照这个法规,环境局以及公路运输部门、交通警察有权随意抽查汽车,对汽车是否违反规定标准进行检查,对违反标准者给予罚款。第二年,马来西亚政府又制定实施了有关清洁空气的环境质量法,于 1978 年 10 月生效。这项法律主要是针对随着工业发展而日益增长的工业污染,特别是那些污染非常明显的企业如沥青厂、水泥厂。这项法律引进了分期实施标准,这主要是为了使大多数企业能够达到标准,但又不过分增加负担。它在颁布前已经在工业界讨论过。这项有关清洁空气的法律也包括了对城市废弃物和农村废弃物燃烧排放造成的污染进行处理的内容。

1998 年制定的生物多样性国家政策用于保护马来西亚生物多样性,确保在社会经济发展的同时可持续地利用生物资源。2002 年制定了环境保护国家政策,保护环境和可持续发展,促进经济、社会和文化进步,提高马来西亚人民的生活质量。2008 年制订了国家可再生能源政策和行动计划,以提高可再生能源的利用率,保证国家电力供应安全和可持续的

社会经济发展。2009 年制定了国家绿色科技政策，以驱动国家经济提速，推动可持续发展。2010 年制定了气候变化国家政策，以履行气候变化公约并适应气候变化。

（二）环境执法

在制定了有关的环境保护法律法规后，马来西亚政府根据相关的法律法规严格执法。对违反规定者给予经济惩罚。例如，环境部门制定了可允许的污染排放标准，规定在排放废气、废水时每单位某种污染物最多可允许达到的数量。假如企业超过了这个标准，将被处以罚款。政府授权环境局监督污染源，对违反标准的企业进行罚款，罚款的多少是根据污染物的种类和数量，以及承载物（如水域或陆地来计算）来定的。假如企业污染严重超过标准，环境局有权暂停企业的生产经营执照。环境局要求各企业递交需得到环境局批准的污染控制计划。还要求企业使用"最切实可行的"手段来控制污染。"污染者付费"的办法在马来西亚被证明相当成功。从对棕榈油开采中的污染管理来看，20 世纪 70 年代早期，棕榈油开采业是马来西亚造成水污染最严重的部门。快速发展的棕榈油开采业严重污染了马来西亚的河流，尤其是半岛部分的河流。1977 年，马来西亚有 42 条河流被严重污染，针对这种情况，马来西亚政府授权环境局制订棕榈油业污染控制措施，要求各企业必须制定获得环境局批准的污染控制措施，得到环境局颁发的执照才能生产经营。环境局建立了由企业界和政府代表组成的专家委员会。委员会的职责在于调查目前可得到的对环境无害和经济上可行的污染处理技术，为环境局制定环境法规提供建议。到 1985 年马来西亚棕榈油的产量翻了三番，但棕榈油开采业的污染排放量大大下降了。

当然这种"污染者付费"原则在实践中也结合了现有的其他污染控制方法，如调节性方法。马来西亚棕榈油生产业减轻污染的经验表明，发展工业和减轻污染可以同步进行。马来西亚棕榈油业在控制污染上之所以做得比较成功，原因有 4 个：一是棕榈油加工业把其一部分费用转移到了棕榈树种植者身上了；二是技术的进步减轻了控制污染的费用。技术进步能从棕榈油加工业产生的废弃物中制造一些具有市场价值的副产品。技术的发展使得企业能达到政府规定的环境保护标准；三是专家委员会发挥了重要的作用。专家委员会中的企业界代表能对环境局制定的环境法规施加影响，提供他们的意见和建议。他们可以帮助环境局确保环境法规产生的时间和内容考虑到对企业可能造成的影响，并提出相应的对策。四是政府起到了调控作用。马来西亚政府对违反法规的企业暂停生产经营执照，规定企业应交纳治理污染的最低费用和企业应达到的最低排污标准，这一切表明了政府治理污染的决心和力度。

五、马来西亚环境管理案例

关丹稀土加工厂案例

1. 案例基本情况

彭亨州首府关丹位于马来西亚首都吉隆坡东北约 260 km 处，这座几十万人口的城市以农林渔业和旅游业为主，即使在建立格宾工业区开发石油工业后，依然保持着安静、舒缓的生活。2011 年，澳大利亚莱纳斯公司在马来西亚关丹的格宾工业区投资 2.3 亿美元、预计年产值约 17 亿美元的稀土厂，每年将生产 2.2 万 t 稀土，可满足全球约 1/3 的需求量，对世界稀土贸易市场格局将产生重大影响。该项目工厂主要建筑基本完成，由于环保问题在当地引发争议，民众反响强烈，马来西亚政府决定暂停这一工程。

这座世界第一的稀土提炼厂位于格宾工业区一个偏僻角落，距离其他工厂也有几千米距离，从周边的湿地可以看出沼泽填土建厂的痕迹。工厂的主要建筑已基本完成，十几个建筑群连成一片，一座高塔耸立在建筑群中央，后面还有一个巨大的绿色长方形水泥储藏库是存放尾矿的地方。厂区留有大片空地，是为以后扩大规模预留的土地。

稀土材料是各国发展高新技术和国防尖端技术不可缺少的战略物资。在美国认定的 35 个 21 世纪战略元素和日本选定的 26 个高技术元素中，都包括了全部的稀土元素。目前国际市场上 90%以上的稀土供应来自中国，2009 年中国稀土产量为 12 万 t，占全球产量的 97%。莱纳斯公司总裁科蒂斯称，世界高科技产品厂商非常希望稀土供应能长期稳定，这个提炼厂可以为他们提供一个中国以外的长期稳定来源。

稀土厂建成后将提炼从澳大利亚开采的稀土矿石。有马来西亚人士认为，建稀土厂可能对附近河流及海底环境产生破坏。关丹居民则指责澳大利亚将马来西亚当成"低辐射垃圾堆积场"。很多人表示，既然稀土矿位于澳大利亚，为何不在当地建提炼厂，马来西亚环境专家认为，选择马来西亚最主要的原因源于环境成本低廉，马来西亚政府急需借助巨额投资启动本国稀土市场，因此向莱纳斯公司提供了 12 年的免税期。

目前关于该稀土厂有两大争议焦点：一是该稀土厂能否控制生产过程中产生的辐射；二是提炼稀土的尾矿如何处理和保存。"拯救马来西亚"委员会主席陈文德表示，工厂运营期限是 20 年，而厂区内的储藏室只够存放 10 年的尾矿。另外，厂区地质松软、保存在储藏室中的有害成分有泄漏的可能。

马来西亚政府已决定暂停这项工程，并邀请国际原子能机构专家进行调查评估。该专家小组报告认为，稀土厂符合国际辐射安全标准，但只有在马来西亚政府与原子能执照局确保稀土厂符合 11 项建议后，才可以批准该厂投入营运。马来西亚原子能机构主管阿卜杜勒·阿齐兹表示，原子能执照局将视公众健康为最优先考虑事项，只有在莱纳斯完全执行这 11 项建议后，政府才会发出准营运执照，并将全天候监督工厂的运作情况。据马来西亚政府官员介绍，这座稀土提炼厂必须获得 7 个阶段的许可证才能开始运营，目前政府还没有发放最重要的运行许可证。

2. 案例启示

马来西亚作为一个发展中国家，其环保措施和技术标准相对较低，在没有绝对把握的情况下，建设稀土厂可能破坏环境和健康。马来西亚环保人士批评说，这是跨国公司利用发展中国家环保规定不严、执法不力而牟取经济利益的又一例证。

马来西亚建设稀土厂引发的争议，事实上是对如何避免经济发展模式以开发能源和破坏环境为代价、寻求经济可持续发展的又一次考验。马来西亚政府急需借助巨额投资启动本国稀土市场，带动相关产业发展，以提振经济及创造更多就业机会。据了解，关丹所在的彭亨州曾以木材采伐业为主要经济增长点，但随着木材的减少，该州经济增长减缓，这也是彭亨州邀请稀土厂落户关丹的原因之一。出于经济利益考虑，马来西亚中央政府和彭亨州政府同意在关丹设立稀土提炼厂。莱纳斯选择马来西亚最主要的原因是环境成本低廉。

马来西亚的经济发展应该更多地考虑促进产业结构优化升级，从生产低附加值产品向生产高附加值产品转变，提高生产率，才能在国际上具有更强的竞争力。在经济增长的背后，不能忽略不可再生资源的保护以及环境保护，不能只为了谋求短暂的经济快速增长，而不考虑对环境破坏之后所需的治理费用，以及对将来生活所造成的严重影响。建设世界最大的稀土加工厂将大大破坏马来西亚环境和超越其承载能力，而发达国家却廉价享受和占有稀土资源。

第六章
缅甸环境管理制度及案例分析[①]

一、缅甸基本概况

（一）自然环境

缅甸位于中南半岛西部，东经 92°20′～101°11′、北纬 9°58′～28°31′。最南端是位于北纬 10°的维多利亚角，最北端的缅中边界线居于北纬 28°线附近，最西端是与孟加拉国接壤的孟都（东经 92°线附近），最东端是缅甸与老挝的界河——湄公河（东经 101°线附近）。

缅甸的领土面积为 676 581 km²，大致相当于中国云南、贵州、重庆三省市面积之和，超过了整个中南半岛面积的 1/3。缅甸是中南半岛五国中面积最大的国家，在东南亚 11 个国家中也仅次于印度尼西亚，居第二位；在世界 195 个国家中，排在第 39 位。

缅甸的形状像一颗钻石，南北狭长，东西突兀。从南到北长约 2 090 km，东西最宽处约 925 km，最窄处只有 80～90 km，即南部沿海的狭长地带——德林达依地区。

（二）社会人口

1948 年 1 月 4 日，缅甸脱离英联邦宣告独立，成立缅甸联邦，定都仰光。1974 年 1

---

① 本章由张楠、彭宾、边永民编写。

月改国名为缅甸联邦社会主义共和国。1988 年 9 月，缅军领导人发动政变上台执政，于 9 月 23 日将国名改为缅甸联邦。1988 年以来一直执政的军人政府于 2005 年 11 月宣布迁都中部城市彬文那，并将首都名称定为内比都。

缅甸总人口超过 6 098 万人（2012 年），共有 135 个民族，其中人口较多的主要有缅族、克伦族、掸族、克钦族、钦族、克耶族、孟族和若开族等，主体民族缅族约占总人口的 65%。各少数民族均有自己的语言，其中缅、克钦、克伦、掸和孟等族有文字。官方语言为缅甸语。

缅甸文化深受佛教文化影响，缅甸各民族的文字、文学艺术、音乐、舞蹈、绘画、雕塑、建筑以及风俗习惯等都留下佛教文化的烙印。缅甸独立后，始终维护民族文化传统，保护文化遗产。尽管近现代以来，特别是殖民时期，缅甸文化受到西方文化的影响。但传统文化在缅甸仍有广泛影响，占主导地位。

缅甸有 85% 以上的人信仰佛教，大约 5% 的人信仰基督教，8% 的人信仰伊斯兰教，约 0.5% 的人信仰印度教，1.21% 的人信仰泛灵论。缅甸的佛教主要是南传上座部佛教。佛教不但是缅甸人的宗教信仰，而且是他们道德教育的源泉。佛教的经文，尤其是《吉祥经》，是缅甸人民的生活哲学，深深地印在人们的心灵中。缅甸人日常生活中经常参神拜佛，信众一路赤脚走去，不能穿鞋或袜子。不能对寺庙、佛像、和尚有任何轻率举动，不能穿过短、过透的衣服。在缅甸，信佛教家庭的男孩都须入寺庙当一段时间的和尚，过静修生活后才能还俗结婚。缅甸人对和尚十分尊敬和崇拜，只要有和尚来化缘，他们都不惜拿出家中最好的财物送给和尚。缅甸人虔心向佛，民风淳朴、和善，社会犯罪率比较低。

缅甸奉行"不结盟、积极、独立"的外交政策，按照"和平共处五项原则"处理国与国之间关系。不依附任何大国和大国集团，在国际关系中保持中立，不允许外国在缅驻军，不侵犯别国，不干涉他国内政，不对国际和地区和平与安全构成威胁，是"和平共处五项原则"的共同倡导者之一。1988 年军政府上台后，以美国为首的西方国家对缅甸实施经济制裁和贸易禁运，终止对缅甸经济技术援助，禁止对缅甸进行投资。1997 年加入东盟后，缅甸与东盟及周边国家关系有较大发展。近年来，缅甸政府积极推进民族和解，与西方国家关系逐步缓和。截至 2013 年 5 月，缅甸已同 111 个国家建立了外交关系。2014 年，缅甸担任东盟轮值主席国。

（三）经济发展

缅甸自然条件优越，资源丰富。1948 年独立后到 1962 年实行市场经济，1962 年到 1988 年实行计划经济，1988 年后实行市场经济。2011 年缅甸新政府上台后，大力开展经济领域改革，积极引进外资，确立了四项经济发展援助，包括加强农业发展、工业发展、省邦平衡发展、提高人民生活水平等。国际货币基金组织数据显示，2013/2014 财年缅甸 GDP

总额为 564 亿美元，实际增长率 7.5%，平均消费价格指数（CPI）达 5.8%，财政赤字占 GDP 比率达 4.9%，占 GDP 比率为 19%。截至 2013 年年底，缅甸外债余额 96 亿美元，央行外汇余额 11.3 亿美元，黄金储备 7 t。

农业为国民经济基础。可耕地面积约 1 800 万 hm^2，尚有 400 多万 hm^2 的空闲地待开发。农业产值占国民生产总值的 40% 左右。主要农作物有水稻、小麦、玉米、花生、芝麻、棉花、豆类、甘蔗、油棕、烟草和黄麻等。2011 年缅甸出口大米 844 200 t，创收 3.24 亿美元。2012/2013 财年（截至 2013 年 2 月底）已出口大米 130 万 t。林地面积近 3 000 万 hm^2，森林覆盖率 41%，原始森林面积逾 100 万 hm^2，已发现 8 000 余种植物，主要林产品有柚木、花梨等各类硬木和藤条等。畜牧渔业以私人经营为主。缅甸政府允许外国公司在划定的海域内捕鱼，向外国渔船征收费用。1990 年开始同一些外国公司合资开办鱼虾生产和出口加工企业，水产品出口多个国家和地区。2014/2015 财年前 10 个月缅甸出口水产品 3.69 亿美元。

根据 IMF 数据，2013/2014 财年，缅甸的贸易总额达 248.7 亿美元，同比增长 37.8%。其中出口 111.1 亿美元，进口 137.6 亿美元。根据缅甸商务部数据，2014/2015 财年前 9 个月缅对外贸易额 204.83 亿美元，其中出口 83.05 亿美元，进口 121.78 亿美元。边境贸易额 48.61 亿美元，其中出口 31.29 亿美元，进口 17.32 亿美元。中国为缅甸第一大贸易伙伴。缅甸主要出口商品有天然气、大米、玉米、各种豆类、水产品、橡胶、皮革、矿产品、木材、珍珠、宝石等，主要进口商品为燃油、工业原料、化工产品、机械设备、零配件、五金产品和消费品。

缅甸国家计划与经济发展部数据显示，截至 2014 年 3 月底，外国累计承诺对缅甸投资 707 个项目，投资额 464 亿美元，较 2011 年 3 月底新政府成立时增长约 110 亿美元，实际投资项目 446 个，投资额 364 亿美元。其中 2014 年新增承诺投资 22.1 亿美元。累计承诺投资来源国家和地区前 5 名分别是中国、泰国、中国香港、新加坡和英国，累计实际投资来源国家和地区前 5 名分别是中国、中国香港、新加坡、韩国和泰国，该五国（地区）投资总额约 310 亿美元，占实际投资总额的 85%。

二、缅甸环境现状

由于缅甸人口的快速增加以及经济的发展的需要，造成环境污染和生态破坏的现象不断增加，带来的不良影响逐步显现。缅甸现阶段面临的主要环境问题包括森林植被破坏，水土流失，空气、水和土壤的污染，卫生设施和水处理设施不足导致的疾病蔓延，等等。

总体上，当前缅甸的环境退化程度是比较低的。但也存在森林破坏、水污染等环境破坏的问题。引起缅甸环境问题的主要原因在于缅甸的不发达状况和贫困，而不是工业的发展。不过,人口增长和城市化、工业化程度的提高将给缅甸生态环境带来越来越大的压力。而且缅甸现阶段的经济增长主要是通过自然资源的开发利用来实现的,如果没有相应的环保配套措施,这样的经济增长方式从长期来看肯定是不利于环境保护的。

在面临越来越大的环境压力的情况下,缅甸中央政府和地方政府制定了一些环境保护的法律法规。但仍不能满足环境保护形势发展需要。因此,需要根据发展和保护需要,尽快制定专门法律,进一步完善环境保护和管理体系,做好规划,明确目标,综合防治;对现有法律法规不适应新形势的条款进行修订,完善相关配套技术等。在完善法律法规的同时,还需要加强机构建设、科学研究、人才培养、宣传教育、资金投入,加强国际合作。这些方面的不足正是缅甸环境保护过程中遇到的主要问题。

(一)水环境

1. 缅甸境内的水体及水资源量

缅甸地处热带季风性气候区,全境大部雨量充沛,即使降水最少的中部干旱地区年均降水量也达 500～1 000 mm,因此缅甸的可再生淡水资源非常丰富。缅甸境内的水体,包括江河、湖泊、池塘、水库等,总面积达 13 400 km²。其蓄水加上缅甸境内的降水和从邻国流入缅甸的水量(共约 1 650 亿 m³),使缅甸拥有年均地表水总量达约 10 663 亿 m³。此外,缅甸还有年均 1 560 亿 m³ 的地下水资源。[①]虽然人口逐年增加,人均淡水量逐年减少,但仍达 22 063 m³/人。

2. 缅甸的主要河流及流域

伊洛瓦底江是缅甸最大的河流,其河源有东西两支,东源叫恩梅开江,发源于我国西藏察隅附近,西源迈立开江发源于缅甸北部山区,两江在密支那以北约 50 km 处汇合后始称伊洛瓦底江。伊洛瓦底江全长 2 714 km,流域面积 41 万 km²,约占缅甸总面积的 60%。伊洛瓦底江蜿蜒曲折由北向南流淌,最后分成多股汊河,流入印度洋的安达曼海。伊洛瓦底江主要支流有大盈江、瑞丽江、亲敦江、密格河、穆河、班朗河等。其中亲敦江是伊洛瓦底江最大的支流,发源于缅甸克钦邦,在帕科库附近注入伊洛瓦底江,亲敦江全长 840 km,流域面积 11.4 万 km²,水流湍急,多瀑布,蕴藏丰富的水能资源。伊洛瓦底江流域分属亚热带和热带雨林气候带,流域内降雨量丰富,三角洲和北部降雨量 2 000～3 000 mm;中游平原雨量少,达 500～1 000 mm。伊洛瓦底江多年平均径流量为 4 550 亿 m³。[②]

萨尔温江源于中国境内,在进入缅甸境内前称怒江,该河贯穿缅甸东北部,自北向南流经掸邦高原,至毛淡棉附近注入印度洋的安达曼海。干流全长 1 227 km,流域面积 18.72 万 km²,缅甸国土面积的 18.4%属于萨尔温江流域。主要支流左岸有南定河、南卡江(以

---

① www.wca-infonet.org/cds_static/en/aquastat_fao_information_system_water_myanmar_en_6.

② http：//www.cws.net.cn/riverdata/Search.asp？CWSNewsID=17984.

上两河源自中国)、梅派河、梅南尤阿姆河、桑今河(以上 3 条河流均源自泰国),右岸有南滕河、南邦河等。萨尔温江流域北高南低,地形变化较大,上游为掸邦高原,海拔 2 600 m,中上游多高山峡谷,在克伦邦境内有一段 110 km 长的河道为缅泰两国的界河,下游三角洲地带为面积不大的冲积平原。流域北部属亚热带季风气候;南部属季风型热带雨林气候,流域年降雨量 3 000 mm 左右,河口多年平均流量约 8 000 m³/s,多年平均径流量 2 520 亿 m³。[①]萨尔温江是世界上少数尚未修建拦河坝的河流之一。不过,缅甸已先后与泰国、中国公司签订了开发萨尔温江水电资源的协议。

锡唐河发源于掸邦高原西南部,向南注入安达曼海莫塔马湾。全长 420 km,流域面积 5.6 万 km²。锡唐河河谷宽阔,流速缓慢,多曲流,下游改道频繁,且易泛滥。锡唐河年均流量 811 亿 m³。

湄公河位于缅甸的东部,是缅甸与中国、老挝之间的界河(中缅边境 31 km、缅老边境 234 km),缅甸约 2.2 万 km² 的国土属于湄公河流域。

若开沿海诸河是分布在缅甸西部若开邦境内沿海的多条短小的河流,诸河河水向西流入孟加拉湾。诸河构成的流域面积小,因背靠山脉、面向海洋,是缅甸降水量最大的地区之一(年均降水量达 4 000~6 000 mm)。年均总流量 1 392 亿 m³。

丹那沙林沿海诸河是分布在缅甸南部狭长地带的许多短小河流,向西流入安达曼海。流域背靠山脉、面向海洋,同样也是缅甸降水量最大的地区之一(年均降水量达 4 000~6 000 mm),年均流量 1 309 亿 m³。

3. 缅甸的湖泊、水库和池塘

缅甸的湖泊较少,天然湖泊面积较大的主要有两个。另外还有一些小型湖泊和数个人工湖。为了发展农业生产和缓解电力供应紧张局面,缅甸历届政府都非常重视水利建设,特别是现政府加快了水库的建设。缅甸境内的大小池塘数以千计,遍布各地,除用于水产养殖外,还可提供生活、灌溉用水。

茵道枝湖是缅甸面积最大的天然湖,位于缅甸北部克钦邦莫银镇区,属伊洛瓦底江水系,湖东西最宽处 13 km,南北最长处 24 km。缅甸政府于 1999 年在茵道枝湖所在地区建立了一个野生动物保护区,保护区面积 770 多 km²,保护区内生活着许多种动物,包括稀有的哺乳动物和大量鸟类。

茵莱湖是缅甸第二大湖泊,位于掸邦高原,在掸邦首府东枝以南约 30 km 处,是缅甸的高原湖泊。茵莱湖区海拔约 1 300 m,湖东西最宽约 10 km,南北最长约 22 km,面积 155 km²,是典型的溶蚀湖,属萨尔温江水系。茵莱湖三面环山,处于盆地中央,湖四周热带植物茂盛、风光旖旎,是缅甸重要的旅游景区之一。不过,近年来由于东、北、西三面

① http://www.cws.net.cn/riverdata/Search.asp? CWSNewsID=17981.

河流泄下的泥沙长期淤积，茵莱湖湖水有所减少，湖面也缩小了。

现政府上台后，加强了大坝的建设。1988—2004 年，全国新建成水坝 163 多座，其中坝高 15 m 以上的水坝 70 座，另有 25 座大坝计划在 2007 年竣工。到目前为止，缅甸水利局已经建成不同规模的水坝共 304 座。在新建成投入使用的大坝中，多数用于农田灌溉，大坝多数分布在缅甸中部干旱地区。

4．缅甸的水资源利用

缅甸的淡水利用总量 1987 年为 40 亿 m³，2000 年为 49 亿 m³，2005 年为 56 亿 m³，[①]利用率不到 1%。缅甸的用水绝大部分消耗在农田灌溉上，占总量的 90% 以上；其次是居民生活用水，占 7%；工业用水不足 3%。

随着缅甸工农业生产的发展、人口数量的增加，其用水总量逐年增加。特别是农业灌溉用水的增加量将是巨大的，缅甸目前的农田灌溉率为 18.8%，政府计划在 2015 年把这个比例提高到 25%。

5．缅甸的水环境问题

水污染问题不断加重。尽管目前缅甸水源污染程度不是很严重，然而，人口的增加、工农业生产的发展带来的水污染问题也在不断加重。加上缅甸目前防治水污染的措施不力，使水污染问题一时得不到控制。

缅甸的污染物排放主要来自工业、农业生产和居民生活。据 1995 年的统计数据，源自工业生产的有机污染物排放总量为 1 606.7 t，平均每天 4 402 kg。这些有机污染物质在各行业的比重是化工 30.1%、食品 15.9%、冶炼 12.4%、造纸 7.4%、纺织 3.7%、陶瓷 1.5%。工业造成的水污染在缅甸工业企业较集中的中部和南部比较明显。农业生产过程中的污染物主要包括流失的肥料和农药、禽畜粪便、农田废弃物等。2002 年，缅甸的化肥使用量达到 100 万 t。生活污水也是造成水污染的一个重要因素，特别是在广大的乡村，生活污水几乎全部未经处理，自由排放，即使是城市污水，多数也未经处理就排入江河了。采矿业是水污染的又一个来源，例如，缅甸北部地区的黄金开采提取过程中使用汞和氰化物，这些物质使用后未经任何处理自由排放，同时还有大量的尾矿被遗弃，造成水和土壤的污染。

缅甸江河上游地区的采矿和伐木活动以及中部地区的农业生产都存在较严重的水土流失现象，其结果是水中含沙量大量增加，造成清洁水源被破坏、中下游地区水库淤积、下游河道河床抬高、引发洪水等问题。

以缅甸著名的旅游区茵莱湖为例，政府在湖区设有一个鸟类保护区。湖区及周围现有居民 12 万人，生活在湖中的居民就接近 6 万人（湖中的人口密度为 386 人/km²，而周边为 89 人/km²）。近年来，茵莱湖出现了明显的问题。由于淤积和气候原因造成湖面缩小、

---

① http://earthtrends.wri.org/pdf_library/country_profiles/wat_cou_104.pdf.

蓄水量减少；茵莱湖特有的"浮岛"（由湖中生长的水草自然形成的像筏子一样漂浮在水面的许多"小岛"，当地居民在上面种蔬菜等农作物）种植，造成不断增加的肥料和农药残余进入湖水；周边为数不少的纺织厂将含有天然或合成染料的废水排入湖中；大量的游客和当地居民产生的生活垃圾和污水以及禽畜养殖业产生的污物污水部分进入湖中；不少公厕直接将粪便排入湖中；轮番垦殖和村庄扩张造成的侵蚀也是比较突出的问题。这些因素导致茵莱湖湖水水质、清澈度下降了。据 2004 年 11 月的检测数据，湖水中氮、磷的蓄积已经相当高，水体处于富营养化，大肠杆菌数量也超过了饮用水的要求，但还是有不少居民以湖水作为饮用水。水质下降引起的一个明显变化就是湖中生长的鲤鱼数量大幅减少，这种鲤鱼是当地居民的重要食物来源。幸好由于茵莱湖是旅游景区，因此，政府有关部门才比较重视茵莱湖湖水污染问题。

水资源使用、管理、保护方面的立法滞后，污染物排放标准尚未制定。目前缅甸涉及水污染控制的法规只有由缅甸投资委员会于 1994 年 6 月发布的关于新批准建立的企业需配备污水处理设施的规定。此外，《杀虫剂法》的一些条文也规定了水污染控制的内容，但这仅仅是附带的。缅甸政府尚未就水资源的使用、管理、保护等制定相应的专门法律。缅甸现行的涉及水源利用管理的法规主要还是英国统治时期制定的，包括《仰光自来水厂法》（1885 年）、《缅甸市政法》（1898 年）、《缅甸运河法》（1905 年，后经《缅甸法案》于 1914 年、1924 年、1928 年三次修正）、《仰光市市政法》（1922 年）、《地下水法》（1930 年）、《缅甸水力条例》（1932 年）等。实际上，这些 70 多年前制定的法规有些已显得过时，若要继续沿用，也应进行相应的修订，使其适合当前的形势和需要。独立后的缅甸政府制定的有关水资源保护的规定分散在少数的法规中，缺少系统性和全面性。同时，污染物排放标准至今仍未制定。

基础设施缺乏，资金投入不足。缅甸目前的污水处理设施数量极少，而且规模也不大。缅甸直到 2004 年才建成第一座城市污水处理厂，即于 2004 年 6 月在当时的首都仰光建成投入使用的污水处理厂。这座污水处理厂位于仰光河东岸，由仰光城市发展委员会负责建设和管理，日处理能力 325 万加仑（约合 14 774.5 t），废水处理后排入仰光河，残渣则用作肥料；覆盖区域为仰光市中心 6 个城区，人口 32.5 万。仰光的排水目前仍依靠建于英国统治时期的 1888 年的排水系统，这个系统已经严重老化，而且超负荷。[①]排泄物处理设施在农村非常缺乏，导致排泄物往往直接排入水中，造成水污染。资金匮乏是导致目前污水处理设施、卫生设施严重不足的重要原因。

农村安全饮用水获得率比较低。目前，缅甸国民获得安全饮用水的比例还比较低。城市供应氯消毒的管道自来水，乡村地区的生活用水依赖雨水、井水、溪水、河水等。经过

① http：//www.myanmar.gov.mm/myanmartimes/no201/MyanmarTimes11-201/019.htm.

近年的努力，在住地或附近能获得安全饮用水的人口比例不断增加，农村地区从 1995 年的 50%上升到 2003 年的 74%，城市从 78%上升到 92%。在中部干旱区，由于干旱缺水及水污染等原因，农村人口获得安全饮用水的比例比其他地方都要低许多。拥有适当的排泄物处理设施的人口比例从 1980 年的 20.2%上升到 2002 年的 46%（有的资料认为实际要比这个数字低许多）。通过水和食物传染的疾病得病人数及死亡人数逐年下降。为了改善安全饮用水的供应、获得状况，缅甸卫生部曾在全国进行过饮用水供应状况调查，有关部门也曾在 1990 年提出过关于安全饮用水标准的提案，但至今仍未获通过。

水坝的生态影响有待全面的研究论证。1988 年以来政府加快了水坝建设，到 2004 年，缅甸在主要河流及其支流上共新建大坝 163 座（不包括遍布全国各地的小型水坝），依靠这些水坝供水灌溉的耕地面积超过 100 万 hm²。耕地对水的需求、水电发展的需要将使缅甸在今后建设更多的水坝。水坝建设对生态的影响还有待进一步的全面研究。如对鱼类洄游、浸没土地、土壤侵蚀等的影响。

尚未建立水质监测系统。1965 年以来，缅甸有关部门在主要河流及其支流上总共建立了 300 多个监测站，但这些监测站的主要工作是测量记录水位、流速，监测淤积程度等，即使是设在伊洛瓦底江三角洲地区的 15 个被称为水质监测站的站点，其主要工作也不过是监测海水倒灌的情况，真正意义上的水质监测还没有系统建立起来，水质监测还是零星地进行。

6. 缅甸的水环境保护措施

控制污染物排放。为减少污染物排放，缅甸投资委员会于 1994 年 6 月通知所有已经获得该委员会按 1988 年缅甸《外资投资法》审批的项目，必须强制性地尽快安装污水和工业废水处理和其他污染控制设施，按照有关部门制定的规定来减少污染物排放。[①]随后缅甸政府对国内企业也做出了类似的规定。城市污水先处理再排放的工作已经起步，国内第一座污水处理厂已于 2004 年 6 月在仰光建成并投入使用。政府还重视并帮助农村改善卫生条件以减少农村地区的水源污染。

控制水土流失以减少含沙量和水源污染。政府控制水土流失的主要措施包括保护和恢复森林植被、对采矿企业做出环保方面的规定、帮助农民减少轮番垦殖等，这样既有利于土壤保持，也有利于减少含沙量和水源保护。

改善城乡饮用水安全状况。现政府比较重视饮用水安全问题，能获得安全饮用水的人口比例已经有了大幅上升，通过水和食物传染的疾病得病人数及死亡人数逐年下降。缅甸卫生部在世界卫生组织的协助下先后于 1990 年、1998 年、2003 年举办了饮用水质量控制研讨会，讨论制定水质标准、水质监测等问题，卫生部在 2003 年分别在缅甸山区、中部

---

① http：//www.un.org/esa/agenda21/natlinfo/countr/myanmar/eco.htm.

和三角洲地区的娘瑞、皎帕当、波格莱三地进行了水质抽样调查，目的是为制订实施全国城乡特别是乡村居民获得安全饮用水计划做前期准备。[①]另外，政府已经开展了在 10 602 个村庄建设 15 715 个安全饮用水的项目，为期 10 年，计划实施完成时农村的饮用水安全将得到进一步加强。缅甸政府改善安全饮用水供应和卫生设施的努力得到了联合国有关机构的协助，政府除增加和改善相关设施外，还进行了饮用水供应和卫生设施的日常监测。

着手对水坝建设的生态影响进行研究。由于灌溉与减少贫困之间有着密切的联系，而且缅甸政府制定了建设以农业为基础的工业化国家的政策，农业的发展对水的需求将越来越大，水坝的数量将来只会增加、不会减少。如何改善灌溉系统以有效地利用水资源、如何避免大坝对水生动植物的影响等都是政府亟须解决的问题。缅甸农业和水利部官员承认起初政府并没有关注大坝的生态影响，但目前已经把环境保护当作一个重点来抓了。2004 年起，缅甸政府已经开始就已竣工的 160 多座大坝的环境影响进行评估。环境影响评估已经成为新大坝建设计划的第一个必经步骤。

加强国内国际合作。加强国内合作主要是加强政府各有关部门之间的协调，以更加有效地促进水资源利用、水污染的控制和治理。国际合作方面，2003 年 8 月，缅甸成立了缅甸国际水文计划委员会，专门负责与联合国教科文组织的联络和合作，以加强对水资源的监测、管理方面的工作。缅甸有关部门还与联合国开发计划署、世界卫生组织、世界粮农组织等开展相关合作。与周边邻国的合作也已展开，如湄公河水质监测方面的合作等。

（二）大气环境

全球性或地区性大气污染的影响同样在缅甸显现，如反常的干旱和洪水、跨国烟雾等。但就缅甸本国而言，总体上，缅甸的空气质量还是优良的，这是由它不发达的现代工业和较少的化石燃料消耗量所决定的。空气污染物排放总量小，又由于降雨频繁，雨水的洗刷使空气更加清新。不过，缅甸的工业和能源消耗每年都以较快速度增长，空气污染物排放量也相应增加，空气污染问题引起了人们的关注，缅甸政府也开始重视这一问题。

在缅甸，人为的空气污染源主要包括交通污染源和工业污染源，来自家庭的污染源并不是一个大的空气污染来源。温室气体甲烷的排放则主要来自农业生产过程中的废弃物。

缅甸的森林覆盖率达国土总面积的 50%，多数家庭所用传统燃料均为木柴、木炭、秸秆等，在广大农村地区，现代燃料的使用非常少。1988—2000 年，缅甸各种燃料的消耗及其变化情况分别是：原油，从 1988—1989 年的 429.9 万桶标准油当量增加到 1999—2000 年的 2 059.9 万桶标准油当量，年增长率 15.43%；天然气，从 1988—1989 年的 646.3 万桶

---

① http://www.myanmar.gov.mm/NLM-2003/enlm/feb18_rg4.html.

标准油当量增加到 1999—2000 年的 956.7 万桶标准油当量，年增长率 4.3%；煤的消耗量变化不大，总量也很小，为 0.158 万桶标准油当量，约占总能源消耗的 1%；生物质能的消耗量近年明显下降。[①]在 2003—2004 年的能源总供给中，木柴、木炭等生物质燃料的比重下降至 66.9%，石油与天然气的比重上升至 26%，水电占 6.1%、煤占 1%。随着车船数量、工业企业数量的增加，对燃油和天然气的需求量上升迅速，消费增速较快。不过，缅甸化石类燃料的消耗量仍然是很少的，1999—2000 财年总共消耗 3 041.4 万桶标准油当量，如果平均到人头，则只有 69 kg 标准油当量。

据 2002—2003 年的统计，能源消耗量最大的是家庭，占 80.8%；其次是交通部门，占 10.8%，工业消耗居第三位，占 5.8%，农业占 1.1%，服务业占 1.0%，其他占 0.5%。家庭所消耗的能源主要是生物质能，而交通部门所消耗的几乎全部是石油和天然气。

缅甸的温室气体排放量虽然在 1990 年以后以较快速度增加，但总量仍微不足道。以二氧化碳排放量为例，缅甸的二氧化碳排放量 1980 年为 4 793 kt，1990 年为 4 151 kt，1995 年为 6 895 kt，2000 年为 9 156 kt，2003 年为 9 500 kt。1990—2000 年，二氧化碳排放量增幅较大，其主要原因是这一时期石油、天然气的消耗以年均约 25% 的速度增加，而在 2000 年后增速减少到 10% 左右。不过，由于土地利用变化与森林（LUCF）对二氧化碳的吸收量较大，1990 年吸收量达到 9 402 kt，超过了排放量，所以 1990 年的二氧化碳实际上是负排放。近年来缅甸的森林面积缩小，LUCF 的吸收量相应降低，而二氧化碳的排放增加，目前缅甸境内的二氧化碳排放与吸收基本平衡。据《东亚环境监测 2007》统计，2007 年缅甸的人均二氧化碳排放量仅 0.2 t，而世界人均则达 3.9 t。可见，缅甸的二氧化碳排放是非常少的。生物质燃料燃烧主要排放二氧化碳，但其燃烧的产物在不同的条件下结果差异很大。

缅甸消耗臭氧层物质——氯氟化碳类物质（CFCs）的消费量在 1995—2005 年变化不大，每年在 30 t ODP（臭氧消耗潜能值）以下，[②]是东盟十国中消耗量最少的国家之一（柬埔寨、老挝的消耗量也非常低）。

缅甸温室气体排放主要来自农业，占 81.41%，主要包括甲烷和一氧化氮；其次是能源消费，占 12.64%；工业部门最低，仅占 0.37%；其他占 5.58%，主要是固体废物释放的。

在大城市，空气污染主要来自汽车尾气。不过，来自家庭和工业的污水、废物引起的空气污染正在增加。另外，分散在居民区的为数众多的家庭作坊常常释放出难闻的气体，对周围居民造成很大影响。这些依据《家庭手工业法》建立起来的小作坊受工业部管辖，但这部法律并没有控制空气污染的规定，也没有检查机制。大城市没有一个适当的产业分区制度以加强污染防治。关于缅甸空气质量的监测数据非常缺乏，因为缅甸尚未建立空气

---

① http://www.energy.gov.mm/efficiency_conservation_sustainability.htm.
② 东盟秘书处:《东盟环境报告 2006》，2006 年 11 月，第 93～94 页.

监测系统。许多有关空气质量的数据，如悬浮物、PM_{10}、二氧化硫、铅等污染物的数据无法得到。不过，考虑到二氧化硫的主要来源是煤的燃烧，而缅甸的煤消耗量很低，每年仅10万 t 左右。因此，缅甸二氧化硫的排放量应当很少。缅甸使用量最大的生物质燃料在不完全燃烧的情况下通常会释放出氧化烃、一氧化碳、丙酮、甲基腈、氯甲烷等物质以及大量的粉尘，生物质燃料燃烧造成的空气污染也不可忽视。

缅甸虽然在其于 1999 年公布的《污染控制与清洁条例》中有关于空气污染控制的内容，但只是原则性的规定。目前仍未制定空气污染物排放的相关标准。缅甸的温室气体排放仍不受限制，能源部门没有按国际石油工业的安全规范和标准进行生产，政府还没有迫切需要减少温室气体排放的计划，不过正在提高公众的意识。

限于财力、人力及技术条件，缅甸还没有建立空气质量监测系统，这使空气污染程度、空气质量及其变化的情况无法及时获得，这就很难对防治污染、指导工农业生产和大众的生活等提供科学的依据。缅甸政府在空气污染监测、防治方面的技术研究还未有效地开展起来。

缅甸政府减少空气污染物排放的措施主要包括：

（1）减少交通运输部门的尾气排放。交通运输部门的尾气是空气污染物的主要来源，为了减少交通运输部门的尾气排放，缅甸政府从更新老旧车辆入手，并配合路面的改善和交通秩序的整治、使用无铅汽油（缅甸于 1994 年开始使用无铅汽油）等，政府推广使用液化石油气和压缩天然气等清洁燃料的行动也取得了良好进展，以此来提高交通运输的效率、提高能源消耗的效率、降低车辆尾气的排放。此外，政府还发展新的运输方式，鼓励采用非机动动力（如畜力和人力等）的运输方式。

（2）减少来自居民家庭的空气污染物排放。政府推广、鼓励家庭及餐饮业等部门换用高效节能炉，这样既可以节省燃料，又能通过使燃料充分燃烧来减少空气污染物的排放。另外，液化石油气也开始在家庭使用，太阳能灶也开始在缅甸出现。在减少家庭排放的同时，更重要的是可以减少室内空气污染，这对保护人们的健康意义重大。

（3）由公路运输局制定汽车尾气的排放标准，并严格尾气检测。

（4）与国际组织以及其他国外公司等开展防治空气污染领域的合作。缅甸政府在联合国环境规划署和亚洲开发银行的资助下，于 1996 年开始实施《亚洲温室气体减排最低成本战略项目》，《联合国气候变化框架公约》之下的联合实施活动（AIJ）项目和清洁发展机制（CDM）项目也在实施之中。液化石油气、压缩天然气汽车的使用就是这些项目中的一部分。

由森林火灾引起的烟雾日益成为东南亚地区的一大问题，烟雾造成农业生产的损失、森林的破坏，并对人体健康造成长期的不良影响。2003 年 11 月，东盟成员国文莱、菲律宾、马来西亚、新加坡、泰国等协商拟定了《东盟跨国烟雾污染协定》，后上述五国及缅甸等 6 个东盟成员国签署并批准了这份协定,这份协定的制定和实施得到了联合国环境规划署的协助。

作为对下属工业企业温室气体排放造成的环境污染的控制措施,能源部与科兹莫石油公司、日本三菱研究所等开展了能源有效利用技术合作,在沙廉炼油厂进行了减少温室气体排放的可行性研究。

(三)土壤环境

缅甸陆地总面积为 67.657 7 万 km^2,2006 年各种用途的土地所占比例如表 6.1 所示。

表 6.1 缅甸土地面积及使用情况

土地用途	面积/km^2	比例/%
保护林	125 911	18.7
其他森林	212 776	31.7
轮休地	11 165	1.8
在耕地	90 261	13.5
可耕荒地	79 148	11.7
其他	152 316	22.6
总计	676 577	100.0

缅甸占总面积 22.6%的未分类土地为不适宜耕种的土地。

土地覆盖类型如图 6.1 所示。其中,伊洛瓦底江中下游的中部地区、三角洲地区以及锡唐河沿岸地区是主要的农业区,树林稀少。这些地区正是缅甸发生土壤侵蚀和土地退化最严重的地区。

气候变化和成土岩石的多样性使缅甸的土壤类型种类多,已经确认的有 24 种,分别归入 5 个土壤类型群。

缅甸农业部下属的土地利用处负责土壤调查和土壤类型图的绘制,并与有关部门协作,在土壤保持和土地改善方面开展研究,也承担对问题土壤的研究和农田肥力调查。土地利用处已经完成各省、邦土壤类型图的绘制,目前缅甸对土壤分类采用俄国分类法,而不是世界粮农组织的分类体系。

在缅甸的农业用地中,属冲积土的最多,达在耕面积的 50%,其次为黑土,占 30%,红土较少,占 20%。冲积土分布广泛,在全国各地都可见到,但以亲敦江—伊洛瓦底江、锡唐河两岸及三角洲地区居多。

土地退化问题在缅甸正在经历一个加重的过程。主要是因为长期对自然资源的过度开发利用,引起了严重的环境退化,特别是土壤质量的恶化构成了对国家发展的挑战。

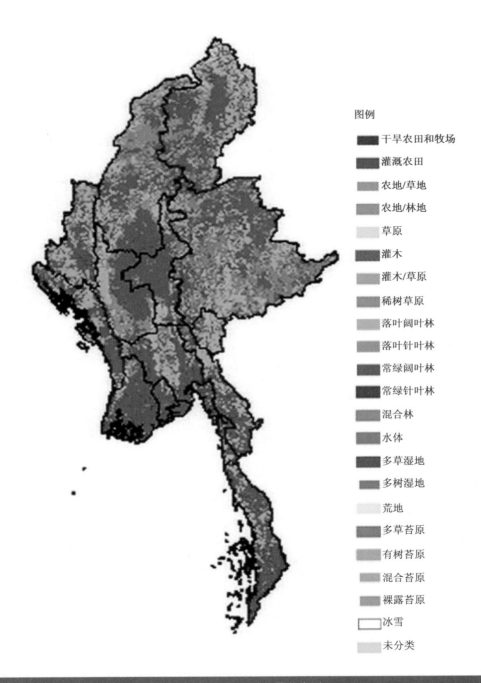

图例

- 干旱农田和牧场
- 灌溉农田
- 农地/草地
- 农地/林地
- 草原
- 灌木
- 灌木/草原
- 稀树草原
- 落叶阔叶林
- 落叶针叶林
- 常绿阔叶林
- 常绿针叶林
- 混合林
- 水体
- 多草湿地
- 多树湿地
- 荒地
- 多草苔原
- 有树苔原
- 混合苔原
- 裸露苔原
- 冰雪
- 未分类

图 6.1 缅甸土地的覆盖类型

　　缅甸发生显著退化的土地主要分布在亲敦江—伊洛瓦底江沿岸、锡唐河沿岸以及若开邦和克伦邦等地区，其中位于亲敦江—伊洛瓦底江流域的中部干旱区是发生土壤侵蚀和土地退化的重灾区。

森林破坏、过度耕作、过度放牧被认为是造成土地退化的主要原因。在发生土地退化的地区，森林覆盖率都较低，耕作方式不利于环境的稳定。缅甸耕种面积在 1991—2001 年以每年 0.48%的速度增加，农业从业人口则以每年 1.17%的速度增加。在缅甸，多数人都认为要开发那些尚未受到干扰的土地资源以增加作物产量。

缅甸政府的统计数字表明，问题土壤的面积已达 97.2 万 hm^2，约占全部可耕地面积的 5.3%。其中，盐碱土达 67.33 万 hm^2，其余 29.97 万 hm^2 为酸性硫酸盐土、退化土、泥炭土、沼泽土。盐碱土主要分布在中部干旱区的灌溉区和沿海发生海水倒灌的地区。

1999 年，缅甸国家环境事务委员会（National Commission for Environmental Affairs）将面临的土壤问题概括为：

（1）山区和干旱地区的土壤侵蚀和退化；

（2）三角洲地区和沿海地区的土壤盐化；

（3）干旱地区的土壤碱化；

（4）某些红土地区的土壤酸化；

（5）低海拔农业区的季节性洪水。

虽然，缅甸现在还没有荒漠，但中部炎热干旱的地区，由于降雨量少，地面植被稀疏，土地利用不合理，使这个地区正面临荒漠化的威胁。在中部干旱区的三个省，牲畜饲养量占全国的 1/2，而三省的面积仅占全国的 26%，如此密集的牲畜饲养带来的过度放牧也是造成干旱区土地退化的重要原因之一。

缅甸是一个土壤侵蚀情况比较严重的国家，土壤侵蚀在山区和中部干旱地区最为严重。过度的森林采伐、采矿、不合理的土地利用、不科学的耕种方式、过度放牧等是造成缅甸水土流失的主要人为因素。植被被破坏的土地在水和风力的作用下，造成了严重的土壤侵蚀。缅甸森林减少的速度是东南亚国家中最高的，1989—1998 年，平均每年减少 7%。

丘陵高地是土壤侵蚀多发地区，占全国镇区数 66%的 213 个镇区地处丘陵高地，生活在这里的人口占全国总人口的 2/3。这些地区受到土壤侵蚀的风险相对较高。林业局 1998 年采集的 RS/GIS 数据显示，这些地区的坡度 10°以上的脆弱农地总面积达 480 万英亩[①]，其中掸邦境内 160 万英亩、实皆省 110 万英亩、钦邦 80 万英亩、曼德勒省 32 万英亩、克伦邦 31 万英亩、克钦邦 18 万英亩、克耶邦 16 万英亩。换句话说，缅甸全国耕地面积的 10%易遭受严重的土壤侵蚀。2004 年的一项调查显示，克钦、实皆和钦邦三省遭受严重土壤侵蚀的面积从 1990 年的 4 799 km^2 增加到 2002 年的 36 429 km^2，增加了 6.5 倍。

中部地区历史上长期是缅甸的政治经济文化中心地带。随着佛教的兴盛，大规模地砍伐森林、烧制砖瓦、建立数以千计的佛塔，使森林植被遭到了严重的破坏。在英国控制和

---

① 1 英亩=0.404 8 hm^2，全书同。

日本占领期间，森林被大量采代和破坏。近半个世纪以来，人口的增加、耕地的开垦、迁移式农业和刀耕火种等落后的耕作方式，加速了森林植被的不断衰减。植被的破坏导致了严重的水土流失。土壤侵蚀造成了土壤中营养物质的流失，导致贫瘠化，土壤生产力下降。

　　缅甸中部伊落底瓦江中游是著名的干热地带，土壤侵蚀和土地退化严重，受到国际社会的重视。20世纪90年代，联合国开发计划署和亚太经合组织等机构组织技术人员对缅甸中部干旱区进行了土壤侵蚀情况的调查研究。目的是研究植被对土壤侵蚀的作用，为当地的水土保持、生态环境治理和持续发展奠定基础。中部干旱区包括曼德勒省、马圭省、实皆省下属的13个县57个镇区（以前有"干旱九县"之称），是缅甸土壤侵蚀程度最严重、面积最大、最集中的地区。调查人员运用遥感/地理信息系统技术并结合实地调查，主要调查情况如下：

　　（1）干旱区的地理、气候情况。干旱区面积为54 390 km²，位于缅甸中央腹地，北面、西面为那加山山脉—阿拉干山脉，阿拉干山脉阻挡西南季风使该地区成为一个雨影区，东面是掸邦高原，西南为勃固山脉。气候干旱炎热，人口密集，人为活动频繁。该地区年降雨量多在500～600 mm，局部地区可以达到1 200 mm，降雨集中在每年的5—10月，其他月份降雨极少，降雨为暴雨方式，区内多数溪河仅在雨后有水。区内气候炎热，年平均温度27℃，热季气温常超过40℃。干旱区主要的地貌有冲积平原、阶地、山地丘陵。海拔多在300 m左右，只有实皆省敏建县境内的波帕山海拔达1 518 m，是干旱区的分水岭。主要土壤有红壤、黄壤、砖红壤，土壤pH值为8左右，微碱性，有些地区盐碱化严重。区内地表沟谷纵横，水蚀作用剧烈，主要侵蚀类型有面蚀和沟蚀。

　　（2）缅甸中部干旱区的土地利用以农业为主，其次是林地，具体情况如表6.2所示。

表6.2　缅甸中部干旱区土地利用类型

序号	土地利用类型	面积/英亩	面积/平方英里①	占比/%
1	保护林	4 250 596	6 641.55	19.7
2	退化林	1 815 843	2 837.25	8.4
3	迁移式耕作	2 804 174	4 381.52	13.0
4	农地	11 962 395	18 691.24	55.5
5	其他用途	422 273	659.8	2.0
6	水体	302 178	472.15	1.4
	总计	21 557 459	33 683.53	100.0

　　（3）干旱区土地覆盖类型。干旱区土地覆盖类型主要有：季雨林，在季雨林中的较干旱地段，有旱生疏林；稀树草原，在干旱区广泛分布，地被物稀疏；多刺灌木林，在干旱

---

① 1平方英里=2.59 km²，全书同。

区广泛分布；园地，主要种植香蕉、芒果等热带水果；农地，包括水田和旱地；轮休地，在干旱区分布较广，有的长期撂荒，多为裸地；沙石地，主要是由于暴雨山洪对山地丘陵坡面进行面状侵蚀，形成沙、石裸露的地面；水体，主要包括伊洛瓦底江支流以及水库、水塘等；城镇用地，包括县城、乡镇以及村庄等居住地、房屋周围多为榕树。

（4）土壤侵蚀量。调查发现，干旱区土壤侵蚀度变化较大，轻的在 1 t/hm^2 以下，严重的在 30 t/hm^2 以上。在森林覆盖率较高的地方，即使坡度较大，土壤年侵蚀量也在 5 t/hm^2 左右。干旱区各地的土壤侵蚀程度如表 6.3 所示。

地区	不同侵蚀程度的面积/英亩			总计/英亩
	轻度	中度	重度	
实皆	826 914.719 5	13 187.64	1 355.562	841 457.92
瑞波	2 938 869.91	90 136.4	372.252 2	3 029 378.56
望濑	1 526 572.646	123 038.3	1 706.794	1 651 317.76
实皆省总计	5 292 357.275	226 362.4	3 434.608	5 522 154.24
马圭	2 192 503.568	159 528.1	27 679.71	2 379 711.36
敏布	1 388 493.647	212 070.7	7 751.84	1 608 316.16
达耶	1 612 105.093	1 228 891	123 099.7	2 964 095.36
帕科库	1 824 441.362	208 863.1	18 161.79	2 051 466.24
甘高	822 068.497 7	448 500.2	107 964.5	1 378 533.12
马圭省总计	7 839 612.168	2 257 853	284 657.5	10 382 122.24
胶施	682 541.912 6	192 773	41 099.77	916 414.72
敏延	1 319 003.236	29 503.74	8 958.626	1 357 465.6
娘乌	362 969.382 5	178.416 5	3 415.401	366 563.2
央米丁	1 304 962.688	257 781.7	19 434.84	1 582 179.2
密铁拉	1 299 399.439	75 377.22	55 783.34	1 430 560
曼德勒省总计	4 968 876.658	555 614.1	128 692	5 653 182.72
干旱区总计	18 100 846.1	3 039 829	416 784.1	21 557 459.2

表 6.3　缅甸干旱地区土壤侵蚀程度

由表 6.3 可知，干旱区土壤受到不同程度的侵蚀，侵蚀严重的土地面积占 2%、中度占 14%、轻度占 84%。在一些遭受侵蚀特别严重的地方，土地完全裸露，寸草不生。

目前，缅甸部分地区土地退化/土壤侵蚀加重的趋势还没有得到控制，特别是人口稠密的农业区。虽然缅甸在独立后不久就开始陆续地采取了一些措施防止土地退化、水土流失，如禁伐、人工造林、土地恢复等。但目前缅甸的土地退化问题仍然呈现出扩大之势。在中部干旱区，土壤侵蚀现象非常严重，政府的土地复原计划跟不上农民耕种面积增加和人口增长的步伐，使土壤侵蚀得不到控制。政府对土地退化问题不能说不重视，也制定了许多方案、计划。从之前的效果来看，并不是很理想，有的甚至落空。

在中部干旱区，政府曾实施一项公共薪材示范林计划，旨在减少森林的乱砍滥伐现象，保护仅存的森林免遭进一步的破坏。但由于得不到当地居民的积极响应，这项计划并没有取得实际效果。在一些地区有毁林开荒的现象。例如，在博帕自然保护区内开垦土地建立香蕉种植园，1995—1998 年，香蕉种植园面积净增 3 880 hm^2，总面积达到 14 980 hm^2。林地面积继续减少，种植面积继续增加，水土流失日益严重，土地退化、荒漠化、土壤侵蚀的治理更显紧迫，困难也更多了。

土地利用变更的影响有待进一步的研究。就大坝建设来说，淹没区的居民需要移民安置，安置区的土地利用随之发生变化。由于本地人口增加及安置人口的迁入，导致定居地扩大和活动强度增加，使林地非常容易受到侵蚀。湿地生态系统由于人类定居地扩张而产生显著的变化。位于掸邦高原的茵莱湖生态恶化就是一个明显的例子。它表明湖泊周边高地的人类活动造成了水污染和淤积。同样，近海的生物多样性也受到人类活动的影响。

在边境山区，地形起伏大，多坡地，落后的刀耕火种耕作方式是造成当地水土流失的重要原因。此外，迁移式农业造成植被破坏严重，导致了水土流失。这些地区贫穷落后，交通不便，靠当地的力量难以改变现有的生产生活方式。当地生态环境的保护和治理没有政府的资金、技术、人员等方面的支持是不可想象的。

土地的综合管理仍然面临挑战，其中包括资金投入不足，与土地资源利用有关的部门内部或部门之间的低水平协作，经济发展的迫切性与各方都遵守的土地利用政策的缺失之间的矛盾。在防治的同时，破坏的程度也在增加，出现防治跟不上破坏的局面。这种状况的逆转还需要缅甸政府进一步提高认识，投入更多的财力、物力和人力。

缅甸政府对水土保持问题比较重视，出台了不少有针对性的防治措施，加强与外国和国际组织特别是联合国各机构的合作。政府正在实施的主要计划和倡议包括：

（1）防治荒漠化国家行动计划，履行《联合国防治荒漠化公约》的具体措施（国家环境事务委员会，2002）。

（2）流域管理计划，旨在保护 52 座新建水库（林业部，2002）。

（3）边境地区高地发展活动管理计划，旨在减少边境少数民族在坡地的刀耕火种方式，目标是复垦掸邦东部和北部以及钦邦的 111 900 英亩坡地和 223 816 英亩火烧地（农业水利部边疆和少数民族发展局，2003）。

（4）2003—2007 年高地开垦规划（农业水利部，2003）。

（5）自然资源管理社会行动实施计划，倡议国内外非政府组织的参与（国家环境事务委员会，2000）。

主要相关措施有：

（1）加强对现有森林植被的保护。森林资源在缅甸社会经济发展中占据举足轻重的地位。根据 1989 年 Landsat TM 的图像，缅甸 50.87%的土地被森林覆盖。为保护一年比一年减少的森林，缅甸于 1992 年制定颁布了《森林法》，1995 年制定了森林政策，2000 年林业部拟定了《国家林业总体规划》，标志着缅甸政府开始依法对森林的营造保护、开发利用进行系统的规划、管理。加强现有森林保护的措施包括：保护现存的天然林并增加禁伐林面积；对森林包括村庄林地进行系统管理，加强对红树林的保护；对集水区进行系统保护，建立新的集水区林地以保护水坝、水库和灌溉设施；根据森林法控制并遏止在禁伐林和未分类林非法采伐树木；加强鼓励替代燃料的措施，减少木柴木炭的使用；严格遵守柚木、硬木和其他林产的年准伐量限额；扩大森林研究；在干旱区系统实施绿化，使当地绿化的同时可获得安全用水。在保护现有森林的同时，还需封山造林，积极培植适合不同土地条件的树种，生态效益和经济效益并举。营造水土保持林，优先选择固氮树种，结合营造经济林和用材林。并实行乔、灌、草相结合。因地制宜造林，加强在河流和水库的上游建造水土保持林，并结合工程措施，建立挡沙坝，拦截泥沙，减少水库的淤积，以保持水库的效益。土地退化并不仅限于干旱区，其在三角洲南部也是一个大问题，这里脆弱的红树林正在退化，有些物种处于消失的危险境地。为此，作为保护红树林的措施，缅甸政府在联合国开发计划署和国内、国外非政府组织的合作下实施了红树林生态管理。

为减少农业发展造成的森林破坏、保护森林植被，农业部门在实施扩大耕种面积、提供足够的农业灌溉用水计划过程中，采取的战略是：通过休耕地和处女地的土壤复垦来扩大种植面积；环境保护的重点放在建设新的水坝、堤堰和其他灌溉设施，修复、改进现有灌溉设施，有效利用水资源，其中又以干旱区为重点；运用有利于环保的可持续的耕作方式和雨水集储系统。

畜牧水产部门也有相应的措施，包括改良牲畜牧养方式和应用环境友好的水产养殖技术，在各省邦为特定的牲畜建立专门的牧养区，并采用合作的形式饲养牲畜。

政府对森林保持环境稳定和对水土保持的作用的认识不断提高。干旱区绿化局致力于在干旱区裸地和退化地采取土地恢复措施。另外，保护区体系正在扩大，以涵盖多样的生物资源。1995 年制定的缅甸森林政策宣布：到 2010 年，禁伐林和公共保护林的面积增加 30%，保护区体系之下的面积达到国土总面积的 5%。从 20 世纪 80 年代起，缅甸在各地实施人造林工程。到 1997 年，人造林面积达 621 318 hm²，其中 54% 是商业性人造林。1999 年，人造林面积增加到 694 192 hm²，两年增加了 72 874 hm²。1998 年，旨在增加柚木林总量并减少森林采伐压力的一项柚木林种植特别计划开始实施，年造林指标是 8 100 hm²，轮种期为 40 年。

缅甸政府重视土地退化和荒漠化问题，特别是对广阔的中部干旱区。政府实施了一项为期 30 年（2001/2002—2030/2031 年）的中部绿化整体计划。目标是把干旱区的森林覆盖率从目前的 19.75% 提高到 35%，减少迁移式耕作面积。计划完成之前和之后的土地利用对比参见图 6.2。

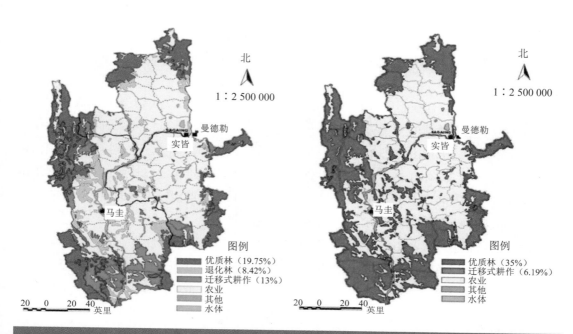

图 6.2　干旱区 30 年计划完成前后土地利用对比

　　绿化造林的重点地区是土地退化严重的中部干旱区。1994 年起，政府开始在干旱区实施一项绿化造林特别计划，并取得了喜人的效果。干旱区的绿化主要是在森林退化或土壤裸露的山脉进行绿化，干旱区绿化局正在采取土地复原措施。森林毁坏通常被认为是荒漠化的第一步，森林毁坏导致植被退化并使土壤更易遭受侵蚀，农业生产力也因土地退化而下降。因此减轻荒漠化的影响、干旱区绿化在缅甸政府的环境保护工作中占有特别重要的地位。根据农业部统计，多数作物在 1972/1973—1982/1983 年增产，有些作物的产量甚至比上年增加一倍以上，增产的部分原因是投入的增加，包括化肥施用量的增加。1982/1983—1996/1997 年，马圭省的农作物产量也增产了，然而在实皆省和曼德勒省，同期的多数作物的单产停滞不前，甚至还有所下降，只有少数作物产量在继续增加，产量下降部分是因为干旱。也就是说，因土地退化引起的产量下降在缅甸至少从省级范围来看并不明显。即便如此，为了防止干旱区的环境退化，运用环境友好的耕作方式和技术非常重要。

　　缅甸的绿化造林措施在一些地区取得了良好的效果。位于实皆省敏建县的波帕保护区就是一个成功的例子。波帕位于实皆省敏建县境内，距离仰光 400 英里，面积 232 km²，境内有一座死火山——波帕山，波帕山海拔 1 518 m，是干旱区海拔最高的地方，也是干旱区的分水岭。英国统治时期，曾于 1902 年将波帕列入禁伐区（128.5 km²）。不过，后来由于过度采伐和土地开垦，森林遭到毁坏。为改善当地的植被，缅甸政府于 1953/1954

财年起在波帕实施植树造林，并将环绕波帕的地区划为保护林区（103.6 km^2），作为缓冲地带。20 世纪 80 年代，在联合国开发计划署的帮助下，政府在波帕实施自然保护和国家公园方案。现在的波帕已经成为吸引国内外游客的生态景区，有"干旱区的绿洲"之称。

（2）科学规划，合理利用土地。1992 年，缅甸耕地和荒地管理中央委员会成立，其任务是加强对耕地和荒地的开发利用和管理。合理高效地利用土地可以减少不利于环境保护的土地用途变更。坡地上的耕作需要改进耕作方式，采用等高种植，营造梯田、梯地。合理利用土地，做到宜林则林、宜牧则牧、宜农则农，并积极推行混农林业，实施农林生态一体化和可持续发展。土壤侵蚀严重地区逐步退耕还林，土壤侵蚀中度的地区，在农田四周种植固氮树种，增加土地肥力，固定耕地，提高单产。

缅甸政府为了有效利用现有耕地，防止过度开垦，实施了土地恢复计划。2003 年土地恢复计划下的土地总面积是 340 万英亩，比 1989 年增加了 30 万英亩。在土地恢复区实行多目标灌溉管理、洪涝控制、有机种植、侵蚀控制、土壤改良等措施。各年份土地恢复计划涉及的面积占总耕地面积的比例平均约为 10%，但 1989/1999 年起呈下降趋势，因为耕种面积增加的速度超过了土地恢复面积增加的速度。目前，政府部门对土地恢复计划的效果还尚未进行全面的调查。

（3）签署《联合国防治荒漠化公约》，加强国际合作。1996 年 10 月，缅甸国家环境事务委员会与《防治荒漠化公约》临时秘书处在仰光共同举办了关于提高缅甸防治荒漠化意识的研究会。当时的缅甸外交部长兼国家环境事务委员会主席、林业部长出席了研究会。外交部长呈翁觉在会上发言时强调缅甸政府对荒漠化问题的重视。林业部长也指出，农业和林业在国家经济中占有重要地位，农林业生产又依赖于环境的好坏，因此健全的环境管理政策和计划对林业和农业的可持续发展非常重要。这次研讨会举行后不久，缅甸于 1997 年 2 月批准了《联合国防治荒漠化公约》，成为公约的缔约国。缅甸加入《联合国防治荒漠化公约》促进了缅甸的荒漠化防治。在缅甸加入该公约之前制定的经济发展五年短期计划中，防治荒漠化的措施还没有明确地与五年计划的战略和重点相融合。将环境保护纳入发展规划的纲领性文件——《缅甸 21 世纪议程》的出台，使防治荒漠化的措施被以环境保护的形式明确写入了五年计划。

缅甸在防治荒漠化问题上积极开展与国际组织和双边机构的合作，引进运用先进技术，争取资金援助。联合国开发计划署的人类发展计划正在向缅甸的环境保护和管理提供资助，旨在提高粮食产量和为农村居民创造收入。缅甸在生态保护方面的国际合作取得了一些成效，前面提到的波帕保护区的建设就是其中比较突出的例子。

（四）生物多样性

　　缅甸茂密多样的森林、广大的水体以及多种类型的生态区域，为动植物提供了良好的栖息环境，使缅甸的生物多样性极为丰富。缅甸境内生长栖息着种类繁多的动植物，已确认的动植物物种包括 300 种哺乳动物（不包括海洋哺乳动物）、262 种爬行动物、310 种鸟类（指缅甸本地生长的鸟类，不包括候鸟等迁徙性鸟类）、80 种两栖动物、281 种鱼（包括淡水和海洋鱼类）、7 000 种高等植物（其中有 830 种兰花、97 种竹子、27 种藤本植物，但不包括苔藓等低等植物种类）。在缅甸栖息着几种濒危的大型哺乳动物，有大象、老虎、印度野牛（白肢野牛）、野牛和犀牛等。最近有报道称在缅甸发现了 9 种以前没有得到确认的鸟类。昆虫以及其他物种的种类数量还没有比较全面的调查统计，实际上缅甸远未完成其生物资源种类详细目录的调查编制，因此关于缅甸动植物物种数量的数字在各种文献中常常不一致。

　　缅甸境内仍然保存许多未受干扰或干扰较少的自然生态系统，这是缅甸保护生物多样性的有利条件。但和世界其他许多国家的情况类似，由于伐木、迁移式耕作和人类定居，这些区域正在逐步减少。1988 年开始的缅甸的经济改革扩大了私人投资，促进了经济发展，但经济的发展也带来了诸如城市污染、水污染、土地退化、森林破坏等一系列环境问题。森林减少、栖息地缩小、栖息地环境恶化以及对动植物资源的利用导致生物种群数量减少，生物多样性受到损失。生活在缅甸的爪哇犀牛已经灭绝，现在有许多动植物物种处于危险境地。缅甸濒危的动物物种包括老虎、亚洲象、马来貘、苏门答腊犀牛、印度野牛、野牛、麂、伊洛瓦底海豚、江龟、江鳄、四种海龟（绿海龟、玳瑁、革龟、橄龟）等，见表 6.4。

表 6.4　缅甸濒危动物物种占世界濒危物种的比例（1996—2004 年）　　单位：%

	1996 年	2000 年	2002 年	2003 年	2004 年
哺乳动物	2.1	2.8	3.2	3.3	3.6
爬行动物	1.6	8.7	8.7	8.7	8.5
鸟类	—	—	—	0	4.0
两栖动物	—	—	—	—	—
鱼类	0.3	0.8	0.8	1.0	1.3
总数	0.8	1.7	1.8	2.0	2.4

　　缅甸有关部门对植物和昆虫的调查评估才刚刚开始。2004 年缅甸确认濒危动物物种共125 种。在这 125 种濒危动物中，75 种易危、34 种濒危、16 种极危。除了 8 种动物是缅甸特有的以外，其他濒危动物物种都不是缅甸本地所特有的，它们还分布栖息在其他国家。

近年缅甸濒危动物物种比例上升明显，主要是因为爬行动物濒危数量大幅增加，在各种动物物种中，爬行动物的濒危种类是最多的，达 26 种，其中 5 种为缅甸特有。鸟类的濒危物种也增加较快，占世界濒危物种的比例达 4.0%。缅甸的濒危物种所占的百分比略低于大湄公河次区域国家的平均数。

人们普遍认为，缅甸以及整个大湄公河次区域内的生物多样性正在逐渐减少，缅甸濒危物种数量占全世界的 2.4%就足以说明加强保护措施的必要，包括物种保护和栖息地保护两个方面。

同世界其他地方一样，缅甸的生物多样性也避免不了过去 20 年里其栖息地受到的压力，特别是 20 世纪 80 年代（延续至现在）天然林的迅速减少，以及红树林的损失。

造成生物多样性损失的原因是多方面的，作为动植物重要生长栖息地的森林的破坏、减少是非常重要的原因。缅甸森林是许多动物的主要栖息地，缅甸濒危哺乳动物和鸟类的 36%生活在森林中，但湿地和草场的损失也对鸟类的种群延续造成威胁。

缅甸的森林在最近 20 年快速减少。以丹那沙林省境内的热带雨林（密林）为例，丹那沙林热带雨林占了缅甸热带雨林的大部分，1990—2000 年，丹那沙林省的热带雨林面积从 24 603 km^2 减少到 17 820 km^2，10 年间减少 6 783 km^2。1992/1993 年缅甸就已经禁止了缅泰边境一带的森林砍伐。由此看来，丹那沙林省热带雨林的减少主要是因为大量非法砍伐，部分是因为当地油棕种植面积的扩大。在各种类型的生态区中，热带雨林具有最大的物种多样性，因此热带雨的损失对缅甸生物多样性的影响很大。

红树林是生长在热带、亚热带海岸潮间带的一种特殊的植物群落，主要分布在江河入海口及沿海岸线的海湾内，对防风、防浪、保护海堤及海岸具有明显的效应，同时对现代工业化所造成的污染具有一定的净化作用和抗污染能力。缅甸的红树林主要集中在三角洲地区。20 世纪前期，三角洲有茂密的红树林，1924 年红树林面积达 2 530 km^2，到 2001 年仅遗 1 119.4 km^2，只有 44%的原生红树林得以保存。过去 25 年里这一地区水稻种植面积的增加是造成红树林减少的主要原因，20 世纪 80 年代砍柴烧炭也是一个重要原因。不过，1990 年已经禁止砍伐红树林了。就目前而言，养虾业的发展成了红树林减少的主要原因。除非采取严厉措施，三角洲红树林面积的下降还将继续下去。

目前，缅甸生物多样性保护的任务主要由林业部下属自然和野生动植物保护局负责。

作为实施生物多样性保护的指定机构，缅甸林业部在其于 2001 年制定的 30 年总体规划中指出，对缅甸生物多样性的威胁主要有如下 6 个方面：密林林地被挪作他用；山区居民的迁移式耕作；在没有严格监督和追踪的情况下进口输入和推广外来入侵物种；缺乏现代的适当的捕鱼装置和设备以及不受控制的化学品使用造成的海水和淡水污染；对濒危动植物资源的商业开发和贸易没有严格的管理和控制；没有进行环境影响评估以及没有把生物多样性问题纳入影响土地利用变更的考虑范围中来。

此外，缅甸生物多样性保护还存在以下一些问题：

生物多样性有关数据缺乏。目前缅甸国内对其境内的物种还没有组织人力进行系统全面的普查，其物种数量没有比较准确的统计。对已知物种的生存状况及其变化还没有系统的监测跟踪。这就使生物多样性保护缺少针对性和科学根据。

栖息地继续保持减少的势头。作为动物主要栖息地，缅甸的森林仍然在以每年 1.2%的速度减少，特别是热带雨林和红树林的面积下降更是惊人。水产养殖业的发展使野生水生动植物的生活空间也在缩小。与此同时，栖息地的质量在下降。政府虽然做出了一定的努力，但无能为力，无法控制这种局面。

环境污染、物种入侵等造成的生物多样性损失没有引起政府的重视。水体污染能够对水生生物（特别是鱼类）生命周期的任何发展阶段产生亚致死或致死作用，影响其捕食、寻食和繁殖。其中亚致死的水体污染对水体生物多样性的影响更为突出、普遍、久远。在这种环境中的生物繁殖能力下降、生长缓慢或者死于环境胁迫有关的疾病。而水体富营养化能使水体生物多样性显著下降。前面提到过的茵莱湖就是一个比较显明的例子。

土壤污染通常会使当地植被退化，甚至变成不毛之地，同时土壤动物也会变得稀少甚至绝迹，其生物多样性比未受污染区显著下降。如矿区、尾矿堆积地、矿区废弃地以及垃圾填埋废弃地都少有树木生长。

人类排放到大气中的各种有毒有害物质均能对生物体产生不同程度的损害，并对生态系统构成危害。经各种途径进入空气的二氧化硫、氨、臭氧等能直接杀死生物。来自冶炼厂废气中的有毒金属能直接毒害植物。而由于臭氧层空洞、酸雨以及二氧化碳等温室气体所引发的温室效应等造成的生物多样性损害，越来越受到国际社会关注和重视，特别是温室效应引起的全球变暖和酸雨对生物多样性的影响。

外来物种入侵对生物多样性造成了很大威胁。其入侵方式有三种：一是出于农林牧渔业生产、城市公园和绿化、景观美化、观赏等目的而有意引进或改进。二是随贸易运输、旅游等活动传入的物种，如因船舶压仓水、土等带来的新物种；三是靠自身传播能力或借助自然力而传入。

缅甸目前还没有把这些问题纳入生物多样性保护的考虑范围。

生物多样性保护方面的法律有待加强和完善。独立后的缅甸政府只在 1994 年制定过一部有关生物多样性保护的专门法律，即《野生动植物和自然资源保护法》。初步分析显示，在缅甸的 125 种世界级濒危物种中，只有 65 种受到了法律的保护。政府正在考虑修订这些法律，以便把新增的世界级濒危物种纳入法律保护范围。

限于财力，政府对物种保护的投入本来就很少，而保护区的收入还必须上交国库，这就使保护区所需的资金非常有限，增加了困难，降低了保护力度和效果。保护区还缺乏综合的管理计划。

缅甸濒危物种数量的增加，就足以说明需要加强保护措施。政府在这方面采取了一些措施，如立法、设立保护区、国际合作，以及相关的其他措施。

过去，保护濒危物种的最有效途径是通过立法来保障濒危物种的继续生存。缅甸在这方面有着悠久的历史传统。在英国统治时期，最早于 1897 年制定了《大象保护法》，此后于 1912 年制定《野生鸟类和动物保护法》。缅甸独立后于 1994 年制定了《野生动植物和自然资源保护法》。缅甸《生物安全法》的起草工作已于 2004 年开始，由来自 10 个部的人员共同商讨起草，这部法律的目标是保护人类和动物的健康，保护环境和促进安全的农业和工业生产活动；这部法律的主要内容是转基因生物的管理，维护缅甸本国固有的生物多样性。转基因生物有其优势，但也可能导致生物多样性的损失，缅甸政府认为必须在增加作物产量与人类健康和环境可能受到的潜在影响之间寻找平衡点。

设立保护区的做法在缅甸同样有着很长的历史。1918 年设立了卑当和彬乌伦鸟类保护区，20 世纪 20—40 年代，又增加了众多的野生动物和鸟类保护区。正式的保护区制度 1980 年后一直在实行，不过，1994 年以前都没有制定法律来明确保护区的管理。在栖息地保护方面，栖息地的缩减无疑是缅甸生物多样性面临的最大威胁，丹那沙林省的热带雨林是许多濒危物种的栖息地，目前正受到被侵占的危险；红树林也因竞争性的土地利用而正在减少。森林总覆盖率和森林栖息地都在下降，迫切需要制定并实施减少森林损失的计划。缅甸在扩大保护区方面取得了良好的进展，7.2% 的短期目标已经实现。但是，这个目标是引申自森林保护目标的，而不是针对生物多样性保护的。因此，需要有一个诸如生物走廊保护和社会参与自然保护等的生物多样性保护整体战略和方法。

缅甸的保护区近年增加较快，1988 年缅甸的保护区面积不足 700 000 hm^2（占国土总面积的 1.03%）。现政府执政后加快了保护区的建设，到 2003 年共有 45 处（包括国家公园、野生动植物保护区等），其中面积超过 100 000 hm^2 的保护区 11 处，总面积扩大到 3 599 000 hm^2，占全国面积的 5.4%（中东以外的亚洲地区平均为 8.3%，世界平均为 10.8%）。另有海洋和沿海保护区 48 处。2004 年，保护区面积新增 744 240 hm^2，使保护区面积占全国总面积的比例上升到 7.4%。2009 年 6 月 5 日，缅甸登盛总理在出席世界环境日活动时说，缅甸正计划将占国土面积 5% 的林地划定为自然保护区域。

缅甸的大型保护区主要分布在北部、西部山区，最南端的沿海地区也有几处。

目前政府比较重视森林栖息地（占保护区总面积的 96%）的保护，对湿地和海洋栖息地（分别占保护区总面积的 0.8%、3.2%）的保护显得不够。与东南亚邻国相比，缅甸的保护区占全国总面积的比例是比较低的，如柬埔寨达 32%（2002 年）、泰国达 27.5%（2004 年）、老挝达 14%（1999 年）。

在国际合作方面，缅甸于 1997 年加入《生物多样性公约》《拉姆萨尔湿地公约》《濒危野生动植物种国际贸易公约》。并主要与联合国有关机构开展生物多样性保护工作。此外，缅甸也与其他国家开展了双边或多边合作。加入国际公约推动了缅甸的生物多样性保护。

作为履行《生物多样性公约》的一部分，缅甸国家环境事务委员会与联合国环境规划署共同举办了一次关于设计国家生物多样性战略和行动计划的研讨会。这是缅甸首次举办这种多部门、多元利益群体的会议。会议提高了人们对制定国家生物多样性战略和行动计划的认识。会后成立了三个专门工作组——自然资源利用和保护工作组、生态平衡工作组、社会经济学工作组，在优先或者重大问题上提供技术支援。林业部正在准备一项提案，以便从全球环境机构（GEF）获取资金。

缅甸加入《濒危野生动植物种国际贸易公约》可以防止因外国对缅甸动植物资源的需要而造成缅甸生物多样性的损失。缅甸还与国外非政府组织开展合作，加强对保护区和濒危动物的保护。2005 年，总部设在纽约的野生动物保护协会协助缅甸林业部共同训练警察和护林员，在克钦邦户拱老虎保护区进行联合巡逻。监视野生动物贸易和防止犯罪。这次培训的科目包括地图、罗盘、全球定位系统设备、标准报告表格的使用以及测定老虎数量的方法。该保护区设立于 2004 年，面积 22 000 km^2，是世界最大的老虎保护区，估计有150 只老虎生活在保护区内。

目前缅甸被列入《濒危野生动植物种国际贸易公约》附录中的物种共 640 种，其中动物 437 种、植物 203 种。列入附录 I 的动物 74 种、植物 10 种，列入附录 II 的动物 311 种、植物 190 种；列入附录III的动物 52 种、植物 3 种。缅甸与邻国加强合作，打击边境地区野生动物走私活动。

（五）固体废物

在缅甸，固体废物的管理一般由各地市政当局负责，没有私营成分的参与。在仰光（下缅甸）和曼德勒（上缅甸），市发展委员会及其下设的污染控制和清洁处负责当地固体废物的收集管理。在其他地方，镇区发展委员会负责当地的固体废物收集和处置，而镇区发展委员会由边境和少数民族发展部下属的发展局管辖，这也就是说发展局管辖了全国 325个城镇中 323 个城镇的固体废物管理。工厂、建筑业的固体废物一般由产生者本身负责处理，也可向发展委员会请求帮助处理，但须交纳一定的处理费用。对农村的固体废物管理，目前还没有相应的制度，也没有专门的机构来负责，由各户自行处置。

缅甸对固体废物大多采用露天堆放和填埋的简单处理方法，也有一些固体废物被回收利用。根据联合国环境规划署 2004 年的统计，缅甸城市固体废物的处理方法及各种方法处理量所占比例如表 6.5 所示。

表 6.5　缅甸城市固体废物处理方法及其所占比例					
处理方法	堆制肥料	露天堆放	填埋	焚烧	其他
比例/%	5	80	10	—	5

　　城市固体废物的管理流程一般是产生—储存—收集—清运—处理—最终处置。1983—2004 年，缅甸首都仰光的固体废物收集率分别是 1983 年 39%、1991 年 42%、2000 年 54%、2004 年 80%。1983 年仰光城市卫生部门每天收集的固体废物为 400 t，2003/2004 年增加到 1 150 t。收集率有了很大提高，尽管与国外其他城市比如曼谷相比还有很大差距。目前，仰光市政部门收集的固体废物几乎全部被运往指定地点填埋。仰光市发展委员会 2004 年的数据显示，填埋的垃圾数量达到总收集量的 99.96%，只有占 0.04% 的医疗垃圾（每天 0.5 t）经焚烧处理。总体上，仰光产生的固体废物中可降解物占的比例较高。2003 年仰光市发展委员会的一项研究发现，固体废物中有 77% 为食物垃圾、7% 为纸制品和纺织品、13% 为塑料、3% 为其他废物。大约有 10% 的固体废物由私人收集并当作仰光市里的一些私人作坊的原材料来利用。除医疗垃圾得到特别处理外，目前虽然还没有发现其他有害废物混入一般固体废物的情况，但对有害废物的处置缺少相应的管理。

　　缅甸的固体废物管理呈现出一幅对比明显的景象，一方面，仰光和曼德勒这两座中心城市的固体废物处理状况得到了显著的改善；另一方面，其他省邦的固体废物收集和处理水平还在原地踏步甚至下降了。在仰光省和曼德勒省以外 14 个省邦里，有 9 个省邦的固体废物收集程度 2003 年比 1998 年还低，只有 5 个省邦的情况改善了。

　　尽管仰光的人均固体废物产生量大幅降低（1991 年为 0.405 kg/d，年产生量 147.8 kg；2004 年为 0.312 kg/d，年产生量 113.9 kg），但由于城市化发展和人口增加，垃圾总量并没有下降。1991—2004 年，仰光的垃圾总量基本保持稳定，日产生垃圾在 1 400 t 左右。这主要归功于向市民家庭、商业场所等收取垃圾处理费所产生的积极效果。

　　目前缅甸有关固体废物处理的法规主要有《污染控制和清洁条例》《环境保护条令》《市政法》《仰光市市政条例》《缅甸联邦公共卫生条例》《曼德勒市发展委员会规章》等。

　　缅甸废物管理的相关法规不够健全。没有全国统一的废物管理法规和标准。仰光市有关固体废物处理的法令是 1922 年公布的，此后再也没有类似的立法。该法令是包含在 1922 年《仰光市市政条例》的第 111 节、第 112 节，名为"清洁条令"，它赋予仰光市发展委员会在其权限内处理有关废物管理方面的权力，并制定了固体废物的储存、收集和处置的规则和标准。但法规落实不到位，需要根据形势适当修订。

　　缅甸人口增加、工商业发展给废物管理带来压力。自 1988 年缅甸放弃社会主义经济制度后，因私营经济的扩张，城市化的速度不断加快，许多城镇的规模也随之扩大，新建了许多居民区。1988—2001 年，缅甸建立了 18 个工业区，多数集中在仰光和曼德勒，同期工厂数量从 39 802 家增加到 55 227 家（缅甸工业部，2002 年）。仰光的城市人口从 1983 年的 250 万增加到 2003/2004 年的 410 万。同期，曼德勒城市人口从 53.29 万增加到 85.62 万（缅甸人口局，2005 年）。工商业发展和城市扩张，虽然扩大了就业、增加了收入，但同时也给城市污水处理和固体废物管理带来了挑战。其他城镇的情况也与此类似。此外，废物处理能力不足导致更多的环境污染。

目前，缅甸城市废物管理系统还普遍存在设备设施陈旧、资金人力不足的问题。以仰光为例，用于垃圾收集处理的开支虽然从 1994 年的 6 900 万缅元增加到 2004 年的 30 000 万缅元，增加近 2.5 倍，特别是近几年增速较快（以 1994 年不变价格计算），但增加的支出主要用于支付工人工资和垃圾的装卸转运，而用于废物处理和回收的费用很少。2003/2004 年，从事垃圾收集和处理的工人总数为 4 469 人，比 1983 年增加了 2 769 人，[1] 但仍不能满足实际需要，而且愿意从事废物处理工作的人不多。[2] 在其他城镇，这个问题更突出，全国半数以上的省邦废物管理水平出现下滑，财力、物力、人力不足都是重要原因。

另外，虽然在制度上固体废物管理的职责分工是明确的，但因为存在财政及其他障碍，城市环卫机构难以有效地履行职责。通常，这些机构把工作重点放在城镇中心区，郊区则不受重视。郊区产生的固体废物被焚烧，或被随意抛置到未经允许的低洼地区。在一些镇区，固体废物甚至用来填高路面，以免受到水淹。政府部门虽然在其"绿色无垃圾城市运动"中阐述了其构想，但没有明确预期的具体目标，也没有配套的措施。

在提高城市废物管理、创造清洁的城市环境方面。政府开展了"绿色无垃圾城市"运动，通过宣传教育提高市民的环保意识，号召市民养成良好的习惯，保持环境卫生。

从控制废物产生源着手，减少废物产生量，从而减轻废物管理系统的压力，如通过收取垃圾处理费来减少废物的产生量。仰光市在这方面取得了良好的效果，在人口大量增加的同时垃圾总量基本保持不变。如仰光市规定，对乱弃垃圾者罚款最高额可达 10 000 缅元，这一举措有效地防止了乱弃垃圾的行为。

（六）海洋环境

缅甸南临安达曼海，西南濒孟加拉湾，从西部缅甸与孟加拉国的交接点到南端的维多利亚角，海岸线长 2 234 km，领海宽度 12 n mile、毗邻海域宽度 24 n mile、大陆架宽度 200 n mile，至大陆边缘为止、专属经济区宽度 200 n mile。缅甸拥有辽阔的领海和海洋专属经济区，海洋渔业和油气资源十分丰富。

缅甸沿海鱼、虾捕捞区总面积为 22.5 万 km^2，鱼、虾储藏量 176 万 t，在不毁坏资源

---

[1] 缅甸国家环境事务委员会、联合国环境规划署亚太地区资源中心秘书处：MYANMAR NATIONAL ENVIRONMENTAL PERFORMANCE ASSESSMENT（EPA） REPORT，2006 年 3 月，P.47。

[2] http://www.myanmar.gov.mm/myanmartimes/no180/MyanmarTimes9-180/012.htm。

的情况下，年可捕捞量为 105 万 t，是东南亚国家中渔业资源最丰富的国家之一。[①]南部海域的大量珊瑚是珍珠的理想养殖场。沿海分布众多大小岛屿，部分岛屿蕴藏着丰富的锡矿。目前海洋渔业产量为 60 万 t，开发利用程度还很低，因此缅甸的海洋渔业具有相当大的发展潜力。沿岸约有 50 万 hm^2 水面可用于海水养殖，[②]但沿海水产养殖还处于起步阶段。缅甸渔业生产存在的主要问题是：①渔业资源、渔场环境信息缺乏；②渔业基础设施落后、不足。渔业后勤基础设施差，缺乏岸上和渔船海上加工设备，主要渔业港口水、冰、燃料的供应不足，各种船用补给欠缺，鱼产品销售渠道不畅，鱼价偏低，以及交通、通信设施落后等；③渔业研究方面缺少经过培训的专业人员，设备和研究活动经费短缺。因此，缅甸急需寻求国外在资金、技术、专家方面的援助，以提高其渔业生产水平，同时加强海洋环境保护。

缅甸没有严重的海洋污染问题，只是在部分水域出现了污水、工业废料和塑料制品污染的情况。另外，海上运输、海上油气开采、捕捞作业对海洋也造成了一定的污染。2004年，畜牧水产部渔业局下属的海洋渔业资源调查与研究处对近海海水质量进行了检测调查。

沿海的若开海岸、丹那沙林海岸以及伊洛瓦底江三角洲生长的大量红树林和其他滩涂林，对保护海洋环境起到了重要作用。

渔业资源、海洋生物有遭破坏的潜在危险。除了本国渔船外，1989 年缅甸向外国渔船发放在缅甸海域进行捕捞作业的许可证，使捕捞作业船只数量、捕捞量都大大增加。现在，一些鱼类如鲨鱼、鲸鲨以及海龟等因过度捕捞而面临危险，珊瑚数量也随着开采量的增加而逐年递减。

政府对海洋污染问题的重视不够，对海洋污染的控制不足。

根据 1989 年《外国渔船渔业法》及缅甸海洋渔业法的规定，禁止使用对海洋环境和渔业资源具有破坏性的捕鱼设备、方式等。

对南部海域迅速减少的鲨鱼种群，缅甸政府采取了一些保护措施。2005 年，缅甸政府接受国家环境事务委员会关于成立丹老群岛保护区的建议，发布政府令将丹老群岛从兰碧岛至当岛之间的区域定为鲨鱼保护区，禁止在保护区内捕杀鲨鱼。丹老群岛包含 800 多个岛屿，南北全长 400 km。国家环境事务委员会的建议还包括通过必要的法规来保护鲨鱼。

缅甸海洋保护区的建设始于 2004 年，目前已建成数个保护区和海洋公园，包括：兰碧岛国家海洋公园，保护珊瑚礁和海豚、海龟、鲨鱼、鲸鲨等海洋生物；孟马拉岛野生动植物保护区，保护红树林、鳄鱼和海鸟；达米拉岛野生动植物保护区，保护海龟。

政府拟采用海洋环境保护与近海旅游资源开发并举的措施来达到双重目的。一方面，发展海洋旅游吸引游客；另一方面，利用部分旅游收入加强海洋环境保护，达到良性循环。

---

① http：//www.lrn.cn/invest/internationalres/200701/t20070119_24281.htm.

② http：//www.cndwf.com/news.asp？news_id=372&page=3.

2006 年，缅甸成立了海洋渔业协会，目的在于加强渔业企业之间的合作，保护海洋资源。除了就如何生产高质量的鱼虾进行研究外，协会还在减小渔业对海洋环境的影响方面做出努力。

在保护海洋生物方面，缅甸参与了区域和国际层次的联合行动。缅甸还加入了防止船舶污染的国际公约及其议定书（1988 年）。1996 年 5 月，缅甸批准了《联合国海洋法公约》及其第十一部分《执行协定》，并举办了一系列关于红树林、浅海、湿地和珊瑚礁保护的研讨会。2003 年 11 月，仰光举行的第 9 届东盟环境部长会议签署了东盟遗产公园声明，缅甸兰碧岛国家海洋公园被列入东盟遗产名单。

三、缅甸环境管理机构设置和主要部门职能

缅甸的环境管理体系由中央政府—国家环境事务委员会—部、局、发展委员会共同构成。中央政府是最高决策和管理机构；国家环境事务委员会是中央政府在环境问题方面的咨询顾问机构，同时也是各部、局之间在环境问题方面的中央协调机构；部、局、发展委员会在其权限内拥有决策权，同时又是环境管理问题的具体执行者。

1990 年 2 月，缅甸成立国家环境事务委员会，这是缅甸政府在环境管理体系建设上迈出的重要一步，国家环境事务委员会的成立大大推动了缅甸环保事业的发展，委员会成立后加强了各部门之间的环保工作协调，制定了国家环境政策、起草了几部重要的环保法律，促进了缅甸的国际环保合作。20 世纪 90 年代以前，缅甸没有专门的政府机构去监控环境，环境管理工作由各有关部门分别进行，缺少分工协调。直至 1990 年，缅甸外交部牵头组建国家环境事务委员会，国家环境事务委员会的成立标志着缅甸政府开始把保护环境问题纳入发展计划的制定。

缅甸国家环境事务委员会的主要目标是制定完善的环境政策，以合理利用自然资源；制定环境标准、规章，以控制污染；制定政策和战略，兼顾发展和环境保护；提高公众环境意识，促进公众参与环境保护。主要任务是保障资源的可持续利用以及促进工业和其他经济活动在不破坏环境的情况下获得合理发展。它制定广泛的关于自然资源管理的政策，为污染控制方面的环境立法进行前期准备，进行监测和执行，通过公共教育增强人们的环境意识，并在环境事务方面与国际组织和外国政府进行联络。国家环境事务委员会设主席一名，秘书长、副秘书长各一名，这三个职位一般都由外交部高级官员出任，外交部长任主席。不过，这一情况在 2005 年发生了变化，林业部长接替外交部长担任国家环境事务委员会主席一职。外交部和国家环境事务委员会之间形成了良好的协作关系，特别是在国际环境义务及与国际机构的合作方面。国家环境事务委员会包括 9 名成员，都是各部的局长，在理论上保证了其他经济部门的代表性。

国家环境事务委员会协调由各有关部处理的环境事务,并审查环境影响评估工作。该委员会下设四个分委员会:自然资源保护分委员会、污染控制分委员会、研究信息教育分委员会和国际合作分委员会,分别由局长或有关政府机构的官员任主任。国家环境事务委员会的职能通过委员会办公室这个秘书机关来行使和协调,办公室由一名处长任主任,直接向国家环境事务委员会主席、秘书长、副秘书长报告。

国家环境事务委员会对环境保护运动产生了重大影响,在制定环境政策过程中发挥了关键作用。国家环境事务委员会也协助各有关部草拟与环境有关的法律和文件,如 1992 年《森林法》、1994 年《野生动植物和自然区保护法》、1995 年《森林政策和林业行动计划》等。国家环境事务委员会还参与了许多环境和自然资源管理项目,并从 1994 年 4 月开始着手环境数据库的建设,为决策提供环境方面的依据。

2011 年缅甸成立环境保护和林业部,于 2012 年设立了环境保护司,2016 年建立了自然资源和环境保护部。2013 年,建立了 5 个地区办公室(Yangon Division、Ayeyarwady Division、Tanintharyi Division、Mandalay Division and Sagaing Division),2014 年,又建立了另外 5 个地区办公室(Bago Division、Kachin State、Mon State、Rakhine State and Shan State),2015 年,新增 4 个地区办公室(Magway Division、Chin State、Kayah State and Kayin State)。缅甸 2012 年制定了环境保护法和环境保护条例,另外,在 2014 年出台了消耗臭氧层物质管理规定,2015 年制定了环境影响评价程序文件以及国家环境排放指南。缅甸仍不断地制定一些其他的战略、政策以及工作计划,正在制定的包括:国家环境政策、宏观战略及工作计划;气候变化政策、宏观战略及工作计划;绿色经济宏观战略工作框架;废物管理宏观战略及工作计划;国家环境质量指南、发展项目和社会影响评价指南、环境管理融资指导守则等。

缅甸在环境保护方面重要的部门性机构包括环境保护部与林业部、农业部、畜牧水产部、卫生部职业保健局。卫生部职业保健局与国家环境事务委员会在空气污染控制项目中共同协作,特别在工厂和城市车辆尾气污染控制方面取得了良好的效果。环境保护与林业部也发挥了积极的作用,特别是 1992 年缅甸成为《生物多样性公约》和《气候变化框架公约》的签约国之后,颁布施行了《森林法》,并着手拟订森林开发、管理的长期计划,不断完善缅甸的林业政策。

但由于多个部门都参与不同的或同一个方面的环境管理,就造成了管理重叠、资源冲突以及方法不一致的问题。虽然国家环境事务委员会发挥着协调的功能,但在没有制定国家环境法的情况下,各部门之间的协调是非制度化的,也影响到了环境信息和数据的管理。

国家环境事务委员会成立的方式,就决定了它没有执行协调的权限。它下设的四个分委员会能在中央层级进行有效的协调,但在省邦等地方部门间就很难有效协调了。2004 年成立了协调资源管理和土地利用的地方委员会和国家环境协调委员会(NCCE),NCCE 由各部和地方政府派出的代表共同组成。

尽管建立了国家环境事务委员会这样的协调机构，但政府部门在决策过程中仍然没有完全把环境结合起来考虑以达到可持续发展。环境保护的努力基本上局限在部门范围内，由各部、局根据其权限和预算情况各自推行环境保护工作。即使国家环境事务委员会被赋予环境问题上的全面协调职能，其内部预算不足、人力缺少也严重地阻碍了其职能的有效履行。对于具有重大影响的环境问题，国家环境事务委员会必须直接向内阁报告。而缅甸环境问题不断增加的复杂局面，似乎超出了国家环境事务委员会的能力范围。

国家环境事务委员会成立之初，由外交部官员指导其运作取得了不错的效果。但随着时间的推移，在外交部官员身兼二职的情况下，还能对环境问题给予足够的重视也是很困难的。外交部官员因常常外派出国，组成分委员会的官员也有本职工作，常常不允许他们投入足够的精力来处理环境问题，不免影响到解决环境问题的连续性。但有利之处在于，他们作为各部门的高级官员，有利于政策方面的协调。总而言之，需要有专职的、长期的国家环境委员会工作人员，保证内阁决策的全面性、代表性，提高在各部之间的协调职能。目前缺少受过培训的专业人员和财政资源，使国家环境事务委员会难以有效履行其职责，如法规的实施、监测、检验、调查违法者等。由于这些限制，如果要实现可持续发展，缅甸必须加强制度建设。

中央机构（即国家环境事务委员会）与省邦机构之间的协调存在一些问题。法规在省邦的执行大部分是由省邦机关/有关部的分支机构以及法律部门的警察和官员来实施的。这些地方机构，通常属于省邦政府的直接管辖，造成了中央与省邦之间的协调不够，一些邦还存在政治叛乱，而且缺少专业人员、资金支持，环境意识差等问题。

为处理交叉环境问题成立了一些跨部门机构，如国家土地退化防治委员会（履行联合国防治荒漠化公约的义务）、国家水资源委员会，旨在更好地处理水管理中的冲突及其他相关制度问题。国家水资源委员会被授权未来组建国家水资源理事会、执行《缅甸水资源远景规划》。另外，科学技术部下设了一个污染控制委员会，负责监测和管理城市环境的工业污染问题。

缅甸现行的统计体制没有把环境保护支出单列出来，用于环境管理的财政资金被分别划拨到各部门。根据缅甸国家统计局的数据，1999/2000 年，只有 11.8%的政府预算分配到与环境管理最密切的部门（农业、畜牧水产、林业），而分配给负责城市固体废物管理的城市发展委员会的资金只有 2.32 亿缅元，占全部预算的 0.027%。2000/2001—2004/2005 年，该项支出有所增加，从 562.8 万缅元增至 1 226 万缅元，但仅仅够委员会的行政支出和日常开支。除 GMS 计划外，缅甸几乎没有从国际金融机构得到用于环境保护的贷款或赠款。目前，缅甸政府得到的官方发展援助几乎全部属于人道主义援助的形式，无法得到国际资金和技术的援助是阻碍缅甸环境管理能力提高的重要因素之一，但这种状况的改变有赖于缅甸国内政治环境的改善。

个别非政府组织也积极参与环境保护活动。缅甸的环保非政府组织运动并不像其他国家的那样活跃,多数缅甸的非政府组织由志愿者组成。例如,由一些退休的林业部工作人员组成的森林资源环境和发展协会,在国际非政府组织的资助下参与一些规模较小的森林保护项目。另外一些非政府组织参与了湿地保护运动。然而,这些非政府组织还没有与国家环境事务委员会的行动计划取得一致。此外,少数大型企业自愿申请了 ISO 14000 环境管理体系认证,个别公司(如国际石油公司)捐资开展环境方面的研究。

四、缅甸环境保护法律法规及政策

缅甸的环境政策主要包括两份政策性文件:一是第 26/94 号政府通告;二是《缅甸 21 世纪议程》。

1994 年 12 月,缅甸政府发布第 26/94 号政府通告,宣布了缅甸的国家环境政策。这则通告的内容是:为制定健全的环境政策,合理利用水、土地、森林、矿藏、海洋资源和其他自然资源,保护环境和防止环境退化,缅甸联邦政府特制定如下政策:人民、文化遗产、环境和自然资源是国家的财富。缅甸环境政策的目标是通过把环境考虑纳入发展过程,以提高全体国民的生活质量,实现上述各项之间的和谐。每一个国家都拥有根据它的环境政策利用其自然资源的主权,但必须注意防止超越权限或损害其他国家的利益。为了当前和子孙后代保护自然资源是国家以及每一个公民的责任。实现发展必须把环境作为第一位的目标。

缅甸制定的环境政策,表明了缅甸政府在环境问题上的基本立场,经济的发展不能以牺牲环境为代价,环境的稳定优良是第一位的。

1997 年,缅甸公布了《缅甸 21 世纪议程》文件。这份文件明确了基于缅甸现有的社会经济和环境条件,促进和实现缅甸可持续发展的指导方针。其中包括缅甸促进环境保护的计划和行动。《缅甸 21 世纪议程》分为 4 个部分共 19 章,提出了旨在实现可持续发展的完整的计划和行动框架。《缅甸 21 世纪议程》是基于联合国《21 世纪议程》所确立的指导方针,旨在加强和促进缅甸环境管理的系统化,并建议起草颁布一部框架性法律,以便进一步促进决策过程中环境与发展的结合。缅甸环境立法的主体目前是由缅甸军政府负责的,以前的宪法被废除,新宪法尚未制定,也没有议会一类的立法机构存在,国家的立法权由缅甸国家和平发展委员会行使。缅甸现行的法律法规有殖民地时期制定的法律、有前政府(吴努时期、奈温时期)制定的法律,也有由国家和平发展委员会颁布的法律,以及由各部发布的条例或补充性法规。

缅甸还没有制定详细的环境管理的支撑性法律或全面行动计划。有关环保法规是包含在一系列的法律法规当中的。据统计,到 2006 年,缅甸共有 56 个关于环境或含有环境保护内容的法律法规（一些法规是缅甸独立前颁布的），而且这些法规是预防性的，没有把重点放在保护和可持续利用方面。但是，缅甸近年制定的政策法律包含了许多与环境保护直接相关的内容和规定。

缅甸现行主要环境法规和政策包括：《国家环境政策》《缅甸 21 世纪议程》《森林法》（1992 年）、《野生动植物保护和自然区域保护法》（1994 年）、《公共卫生法》《污染控制与清洁条例》《环境保护条令》《私营工业企业法》《工厂法》（1950 年）、《领海与海区法》（1977年）、《海洋渔业法》（1990 年）、《外国渔船捕鱼权法》（1989 年），等等。这些法律法规都没有明确具体的标准，如没有制定污水、废气的排放标准等。

缅甸没有正式要求进行环境影响评价，但已经开始对国际组织资助的项目或外国公司的投资项目实行环境影响评价。

另一部正在起草的法律是《生物安全法》，该法由 10 个部共同商讨起草。该法的目标是保护人类和动物的健康，保护环境和促进安全的农业和工业生产活动。该法主要管制转基因生物，维护本国固有的生物多样性。缅甸政府认为必须在增加产量与转基因作物对人类健康和环境的潜在影响之间找到平衡点。

缅甸现行环境法规的共性弱点是规定过于笼统，缺少具体的标准和程序性的规定，造成可操作性低、执行效率不高，难以处理复杂的环境管理问题等后果。另外，现行环境法规也没有制定详细的实施细则来处理诸如废物管理、土地利用和生物多样性保护等特定问题。

缅甸没有专门的法规来管理空气和水污染。例如，在《公共卫生法》的第三部分，有一个笼统的规定，授权政府采取措施处理与环境有关的保健问题，如垃圾处置、饮用水或其他用途的水的利用、放射性物质、防止空气污染、卫生工作以及食品和药品安全等。然而，由于没有实施细则，法律实施起来缺乏可操作性，难以保证有效管理。又如，2002 年颁布实施的《肥料法》规定了合法肥料的范围，禁止将有毒有害物质混入肥料，以防止肥料造成的环境污染和对人畜的危害，制定了对违反者的处罚措施。但法律没有关于如何适用处罚、向哪个机构申请生产合法肥料许可等程序性的规定。实施细则原本预计在法律颁布后的 6～12 个月内出台，但直到现在还在草拟之中。这使农民利益受到损害，本来含氮量应达到 45% 的肥料实际上的含氮量只有 5%，防止环境污染的规定无法落实。

缅甸的环境管理工作起步较晚，环境制度建设还处于摸索阶段。全面的宏观环境制度有待完善，如环境保护目标、环境影响评价等制度还在酝酿之中；许多方面的环境标准，如水质标准、空气质量标准、污染物排放标准等大多数的相关标准还没有制定，也是造成目前缅甸环境保护缺少可操作性的重要原因之一。缅甸现有的环境制度可概括为以下几项：

（1）企业污水先处理后排放。1994 年 6 月，缅甸投资委员会发出通知，要求新建企业必须配备污水处理设施，污水在处理后才能排入外界环境。不过，有关水污染物排放的标准至今仍未出台。

（2）公众排污收费。1993 年 4 月 1 日颁布实行的《缅甸发展委员会法》规定，对公众排污实行收费的制度。该法律赋予城镇发展委员会对排污收费的权力，收费的对象是产生固体废物的居民家庭和商业场所。排污收费的效果有二：一是缓解固体废物管理资金短缺的矛盾；二是减少固体废物产生量。这一制度在仰光的实施取得了较好的效果。

（3）机动车尾气达标排放。道路运输局制定的机动车尾气排放标准已经实行，有效地减轻了城市空气污染。这项标准也是缅甸目前仅有的一项污染控制标准。

（4）环境影响评价。缅甸环境部门规定七类在缅的投资项目必须要先进行环评才能进行下一步的投资审核。这七类项目包括特别投资项目、能源项目、农业与林业项目、工业项目、基础设施与服务项目、矿业项目、制造业项目。其中工业项目包括食品与饮料、服装及纺织品、皮革、林业产品、化学品、日用品、建筑、工业、金属、电器、废弃物与饮用水项目等。缅甸环保部门规定上述七类项目必须要进行自然环境评估（EIA），提出关于自然环境影响的报告（IEE），以及拟订环境管理计划（EMP）。

表 6.6 缅甸与环境有关的主要部门在环境问题上的管理权限	
国家环境事务委员会	环境管理及协调
林业部	森林保护及野生动物保护（林业局）
畜牧水产部	海洋和淡水渔业管理
农业部	农业生产活动引起的环境问题
工业部	工业生产中的污染（地区工业协调与检查的主管）
发展计划部	工业规划和外国投资（与缅甸投资委员会一起）
卫生部	与工厂、车辆有关的健康问题（职业保健局，与仰光市和曼德勒市发展委员会合作）
交通部	工人医疗保健问题
仰光市和曼德勒市发展委员会	空气污染、固体废物处置、一般环境问题

五、缅甸环境管理案例

（一）缅甸密松水电站项目

1．案例基本情况

2009 年，随着中缅两国政府协议的签署，密松水电站动工了。对此两国都是欢欣鼓舞的。缅甸可以得到急缺的电力，顺便依靠中资解决一些相关的基础设施建设和就业问题；我国则为"走出去"的大战略拿到了一个上好的项目。本来该皆大欢喜。殊不知，仅仅两年后，就被缅甸总统吴登盛叫停，而且在他的任期内不考虑恢复。

缅甸总统吴登盛在叫停项目时曾表示，"这是对民意的尊重"，可是这一条并没有任何说服力。事实上，缅甸国内形势十分复杂，中央军政府与地方势力的矛盾，以及军政府与民主势力的矛盾交织在一起，成为主要矛盾。密松水电站建在克钦邦政府军辖区，而淹没区却在克钦独立军辖区，可以说处于矛盾的交汇点，遭到各派势力出于不同目的的反对。在这些反对大坝势力中，一些极端环保组织和非政府组织发挥了极坏的作用。

克钦网络组织（KDNG）就是在反对大坝建设运动中活动的极为积极的一个，发挥的消极作用也极大。2004 年，该组织成立于泰国，在克钦地区活动，宣扬本地区的政治独立与自由，与西方尤其是美国的环保非政府组织关系密切。在大坝建设之前、之中，以及停工之后，该组织都积极参与并且亲自组织了反抗活动。在大坝工程筹建期间，2007 年，KDNG 发表了长达 65 页的报告——《伊洛瓦底江大坝》，罗列详细数据，大谈大坝工程的危害，而对大坝建设的好处却闭口不谈。2008 年，中缅云南边境发生 5.3 级地震，KDNG借题发挥，指出一旦大坝因为地震而毁坏，下游将受到灭顶之灾。其实，大坝的选址是经过科学论证的，大坝是按照抗九级地震的高标准设计的。然而，由于中方对公关与宣传一向不重视，未能在第一时间出来发声、澄清事实，以至于 KDNG 的宣传让大坝工程在缅甸舆论中的形象大跌。

在"反坝"运动战中，各个组织串联起来，破坏作用倍增。与 KDNG 联合的非政府组织就有"缅甸生物多样性与自然保护协会"和"缅甸河流网"组织等。前者在 2009 年发表了一份不利于大坝建设的环评报告，被西方媒体认为是促使吴登盛停掉大坝工程的关键因素。这些缅甸的非政府组织，与西方的环保非政府组织，如美国亚洲协会等，也有密切联系。大坝停工后，美国亚洲协会第一时间表示欢迎，为反对派站台。同时十分重视"发动群众"。缅甸是一个信佛的国家，可是克钦邦 80%的人口信仰天主教。在农村，天主教的神父比代表政府的村长更有威信。天主教会组织就被利用起来，成为反坝运动的"群众基础"。2009 年，克钦当地非政府组织"农村重建运动组织"，组织了两次反对大坝工程祷告会，50 位牧师出面，收集到了 4 100 个群众的签名。缅甸军政府能力低下，几乎没有像样的基层组织，面对这样的情形，只能停止大坝工程以维稳了。

项目停工双方都蒙受了巨大损失。项目总投资 36 亿美元，约 230 亿人民币，前期投资达 70 亿人民币。同时每年产生 3 亿人民币的设备维护、留守人员薪资等费用。数字的背后，是产业链上无数供应商受到牵连。而缅甸的损失更加严重。原本水库计划雇佣 3 万当地人，而库区总人口仅为 7.8 万人，这就是说，水库项目本可以让库区群众充分就业。随着工程停工，库区移民一共 1 万余人，如今生计无望，只能靠中电投在缅甸的合资公司伊江公司发放救济大米生活。

宏观方面，作为缅甸的重要外资来源国，中国的投资信心遭到沉重打击，导致对缅甸投资锐减。2011 年，我国对缅投资为 82.7 亿美元，2012 年骤降为 4 亿美元，2013 年仅为 2 000 万美元。来自他国的投资也大幅度减少，从 2011 年的 200 亿美元减少到 2012 年的 14.9 亿美元。要知道，2013 年一年，缅甸的国内生产总值仅有 400 亿美元，所以仅仅看一看外资减少的幅度，就知道对缅甸经济会产生多大的影响。专家估计，密松电站停工一年，缅甸的国内生产总值将会损失 50 亿美元。

缅甸国内形势复杂，各个非政府组织反对大坝的原因也很复杂。归结起来，起关键作用的无非是政府与人民的矛盾，缅族军政府与少数民族地方势力的矛盾，以及大坝建设与环境保护的矛盾。2013 年，美国哈佛大学提出一个"利益均沾"的方案，草拟了一份包括中方、克钦地方和中央政府的协议，希望能够通过利益的合理分配来调和矛盾，以便尽快复工。这份提议遭到 KDNG 的强烈反对，最终没能发挥作用。面对集中于环境方面的指责，中电投在大坝停工后公布了由国际大坝委员（ICOLD）牵头组织的环评工作报告，却同样遭到不合理的质疑。这些环保组织对实际利益根本不关注，也对科学的环评报告嗤之以鼻，甚至不惜造谣传谣，这种非理性的架势，让人质疑背后的动机，怕不是他们所说的为了保护环境、增进当地人民的福祉。

图 6.3　荒废的密松水电站

面对如此复杂的形势，中电投对事件的处理，的确有很多不到位的地方，显示出企业对当地的政治风险并不重视，缺乏估计与对策。如在工程停工后才公开环评报告，给对手留下了指控"暗箱操作"和"欺瞒群众"的空间。这些年来，中电投和旗下的伊江公司，一边尽力科普和辟谣，一边通过援助库区移民等方式来改善形象，同时积极与各方沟通，包括天主教的神父们，希望能够亡羊补牢。但损失已经造成，未来结果如何，仍不确定。

2. 案例启示

（1）中国企业在国外投资过程中存在"公共外交"方面的漏洞和缺陷。密松水电站的建设一直没有能够取得缅甸民众的理解和支持，与国有电力企业的垄断思维理念密不可分，他们擅长说服政府之后、不需要理睬民众的意见的垄断开发方式，在军政府的专制统治下可以得到更大便利。所以，他们不必花费任何精力和资金对民众进行舆论宣传和解释，不仅对民间报纸的任何造谣诬蔑听之任之，从不反驳、澄清，甚至到了议会公开辩论的场合，他们都不屑认真地回答公民代表提出的疑问。以至于在国内都必须进行全社会公示的项目环评报告，居然可以在缅甸以保密的理由，不准环评机构对外发布。这种态度不仅可能会激怒缅甸的民主人士，而且已经自觉不自觉地把自己摆在了缅甸民众的对立面。同时也让各种妖魔化的反水坝的谣言在缅甸社会上广为流传。缅甸人民反对密松水电站的真正原因，并不是因为密松水电站的建设有损于缅甸国家和人民的利益，而是受到极端环保宣传的欺骗和误导。

（2）评估项目所在地的政治安定因素是企业"走出去"的重要环节。缅甸政府叫停密松水电站项目，最主要的原因是当地局势不稳、民族和解未能取得突破。某些国家一直受冷战思维和内战思维支配，必然导致对外交往、对外援助和对外投资在经济上甚至政治上的不理性，给国家和人民的利益与声望带来巨大损害。历史上一些重点援助的友好国家，最终变成了敌对关系。因为世界民主秩序的不断扩展，在冷战思维指导下对外投资常常因为东道国的政治变化而损失巨大甚至完全打水漂。密松水电站项目就是这样一个经典案例。

（二）万宝矿业缅甸铜矿项目

1. 案例基本情况

2012 年，位于缅甸西北部实皆省蒙育瓦镇的中缅合资蒙育瓦莱比塘铜矿项目面临当地村民不断升级的抗议，农民先是要求增加征地补偿，后来又提出项目存在环境污染等问题。11 月 18 日起，数百名当地农民、僧侣和维权人士进入莱比塘铜矿作业区抗议，在工地附近搭建了 6 个临时营地，导致该工程的施工被迫全部中断。在缅甸内政部发布要求示威者在 11 月 27 日晚上 12 点前必须清场离开的通告之后，示威者并未减少或停止示威活动，缅甸警方随即在 11 月 29 日凌晨对抗议现场执行了清场任务，并使用催泪瓦斯和闪光弹强行驱散了抗议民众，至少 50 人在驱散行动中受伤，其中包括 20 多名参与示威的僧侣。

蒙育瓦莱比塘铜矿原本由加拿大艾芬豪矿业公司经营，但因西方对缅甸的持续制裁，艾芬豪最终决定退出。2010 年 6 月 3 日，在中缅两国总理见证下，莱比塘铜矿项目产品分成合同正式签署，项目总投资为 10.65 亿美元。中方业主为万宝矿业有限公司，而缅甸合作方是缅甸联邦经济控股公司。2012 年 3 月 20 日，项目举行开工仪式。

中方万宝矿业有限公司有关负责人表示，项目开始实施后，项目公司对土地补偿采取了就高不就低的原则。虽然矿山附近土地一般比较贫瘠，但公司仍按当地政府要求，除按最高标准支付土地补偿金外，还额外提供了青苗补偿费。对 4 个需要搬迁的村庄，项目公司在附近为其按城镇标准建起新村，并建有医务室、足球场、图书馆、消防室、学校和寺庙等，公司还向村民发放房屋补偿金。万宝公司接手加拿大艾芬豪矿产公司后，在严格按照先前的国际标准施工的基础上，进一步提高了环境保护的技术标准。

事件发生之后，中国驻缅甸大使馆立即发表声明表示，蒙育瓦合资铜矿是中缅两国商界合作的项目，将给双方带来益处。声明同时表示，项目的搬迁、赔偿、环保以及利润分享等问题在早前已经通过双方协商有了结论，并符合缅甸法律法规要求，也希望缅甸各阶层能够遵循缅甸法律法规，为该项目顺利运行创造有利环境。

在普通村民、民主团体和大众媒体合力发起的这场舆论炮轰中，可以发现，其质疑声主要集中在项目强占土地、破坏环境及毁坏宗教文物等方面。但是，在项目公司看来，这些说法都站不住脚。驱散行动招致强烈的民间反对声音，缅甸总统办公室随即于 12 月 1 日发表声明，将成立由民盟领导人昂山素季领导的委员会，负责调查这一铜矿扩建计划所引起的抗议。声明中指出，委员会将对抗议活动背后的社会和环境问题进行调查，并对中缅合资铜矿计划是否应该继续执行提出建议。不过调查委员会在 2 日正式宣布成立之后，缅甸总统府又于 3 日晚上宣布撤销委员会，并立即进行重组，从原先的 30 人调整到 16 人，而主要的原因是其中一些成员希望退出委员会，但是他们仍然对这一调查过程表示支持，并且认为在委员会之外独立开展一些调查会更加方便。不过委员会的主要架构没有太大变化，仍然是以昂山素季为负责人，政府、议会以及一些专家代表都会参与其中。目前，铜矿项目公司仍在与中缅政府、媒体及社区民众进行沟通，承诺一定考虑民众真实的诉求、澄清误会、表达诚意，争取在最短时间找到一个务实的解决方案。

虽然本次抗议行动引发了一些缅甸民众对中国企业甚至于中国的不满情绪，但是，大部分缅甸民众还是非常欢迎中国前来投资的，因为包括缅甸政府和民盟领导人昂山素季本人也都多次提到，中国是缅甸的邻居，无论遇到什么问题，都改变不了这两个国家是邻国这一事实，因此对待邻国要像对待朋友一样，中国也一直都对邻国采取友好政策，相信缅甸方面有责任心的政治家都会希望也会致力于与中方建立互惠互利、友好和相互尊重的关系。

随着缅甸逐步推进民主进程，其国内各种政治势力纷纷涌现，为了捞取政治资本、增强政治影响力，这些政治组织和势力有意抓住这个项目大做文章。虽然该项目和附近村民之间曾存在一些问题，但都是经济层面的，但2012年6月开始，形势发生变化，各种政治势力纷纷涌到附近地区，有组织地进行示威活动，蓄意扩大矛盾，甚至通过不正当手段把宗教势力引入纠纷。这些示威活动提出的诉求已经不再是经济诉求，而是完全转变为政治诉求。因此，该项目之所以面临巨大"民愤"，与缅甸国内的政治转型是分不开的——一系列缅甸民主势力开始成为社会政治生活的主角，希望争取国内外支持。

不过也有媒体认为，在这场抗议事件中，并不存在所谓政治势力为自己的目的推动矛盾升级。虽然抗议行动中确实有"88学生组织"等民间组织的成员在场鼓励村民抗议，但这只是缅甸民主进程的一个必然发展，因为民众越来越意识到表达自己的不满是他们的权利。村民们的抗议并非"反华"，而主要是对自身处境的担忧，当然也因此而导致对中方公司的一些不满情绪。分析者也认为，抗议者与当局的对峙行动，是长期被压迫的缅甸民众在刚刚结束了数十年军政府铁腕统治后，考验新获得自由尺度的最新行动，这也被视为新政府如何处理军政府时期强征土地问题以及如何应付示威者的考验性案例。

2．案例启示

万宝矿业缅甸铜矿项目自开发以来，经历了一系列风险，因矿区周边村民阻工，项目曾一度遭遇停工。万宝矿产针对这种复杂多变的外部环境，迅速采取有力措施，一方面，及时与中缅两国政府、非政府组织及合作伙伴沟通协作；另一方面，主动开展媒体公关及沟通，并持续开展社区帮扶，实施待业补助金计划、社区发展基金、中小企业计划等，妥善解决了矿区佛塔搬迁，编制完成了环境和社会影响评价报告。通过积极努力，项目面临的多重风险逐一化解，赢得了缅甸政府当局、多数村民和昂山素季领衔的调查委员会的充分肯定和大力支持，重新回到了开发建设的原定轨道。

（1）共赢带动发展。缅甸正处于社会转型阶段，百废待兴，矿产资源开发将对缅甸经济社会发展和人民生活水平提高发挥重要作用。万宝矿产作为一家负责任的中国公司，在加强与缅甸矿业部下属第一矿业公司、经济控股公司等缅方合作伙伴商业合作的同时，将维护当地社区居民的福祉放在公司战略的核心位置。通过帮助当地村民发展中小企业，组建建筑队、运输队等具体举措，使他们改变过去以农为生的传统生活方式，获得新的生计技能，最终使其随着矿山开发而获得自我良性发展，不断提高生活水平。

（2）践行企业社会责任。矿产资源开发是高能耗、易污染的行业，容易对自然环境造成破坏，作为从事矿产资源开发的专业公司，万宝矿产始终把保护环境、维护自然和谐作为企业重要的社会责任。自项目启动以来，公司便设立专项基金，致力于环境可持续建设，造福矿区周边人民，待矿区进入正式生产阶段后，公司每年将投入200万美元用于矿山闭坑，严格执行国际通行环保标准，真正实现矿区可持续发展。

（3）做好媒体宣传。主动与媒体打交道是万宝矿产过去两年在改善项目所面临的外部关系上所采取的一个切实有效的手段。2012 年以来，面对复杂的外部环境，公司改变中国企业只做不说的传统，主动与国际、国内以及缅甸当地媒体接触，接受媒体采访，如接受《华尔街日报》、BBC、VOA、《金融时报》《经济学人》等全球知名媒体专访，邀请《人民日报》、中央电视台、《环球时报》、凤凰卫视等国内媒体和众多缅甸媒体现场采访，不定期举行媒体开放日，召开新闻发布会，公开透明地向媒体介绍项目最新进展情况，绝大部分媒体从最初对莱比塘铜矿项目的质疑纷纷转变为客观公正地报道。

第七章
菲律宾环境管理制度及案例分析[①]

一、菲律宾基本概况

（一）自然资源

菲律宾位于亚洲东南部，位于北纬 5°～21°、东经 117°～127°。从北到南长达 1 000 km，北邻中国台湾和中国大陆、日本、朝鲜半岛；西接泰国、越南、柬埔寨、老挝、缅甸、印度；东临太平洋；南部和西南与印度尼西亚、马来西亚隔海相望；是亚洲、大洋洲两大陆和太平洋之间以及东亚和南亚之间的桥梁。

菲律宾总面积 29.97 万 km²，由 7 100 多个岛屿组成，其中 2 773 个已有名称，其余的尚未起名，被称为"千岛之国"。菲律宾群岛中有 11 个大岛，占全国总面积的 94%。按照地形和岛屿排列情况通常将群岛分为吕宋岛（菲律宾第一大岛，面积为 40 814 km²）、维萨亚群岛、棉兰佬岛（菲律宾第二大岛，面积为 36 906 km²）、巴拉望群岛和苏禄群岛。菲律宾地貌复杂多样，有山脉、平原、高原、峡谷、湖泊、大河、火山、草原、森林等诸多形态。菲律宾境内山地面积占总面积的 2/3，海陆对比很明显，西侧中国南海，深达 5 000 m 以上；东侧太平洋，深达 6 000 m 以上。菲律宾位于太平洋边缘的火山地震带之上，全境

---

① 本章由周军编写。

有火山 50 多座，其中活火山 11 座。最有名的活火山是吕宋岛的"马荣火山"，该火山在 1616—1968 年喷发 30 余次。

菲律宾海岸线总长 18 533 km，多天然良港。海岸有 61 个自然港，马尼拉湾是世界上最好的港湾之一，水域达 770 km^2。菲律宾群岛遍布河流，最长的河流是 Cagayan 河，流经亚洲最著名的烟草生产地区 Cagayan 峡谷。Laguna de Bay 是菲律宾最大的淡水湖，位于吕宋岛 Laguna 省和 Rizal 省的环绕之中。

菲律宾属热带海洋性气候，全年阳光充足，一年分干季、湿季两季。湿季为 5—10 月，高温多雨；干季为 11 月至次年 4 月，炎热干燥。菲律宾国土南北狭长，东西有山脉分隔，因此南部与北部、东海岸与西海岸之间的气候均有差别。全年平均气温为 26.6℃上下。

菲律宾矿藏主要有铜、金、银、铁、铬、镍等 20 余种。铜蕴藏量约 48 亿 t、镍 10.9 亿 t、金 1.36 亿 t。地热资源丰富，预计有 20.9 亿桶原油标准的地热能源。巴拉望岛西北部海域初步探测的石油储量约 3.5 亿桶。菲律宾有森林面积 676.6 万 hm^2，占土地面积的 22.7%。主要森林类型有龙脑香林、松林、红树林和苔藓林等，拥有丰富的竹藤资源。此外，椰子人工林和橡胶林也占有相当大的比重[①]。菲律宾境内野生动物以哺乳类为主，多达 200 种，大部分为翼手目与食虫目；鸟类约有 750 多种。主要动物有野水牛、眼镜猴、鼠鹿、刺猬、老鼠、食猴鹰等。

（二）社会人口

菲律宾总人口为 1.01 亿（2015 年 7 月）。马来族占全国人口的 85%以上，包括他加禄人、伊洛戈人、邦班牙人、维萨亚人和比科尔人等；少数民族及外来后裔有华人、阿拉伯人、印度人、西班牙人和美国人；还有为数不多的原住民。有 70 多种语言。国语是以他加禄语为基础的菲律宾语，英语为官方语言。国民约 85%信奉天主教，4.9%信奉伊斯兰教，少数人信奉独立教和基督教新教，华人多信奉佛教，原住民多信奉原始宗教。

全国划分为吕宋、维萨亚和棉兰老三大部分，设有首都地区、科迪勒拉行政区、棉兰老穆斯林自治区等 17 个地区，下设 81 个省和 117 个市。首都称"大马尼拉"（Metro Manila），地处菲律宾群岛中最大的岛屿——吕宋岛西岸，也称"小吕宋"，面积达 636 km^2。马尼拉现有人口约 1 130 万（2015 年），是亚洲最大的城市之一，也是亚洲最欧化的城市，有人称之为"亚洲的纽约"。马尼拉是菲律宾的经济中心，它集中了全国半数以上的工业企业，主要有纺织、榨油、碾米、制糖、烟草、麻绳、冶金企业等，产值占全国的 60%。近年来，跨国公司利用当地的人力资源优势，形成了独具特色的全球服务外包基地。马尼

---

① 国家林业局，菲律宾林业概况，http://philippines.forestry.gov.cn/article/1658/1659/1673/2014-08/20140818-010141.html。

拉还是菲律宾的重要交通枢纽和贸易港口，全国出口货物的 1/3 和进口货物的 4/5 集中在这里。菲律宾第二大城市为宿务，位于维萨亚群岛中部。

菲律宾宪法规定，中小学实行义务教育。政府重视教育，鼓励私人办学，为私立学校提供长期低息贷款，并免征财产税。初等、中等教育以政府办学为主。截至 2013 年，全国共有中小学 59 000 多所，小学生入学率达 91%，中学生入学率为 60%。高等教育主要由私人控制。全国共有高等教育机构 1 500 多所，在校生约 244 万人。著名高等院校有菲律宾大学、阿特尼奥大学、东方大学、远东大学、圣托玛斯大学等。

（三）经济发展

菲律宾属出口导向型经济。第三产业在国民经济中地位突出，农业和制造业也占相当比重。20 世纪 60 年代后期实行开放政策，积极吸引外资，经济发展取得显著成效。80 年代后，受西方经济衰退和自身政局动荡影响，经济发展明显放缓。90 年代初，拉莫斯政府采取一系列振兴经济措施，经济开始全面复苏，并保持较高增长速度。1997 年爆发的亚洲金融危机对菲律宾冲击不大，但其经济增速再度放缓。前任总统阿基诺执政后，增收节支，加大对农业和基础设施建设的投入，扩大内需和出口，国际收支得到改善，经济保持较快增长。2012—2015 年经济增速分别为 6.8%、7.2%、6.1%、5.8%。

2015 年菲律宾 GDP 总值达 2 919.7 亿美元，人均 2 875 美元。一、二、三产占 GDP 的比重分别为 9.5%、33.5%、57%，仍保持服务业带动、工业为辅、农业疲软的经济结构[①]。

1. 农业

菲律宾有 3 000 万 hm^2 国土面积，47% 是农业用地，主要集中在城市附近及人口稠密地区。农业用地又分为粮食用地、其他食物用地和非食物用地。其中粮食用地占 31%（401 万 hm^2）、其他食物用地占 52%（833 万 hm^2）、非食物用地占 17%（220 万 hm^2）。粮食用地中，玉米 334 万 hm^2，水稻 331 万 hm^2，其他食物用地中，椰子用地最大为 425 万 hm^2，甘蔗 67.3 万 hm^2，工业作物 59.1 hm^2，果树 14.8 万 hm^2，蔬菜和块根作物 27 万 hm^2，牧场 40.4 万 hm^2。菲律宾农业作物可以分为两大类：一类为粮食作物，以供应本国消费为主，主要是稻米、玉米，约占已耕地面积的 2/3；另一类为经济作物，以供应国际市场为主，主要是椰子、甘蔗、蕉麻、烟草、香蕉、凤梨、橡胶等，约占已耕地面积的 1/3。

2015 年，菲律宾农业行业产值为 299.7 亿美元，同比仅增长 0.2%，低于亚洲其他发展中国家 3% 的平均增速。受厄尔尼诺、干旱等因素影响，占农业产值 51.8% 的谷物种植产值下降 1.95%。其中，稻米产量 1 815 万 t，下降 4.3%，单产为 3.9 t/hm^2；玉米

---

① 驻菲律宾经商参处，2015 年菲律宾经济形势及 2016 年展望，http：//ph.mofcom.gov.cn/article/law/201605/20160501319042.shtml。

产量 752 万 t，下降 3.2%，单产为 2.93 t/hm^2。家畜产值增长 3.8%，家禽产值增长 5.7%，渔业产值下降 1.9%，林业产值下降 12.7%。

2. 工业

菲律宾独立前，工业基础比较薄弱，为数不多但规模较大的椰油、制糖、卷烟、锯木等出口加工工厂都被美国垄断集团所控制并为美国市场服务。民族工业则只是一些规模小、资金短缺、技术落后、生产国内市场消费品的小型工厂和手工工业。当时全国仅有一座大型发电厂，开采的矿产品供出口，而且都是以原始矿产品的形式出口。

菲律宾独立后，开始实行工业化计划。30 多年来，工业发展速度与规模有较大的增长与扩展。现在，菲律宾已经有了一些汽车装配、电子、化学、金属加工、石油提炼、机器制造、钢铁冶炼等新兴工业和重工业，并开始进行海底石油的勘探与开采，扩大了火力和水力发电，兴建了地热发电站和原子能发电站。

2015 年菲律宾工业产值为 901.9 亿美元，同比增长 6%。其中，制造业、建筑业、能源和矿业产值占比分别为 65%、22.3%、10.2% 和 2.5%。菲律宾制成品主要是电子、食品等轻工产品，占制造业产出的比重接近 60%。2015 年，制造业同比仅增长 2.5%，增幅较 2014 年的 10.5% 下滑较大，显示出国际经济不景气对菲律宾本土制造业带来的负面影响。建筑业继续高速发展，增幅达 10.3%，连续第 4 年实现两位数增长。此外，能源行业增长 1.2%，矿业下降 17.2%。

制造业主要集中在大马尼拉区，它集中了全菲律宾小型工业企业的 31%、中型工业企业的 66% 和大型工业企业的 57%。宿务、内格罗斯岛的巴哥洛的制造业也较发达。

3. 服务业

菲律宾服务业对整体经济增长的贡献举足轻重。2015 年服务业总产值为 1 718 亿美元，同比增长 6.7%。服务贸易进出口总额达 554.4 亿美元，同比增长 17.5%（当年货物贸易为负增长 1.7%）。其中，服务贸易出口 328.7 亿美元，同比增长 21%；进口 225.7 亿美元，同比增长 12.8%；顺差 103 亿美元，货物贸易则为连年逆差。服务外包（BPO）可谓菲律宾服务业"皇冠上的明珠"，2015 年菲律宾国内上千家 BPO 公司产值达 220 亿美元，同比增长 16.4%，吸收就业 120 万人。

此外，菲律宾旅游业发展良好。2015 年菲律宾共接待外国游客 536 万人次，同比增长 10.9%。旅游收入 50 亿美元，同比增长 5.9%，约占 GDP 的 8%。吸收就业 500 万人，占劳动力人口的 12.7%。韩国、美国、日本是菲律宾前三大游客来源国，当年游客人数分别为 134 万人次、77.9 万人次、49.6 万人次；中国是菲律宾第四大外国游客来源国，达 49.1 万人次，同比增长 24.3%，占比 9.2%。

4. 对外贸易

近年来，菲律宾政府积极发展对外贸易，促进出口商品多样化和外贸市场多元化，进出口商品结构发生显著变化。非传统出口商品如成衣、电子产品、工艺品、家具、化肥等的出口额，已赶超矿产、原材料等传统商品出口额。与 150 个国家有贸易关系。主要出口产品为电子产品、服装及相关产品、电解铜等；主要进口产品为电子产品、矿产、交通及工业设备。2015 年菲律宾货物贸易进出口总额达 1 253.3 亿美元，同比下降 1.7%。其中，出口 586.48 亿美元，同比下降 5.6%；进口 666.85 亿美元，增长 2%。菲律宾外贸连年逆差的局面仍未改观，当年逆差更是猛增 143.8%至 80.37 亿美元。菲律宾前五大贸易伙伴分别是日本、中国、美国、新加坡和中国香港。

据菲律宾央行统计，2015 年菲律宾吸收外国股本投资 25.9 亿美元，同比增长 4.5%，其中新增股本投资 18.4 亿美元，同比增长 15.1%；再投资 7.5 亿美元，同比下降 14.8%。全年共吸引外资（协议投资额）2 452 亿比索（约 53.9 亿美元），同比增长 31.2%，占总投资额的 35.7%，主要流向制造业和能源领域，占比分别达到 55%和 19%。

5．交通

菲律宾的重要基础设施是根据《建设、经营转让法》（即 BOT 法）来建设的。该法允许私有投资者建设和经营基础设施，再在一定时间后移交菲律宾政府。菲律宾政府利用日本、美国、欧盟、世行、亚行及国际货币基金的融贷，吸引许多国内外企业参与公共工程投资、兴建及运营，基础设施正处在建设和完善的过程中。

菲律宾公路通行里程约 20 万 km，国家级占 15%、省级占 13%、市镇级占 11%，其余 61%为乡村土路，客运量占全国运输总量的 90%，货运量占全国运输货运量的 65%。可全天候通行的里程不及一半。高速公路总长 200 多 km。"泛菲公路"是菲律宾最长的公路，北起吕宋岛的拉奥市，南抵南棉兰老岛西北部的三宝颜市，全程长达 1.3 万 km。

水运总长 3 219 km。共有 414 个主要港口，主要港口为马尼拉、宿务、怡朗、三宝颜等。大多数港口需要扩建和升级，以容纳大吨位轮船和货物。菲律宾的集装箱码头设施完善，能高速有效地处理货运。马尼拉国际集装箱码头是亚洲效率最高的五大码头之一。内河航运主要河流有卡加延河、棉兰老河和阿古桑河。

铁路总长 1 400 km，主要集中于吕宋岛，其中可运营的铁路仅千余公里，其余均需改造升级。

航空运输主要由国家航空公司经营，全国各主要岛屿间都有航班，大多数主要航线每天或每周都有多个航班从马尼拉飞往亚洲国家首都以及美国、欧洲与中东的主要城市。菲律宾共有 200 余个机场，其中 8 个为国际机场（重要的国际机场位于马尼拉和宿务）；85 个为国营机场，其余为私营机场，但很多机场设施落后，许多省会机场是土石跑道的简易机场。

二、菲律宾环境现状

(一)大气环境

菲律宾各省市均设有空气质量监测站,截止到 2011 年,环境和自然资源部的空气质量监测站的监测网络覆盖 15 个大区,共设立 63 个监测站。除了由国家统一设立的监测站外,一些城市也开展了独立的由城市内部资金或国际项目资助的空气质量监测活动(怡朗市和卡加延-德奥罗市)。

监测数据显示,尽管菲律宾全国的总悬浮颗粒物年均水平呈现下降趋势,但整体水平仍然不能达到国家环境空气质量标准值要求。图 7.1 显示了 2008 年 12 个区域的总悬浮颗粒物平均水平,有 7 个地区没有达到国家环境空气质量标准中的年平均浓度 90 μg/m^3 的标准。在国家首都区的一个监测站观测到最高的总悬浮颗粒物浓度值为 695 μg/m^3。

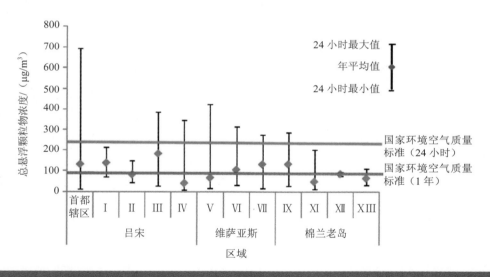

图 7.1 菲律宾 2008 年地区总悬浮颗粒物年平均值

菲律宾核研究院对 2002—2008 年马尼拉大都会地区监测数据进行分析得出,采样点的 PM$_{10}$ 年平均水平并未超过国家环境空气质量标准中 60 μg/m^3 的标准。PM$_{10}$ 的年平均水平在 2006—2008 年呈现轻微下降趋势(图 7.2)。但所有 PM$_{2.5}$ 采样点的年平均水平都超过了世界卫生组织给出的 10 μg/m^3 的长期指导值(图 7.3)。

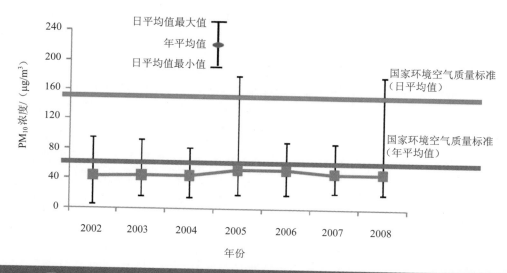

图 7.2　2002—2008 年菲律宾核研究院在国家首都区采样点的 PM_{10} 年平均水平

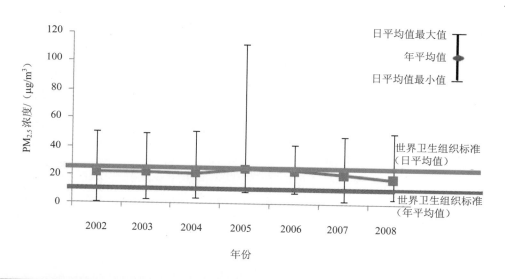

图 7.3　2002—2008 年菲律宾核研究院在国家首都区采样点的 $PM_{2.5}$ 年平均水平

（二）水环境

菲律宾有 18 个流域，421 条河流，流域面积为 108 923 km²，约占国家总面积的 1/3。湖泊有 79 个，主要用于渔业生产。由于菲律宾岛屿众多，沿海和海水面积约 266 000 km²。据估计，2025 年全国需水量将增长至 8 800 万 m³（2000 年为 4 300 万 m³）。目前菲律宾需水量最大的环节是农业，占供水量的 86%。工业和商业用水量占总供水量的 8%，居民用水占 6%。供水系统不完善以及对水资源的低效利用使得菲律宾可被利用的水资源并不充裕。1995 年菲律宾就已宣布进入水资源危机。

根据 2008 年的数据，菲律宾大约有 25%的水域面临较为严重的退化。在马尼拉市，水污染是十分普遍的问题，大部分地表水在旱季都已丧失生物功能，大约有 58%的地下水受到大肠杆菌的污染，国内将近一半的河流水质已在标准之下。每年由水污染造成的经济损失达 10 亿欧元，其中 4 400 万欧元用于医疗健康，2.53 亿欧元来自渔业减产。

由健康部监测的 1996—2000 年所有病例中有 31%由水污染引起。腹泻是全国第三大疾病；疟疾所占比重虽然比较小，但其区域爆发性不容忽视，2004 年在邦阿西楠的一次爆发就导致了 3 424 个病例。另外，每年大约有 6 000 例非自然死亡是由水污染造成的。不过自 20 世纪 90 年代中期以来，菲律宾国内由水污染造成的病例数量呈逐渐下降趋势。

根据环境管理局《国家水质状况报告（2006—2013）》，截至 2013 年①，环境管理局根据水体用途将 688 个水体（313 条主要河流、301 条小河流、16 个湖泊和 58 个沿海水域）分为不同类别，由于 167 个水体可以多种方式分类，最终共有 874 个分类水体。其中，地表水有 5 个 AA 类水体、234 个 A 类、197 个 B 类水体、333 个 C 类水体和 27 个 B 类水体。沿海和海水有 5 个 SA 类水体、37 个 SB 类水体、35 个 SC 类水体和 1 个 SD 类水体，具体每类水体功能参见菲律宾环境标准一节。

2006—2013 年监测的地表水水质概况如下：在监测溶解氧（DO）的 138 个水体中，81 个（59%）水体水质评价为好（即水质参数值达到标准），40 个（29%）水体水质评价为一般（即水质参数值部分达到标准，样品达标率为 50%~97.99%），17 个（12%）水体水质评价为差（即不能达到用途使用标准，样品达标率为 0~49.99%）。在监测生化需氧量（BOD）的 131 个水体中，75 个（57%）水体水质评价为好、41 个（31%）水体水质评价为一般、15 个（12%）水体水质评价为差。在监测总悬浮颗粒物（TSS）的作为饮用水供应的 40 个水体中，13 个（32%）水体水质评价为好、22 个（55%）水体水质评价为一般、5 个（13%）水体水质评价为差（图 7.4）。此外，只有 27%的监测磷酸盐和硝酸盐的水体达到相应标准。在监测汞、镉、铅等重金属的水体中，83%、44%、39%的水体符合规定标准。

在菲律宾，农业废水、生活污水、工业废水和固体废物未得到妥善处理而经常在人口稠密地区造成严重的水污染。根据 2013 年环境管理局测算，水污染的点源贡献中，农业点源产生 BOD 约 45%，生活污水产生 BOD 约占 31%，工业产生 BOD 约 24%。在非点源贡献中，农业生产产生 BOD 约 61%，城镇非点源产生 BOD 约 29%，森林径流产生 BOD 约 10%。

---

① Environmental management bureau of Department of Environment and Natural Resources of Philippines. National Water Quality Status Report（2006—2013）. 2014.

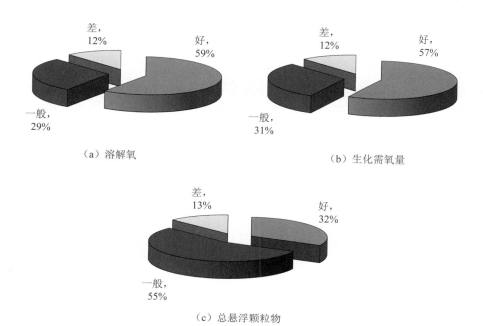

（a）溶解氧　　　　　　　　　　　　　　　（b）生化需氧量

（c）总悬浮颗粒物

数据来源：National Water Quality Status Report（2006—2013）。

图 7.4　2006—2013 年菲律宾地表水主要指标监测达标情况

（三）土壤环境

土壤侵蚀或肥沃表土的流失是菲律宾面临的环境问题之一。在菲律宾，夏天季风带来的暴雨冲蚀了缺乏植被的陡坡山地。过度砍伐森林是菲律宾土壤侵蚀严重的重要原因之一。此外，放牧区经营不适当、道路和基础设施项目计划不好、矿物废弃物的处置不当、排水系统的建设不足或计划不周等也是造成菲律宾土壤侵蚀严重的重要原因。

根据菲律宾国家研究理事会的报告，在全菲律宾省份和主要岛屿中，有 1/3 左右存在严重的土壤侵蚀问题。土壤侵蚀造成一系列不良后果，如农地肥力退化，洪水频率增加，水库、沟渠和河流淤塞，建筑物、道路和公共工程受到破坏以及野生动植物资源减少等。据相关研究，20 世纪 90 年代，菲律宾低地和冲积平原富饶的田地已减少了约 300 万 hm^2。由于马基林被伐林地的表土被暴雨冲蚀流入内湖湾，导致内湖淤泥沉积严重，该湖的平均深度已减少约 3 m。

（四）生物多样性

菲律宾的生物多样性丰富（表 7.1、表 7.2），物种数量全球排名第五，拥有野生动物 22 103 种，其中特有物种上百种，菲律宾特有鸟类全球排名第四，爬行动物全球排名第六；

在菲律宾 20 000 多种蝴蝶当中特有物种占 70%以上。全球 54 个红树林的物种当中有 40 多种在菲律宾。菲律宾海洋生物也非常丰富，全球 800 多种珊瑚虫，菲律宾占到 500 种，其中 21 种记录在案。菲律宾拥有 308 种淡水鱼，其中 48 种属特有物种，占 16%，但有 25 种受到威胁，其中有 22 种特有物种濒危。在菲律宾有很多植物和动物非常特别，包括世界最大的鹰，最大的眼镜蛇、樱木、蛇类，最小的鹿，最大的花，会飞的狐狸、云蝙蝠，最大的蚌类、鲨鱼等[①]。

表 7.1 菲律宾野生动物状况

分类	物种总数	常见物种数目
两栖类	109	88
爬行类	290	224
鸟类	576	257
陆地哺乳动物	188	111
昆虫	20 940	待定
总计	22 103	680

表 7.2 菲律宾植物状况

植物	估计物种数目	常见物种数量
被子植物	8 120	5 800
裸子植物	33	未知
蕨类植物	1 100	285
苔藓植物	1 271	195
藻类	1 355	未知
真菌、霉菌、水霉	3 555	未知
地衣	789	未知
总计	16 233	—

菲律宾的红树林从 1918 年的 45 万 hm^2，已下降至目前的 17 万 hm^2，由于砍伐、破坏性捕鱼、污染、气候变化，很多自然栖息地受到破坏。

---

① 中国—东盟环境保护合作中心：《中国—东盟环境合作——生物多样性与区域绿色发展》，中国环境出版社，2013 年版。

（五）森林资源

菲律宾森林面积为 676.6 万 hm^2，占土地面积的 22.7%。菲律宾的主要森林类型有龙脑香林、松林、红树林和苔藓林等。就森林的分布而言，吕宋岛东北部的卡加延山谷是菲律宾最重要的木材生产区，拥有 150 万 hm^2 的森林，森林覆盖率达 43%。该地的龙脑香原始林占菲律宾全部龙脑香林的 40%。另外，南棉兰老岛的森林面积为 103 万 hm^2，北棉兰老岛为 84.3 万 hm^2。巴拉望岛拥有大面积的阔叶林。松林集中在海拔 800 m 处及北吕宋岛的中科迪勒拉山脉。红树林主要分布在棉兰老岛。

菲律宾还拥有丰富的竹藤资源。据调查，龙脑香林中的竹、藤贮量（按长度计算）分别为 4.6 亿 m 和 10.7 亿 m。此外，椰子人工林和橡胶林也占有相当大的比重。

由于非法采伐、轮垦及迁徙农业、森林火灾、其他天灾、毁林予农、人口居住、林中空地和沼泽地等原因，菲律宾林地急剧减少，再加上木材加工业生产不断扩大，森林资源日趋紧张。因此，菲律宾政府不得不采取措施实施迹地更新造林、限制木材采伐量并限制木材出口。

（六）海洋环境

菲律宾海岸线全长为 18 533 km。全国 82% 的县位于沿海地区，人口的大多数依靠渔业或在沿海采集海产品生活。人口增加和工业的发展，使沿海海洋资源受到了较大开发，水质污染加重。马尼拉湾内的水质污染源主要是生活排水。来自大马尼拉的未处理排水通过管道排放到马尼拉湾约 2 km 的海上。工业排水量少于生活排水量，这是由于企业在某种程度遵守政府的规定，设置排水处理设施的原故。大马尼拉以外的地区，水质污染的原因主要是制糖厂、造纸厂、食品厂排水。来自船舶的污染和漏油也是海洋的主要污染源。

截至 2013 年，菲律宾环境管理局共设置了 29 个沿海水域和海水监测点，其中 1 个目标为 SA 类，17 个目标为 SB 类，11 个目标为 SC 类。2006—2013 年，环境管理局主要监测沿海海域的粪大肠杆菌、总大肠杆菌和溶解氧等指标。在监测粪大肠杆菌的 17 个 SB 类水体中，只有 2 个（12%）水体水质评价为好、4 个（24%）水体水质评价为一般、11 个（64%）水体水质评价为差。在监测总大肠杆菌的 23 个水体中，5 个（22%）水体水质评价为好、10 个（43%）水体水质评价为一般、8 个（35%）水体水质评价为差。在监测溶解氧的 26 个 SA、SB 和 SC 类水体中，12 个（46%）水体水质评价为好、14 个（54%）水体水质评价为一般。

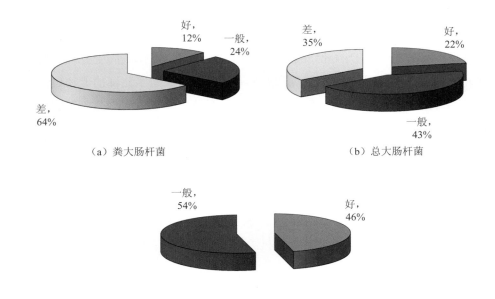

（a）粪大肠杆菌   （b）总大肠杆菌

（c）溶解氧

数据来源：National Water Quality Status Report（2006—2013）。

图 7.5   2006—2013 年菲律宾沿海海域主要指标监测达标情况

（七）固体废物

在菲律宾，超过 50%的人口居住在城市，且这个比例还在不断增加。随着人口的快速增长和处置场地的缺乏，固体废物的处理处置已经成为菲律宾中型和较大城市的主要问题。近年，固体废物管理系统的不健全已经带来了严重的环境污染问题，并威胁到居民健康。

根据 2010 年统计数据[①]，菲律宾人均产生固体废物量约 0.4 kg/（人·d），马尼拉和城镇化程度高的城市人均产生固体废物量约 0.69 kg/（人·d），一般省会城市人均产生固体废物量约 0.5 kg/（人·d）。在此基础上，结合人口增长情况，预计到 2020 年，全国固体废物产生量将从 2014 年的 1 466 万 t 增加到 1 663 万 t，马尼拉固体废物产生量将从 2014 年的 359 万 t 增加到 444 万 t，占全国固体废物产生量的比例也将从 2014 年的 24.5%上升到 26.7%。

城市固体废物主要来自居民、商业、机构和工业。其中居民排放约占 56.7%，包括厨余垃圾、废纸和纸板、玻璃瓶、塑料容器、箔、尿片、电池和电子废弃物等。商业废物约占 27.1%，包括公共和私人市场产生的垃圾。机构排放约占 12.1%，包括政府办公室、教

---

① Environmental management bureau of Department of Environment and Natural Resources of Philippines. National solid waste management Status Report（2008—2014）. 2015.

育和医疗机构产生垃圾。工业和制造业排放废物约占4.1%。

菲律宾固体废物中可生物降解的占半数以上（52.31%），包括厨房、食品、花园废物等。可循环的废物约1/3（27.78%），包括垃圾包装、废纸和纸板、金属、玻璃、纤维、皮革等。包括家庭健康护理、电子和其他有毒有害废物在内的特殊废物约1.93%。其他废物占17.98%，包括一次性废物和惰性材料。

根据菲律宾《固体废物生态管理法》（9003号法），其废物管理框架基于避免、减少、再使用、再循环、回收、处理、安全处置的理念，该法要求在每个区都有对应的物质回收设施，设施可接收、分类、处理和存储可堆肥和循环的物质，菲律宾物质回收设施数量已从2008年的2 438个大幅增加至2014年的8 656个。

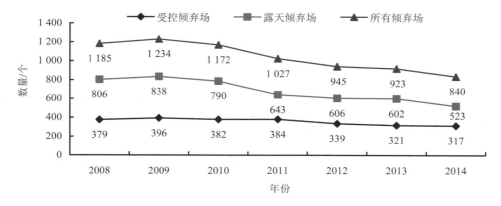

来源：National solid waste management Status Report（2008—2014）。

图7.6　2008—2014年菲律宾固体废物倾弃场数量

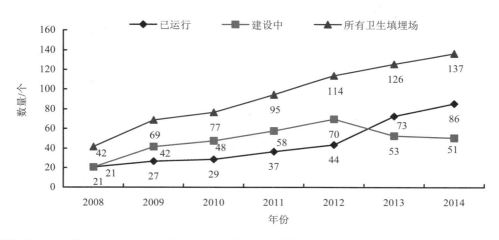

来源：National solid waste management Status Report（2008—2014）。

图7.7　2008—2014年菲律宾卫生填埋场数量

在菲律宾，最常见的废物处置方式是露天倾弃、露天焚烧或向河中倾倒。《固体废物生态管理法》于 2004 年下达向卫生填埋场转化的命令，一些城市和自治区政府正在计划将当地的露天倾弃场改建为受控倾弃场和卫生填埋场，但露天倾弃场数量仍然较多。

菲律宾的危险废物主要来源于金属制造业、机械设备制造业。根据 21 世纪初数据，菲律宾危险废物年产量约为 27 万 t，其中金属制品、机械设备生产业排放量占 26%、电气水供应占 23.2%、食品与烟草生产占 15%。

三、菲律宾环境管理机构设置和主要部门职能

（一）政府部门

1．执行机构

菲律宾的环境管理执行机构分为国家和地方两个层面[①]。

国家层面主导环境保护工作的是环境与自然资源部（The Department of Environment and Natural Resources），该部根据第 192 号令成立于 1987 年，由菲律宾自然资源部易名而来，其总部位于菲律宾马尼拉市以北的奎松市。环境与自然资源部主要负责全国的环境和自然资源，尤其是森林、草场和矿地的保护、管理、开发和合理利用，公平分配从自然资源开发中获得的利益。环境与自然资源部的主要职能包括：向议会提出关于环境和自然资源管理的政策、规划和计划；发布和执行相关的法律、法规和标准，发放相关许可证，征收税费；控制和管理自然资源，包括对自然资源进行分级、编目、勘探、保护、复垦和公平地分配来自自然资源的利益。

环境与自然资源部由机关本部、局和区域办公室组成。机关本部包括部长办公室、副部长办公室、助理部长办公室、公共事务办公室、特别关注办公室和污染审判委员会。该部下设 6 个管理局，分别为环境管理局、森林管理局、土地管理局、矿山和地球科学局、生态系统研究与发展局、保护区和野生动物管理局。环境与自然资源部下设 16 个区域办公室，每个区域办公室设 1 名执行主任和 4 名区域技术主任（森林管理、土地管理、保护区和野生动植物、生态系统研究）。

环境与自然资源部所设 6 个局中，与环境管理直接相关的主要是环境管理局，其职责是向环境与自然资源部部长提出环境管理、保护和污染控制相关事项的建议，具体包括：环境管理和污染控制立法、政策和项目；区域办公室高效实施环境管理和污染控制政策和项目的建议；环境影响评价的制度规定及提供实施制度的技术支持；固体废物和有毒有害

① 世界银行，The Philippines：Country Environmental Analysis，2009。

物质环境友好处置的政策制度；环境管理和污染控制法律方面的建议；协助召开污染事故公众听证会；提供污染审判委员会秘书处服务；协调机构间委员会准备菲律宾环境状况报告和国家保护战略；支持区域办公室整理和公开环境信息。

地方层面的实施机构为地方政府机构（Local Government Units），承担根据法规下放给地方实施的职能，其中与环境和自然资源管理相关的包括《中小企业环境影响法规》（第6810 号法）、《公共森林和流域管理》（第 7160 号法）、《综合社会森林项目》（第 7160 号法）、《基于社区的森林项目》（第 7160 号法）、《清洁空气法框架下的公害和污染管理》（第 8749号法）、《生态固体废物管理法框架下的固体废物管理》（第 9003 号法）等。环境与自然资源部下设的区域办公室协助地方政府机构加强能力建设和调动地方资源，提高地方管理能力和促进地方发展的可持续性。

2．立法机构

由参、众两院组成的国会为菲律宾制定法律的立法机构。参议院由 24 名议员组成，由直接选举产生，任期 6 年，每三年改选 1/2，可连任两届。众议院由 250 名议员组成，其中 200 名由各省、市按人口比例分配，从各选区选出；25 名由参选获胜政党委派，另外25 名由总统任命。众议员任期 3 年，可连任三届。

立法机构通过两种方式参与环境与自然资源管理：制定环境与自然资源法规或其他合适的法规；某些特定的法律会成立一些具体机构，如《清洁空气法》《清洁水法》就设立了监督委员会。

3．司法机构

司法机构通过司法审查影响环境和自然资源管理，预审法庭对违反环境和自然资源法律的犯罪案件具有审批权。同时，针对污染和矿产案例，环境和自然资源部的污染审判委员会和矿产裁定委员会有唯一的审批权，法庭只有受理上诉权。2008 年年初，最高法院指定了 84 个一级法院和 31 个二级法院作为环境法庭作为"绿色长廊"计划，可审定是否违反环境法规，被指定环保法庭并不丧失对其他类型案件的审理权力，这些法庭继续承担一般法庭的职能。最高法院和审判学会对这些法庭审理人员进行专门的技能培训。

（二）非政府组织

环保非政府组织在推动社区环境保护方面可发挥重要作用，菲律宾是亚太区域中非政府组织比较发达的国家之一。从 20 世纪 80 年代开始，菲律宾本国环保非政府组织开始逐渐活跃，参与了土地改革的环境、防止非法伐木和采矿造成环境损害的环境政策的制定。菲律宾主要的环境非政府组织有[①]：

---

① 亚洲开发银行，Country Environmental Analysis 2008—Philippines，2009。

（1）保护国际。是生物多样性领域全球最大的非政府组织之一，是菲律宾环境和自然资源部数个生物多样性保护项目的合作伙伴，包括 Sulu-Sulawesi 海景和生物多样性热点项目。

（2）环境法律援助中心。成立于 20 世纪 90 年代，协助代表遭受环境问题社区的人权律师开展相关活动。

（3）菲律宾环境基金会。成立于 1992 年，旨在通过开展项目和活动，加强非政府组织的作用，阻止菲律宾自然资源的快速破坏。

（4）Haribon 基金。已在菲律宾开展了 25 年环境保护活动的主要非政府组织，侧重于重要环境问题的政策和社区层面，包括为实施可持续发展的可行环境战略。该组织为菲律宾相关前沿环境项目做出了重要贡献，如国家综合保护区系统、基于社区海岸资源管理以及环境法教育和实践。

（5）人民环境网络。旨在为社会底层公众解决环境问题提供更多的协调。

（6）非木森林产品工作组。菲律宾非政府组织的合作网络，旨在解决高地森林居民的生存需求问题，资金来自欧洲委员会的小额捐款基金。

（7）菲律宾农村重建运动。成立于 1952 年，主要活动为设计和实施社区和居民发展项目。

（8）菲律宾世界野生动物基金。起步于保护菲律宾海洋环境，目前已扩展到淡水、森林生态系统、有毒物质和气候变化领域的活动，已在 11 个省和 28 个县实施了保护和发展项目。该组织致力于在全国范围内推行合适的环境政策和参与可持续产业活动，并在马尼拉和其他重要城市开展环境教育活动，实地项目包括支持地方海岸资源管理、基于社区的生态旅游、保护地管理和环境法执法等。

此外，企业和行业组织也成立了一些环境组织，包括：

（1）菲律宾污染控制协会。成立于 1980 年的一个非营利非政府组织，与政府在环境保护、土壤、大气和水污染预防和控制方面开展合作。该协会在污染审判理事会和大部分环境跨机构委员会中代表行业。

（2）菲律宾固体废物管理协会。成立于 2000 年的一个非营利组织，由地方政府、国家政府机构、非政府组织和研究机构中负责固体废物事项的人员组成，通过成员和国际组织的资助，该协会协助地方政府制定固体废物管理规划。

四、菲律宾环境保护法律法规及政策

（一）环境基本法

菲律宾的环境法系由新宪法、总统法令（1977 年的环境法典也是以总统第 1152 条法令颁布的）及单行的环境立法组成的。总的来说，菲律宾的环境法律法规体系在不断地完善，菲律宾政府也采取了一系列措施来加强环境法的实施，如将有限的执法力量集中在最大的污染企业、制止主要的污染源、组织行政机关联合执法、增加执法资金投入，并通过司法诉讼促进环境法的实施等。

1977 年，菲律宾正式颁布了《菲律宾环境政策法》和《环境法典》，为菲律宾环境保护法律体系架构了基本框架，并第一次宣布推行必要的环境综合保护管理措施。这两部基本法是参照美国的《环境政策法》制定的，其中《环境法典》将"建立国家环境保护委员会、制定综合的环境保护管理计划"作为立法目的。需要指出的是，《环境法典》虽然用了法典之名，但并没有法典之实，内容特定，只包含了环境保护的一些重要内容。

（二）环境影响评价相关法律法规

菲律宾多年来实行严格而完善的环境影响报告书制度，是东盟国家最早实行环评制度的国家，被称为实行环境影响评价最雄心勃勃的发展中国家。在菲律宾，环境影响评价被视为在国家发展决策程序中平衡环境与发展的重要手段，采取了种种立法措施保证此项制度的实行[1]。

菲律宾于 1977 年 4 月 18 日以总统令 1121 号成立了国家环境保护委员会，审核环评报告书是该委员会职能之一。之后，在总统令 1151 号"菲律宾环境保护政策"中明确提出了实行环境影响评价制度的要求，命令规定所有政府和私营部门在采取所有对环境质量能造成显著影响的行动时，都应该提交 EIA 报告，命令于 1978 年 6 月生效。由于缺少足够数量的专业人员，评价工作由各政府部门分散进行。1978 年 6 月总统令 1568 号缩小了评价范围，规定只有特定的发展计划和特定的地区才需要开展环评工作，以解决人手不足的矛盾。1981 年 11 月总统令 2146 号规定了对环境有重大影响需进行环评的三种工业和 12 个环境敏感地区。1981 年 11 月总统指令 1179 号授权 NEPC 颁发环境许可证，向所有 EIA 编制并通过评审的单位发放许可证书。1987 年 NEPC 与国家环境污染控制委员会合并，成为国家环境和自然资源部下属的环境管理局，负责 EIA 的组织和评审工作，许可证由国家环境保护委员会秘书颁发，作为工作继续进行的依据。

根据 1979 年和 1984 年的总统令，环境管理局的职能首先是向建设部门提出判断，判明该建设项目是否位于环境敏感区，以及环境敏感因子，该项目应该采用的评价技术、资料收集方法等。其次向总统及其权力机关请求免除某项环境报告书的要求。最后向环境管理局催办待决的 EIA 报告书。根据总统指令 1179 号，在各环境相关部门之间组成了一个环境联络组、组织各部门的环境专家，对报告书编制提供帮助和参与评审，协助环境管理

---

① 中国—东盟环境保护合作中心：《中国—东盟环境可持续发展政策对话与区域合作》，中国环境出版社，2016 年版。

局完成复杂项目综合环境评价任务。目前有 33 个部门的代表携手与环境管理局工作，每位代表有一位法律助手，这些人员通过咨询、会议、对话和信息交流，对本国 EIA 开展起到很大的推动作用。

总统令 1151 号中明确指出要解决个人、人口的增长、行业产业的发展、快速资源的使用以及加快技术进步之间的冲突，加快平衡经济发展和环境保护之间的矛盾，以环境适应证书为衡量标尺，促进各发展符合环境质量要求。

从管理框架来看，菲律宾 1981 年颁布 2146 号宣言，1996 年颁布 EO291 号法案，强调了政府、商界和其他各方必须要把环评整合到他们自己在项目审批和施工过程中的要求。2002 年颁布的 42 号行政令，进一步要求简化获得环境保护证书的流程及要求，提高申请环评证书的效率。2003 年又颁布了 30 号行政令，对于流程指南做了修订，对执行机构有了新的要求和简化。另外，将菲律宾的环评体系和 CCA 及 DRR 进行整合（2011 年），2014 年对筛选的流程和范围进行了精简。2146 号宣言中将需做环评的重要领域分为四个方面：重工业、资源获取型行业、基础设施项目（水坝、电厂等）以及高尔夫项目。

菲律宾针对环境影响的大小划分了环境重点区域，对环境影响评价进行分级管理，不同层次的环境影响评价工作由各个不同机构负责，分为项目环评、方案环评、计划环评、政策环评四个层级。环境管理局的主要任务是进行规划阶段的环评工作和战略环评。

根据总统令 1586 号，菲律宾的环境影响评价分为四个阶段：第一阶段，由工程责任部门准备环境影响评价报告书和环境影响说明书；第二阶段，传送 EIA 以征求各方面意见；第三阶段，举行公众听证会；第四阶段，批准 EIA 和颁发环境许可证。

进行上述工作，首先要确定是否需要开展该项目的 EIA 工作，EIA 牵头机构可协助作出此项判断。如不需要，建设单位可及时得到反馈信息，以指导下步工作如何进行。

在 EIA 送交之后，环境管理局将在报纸上发布一个简要的情况报道，在建设地重要位置竖立告示牌，以向各政府部门和公众兴趣小组提供情况，征求意见。之后根据意见征集决定是否需要召开公众听证会。对一些规模巨大、工程费用高昂、资源消耗多、环境影响显著的工程项目，公众听证会往往是需要的。

环境许可证还规定了工程应该采用的污染防治措施和污染控制装备。如建设部门不能履行环境许可证指令，许可证将暂缓或撤销，并处以 5 万比索以下的罚金。

菲律宾完备的法律体系力求达到 EIA 最佳效能，保证了 EIA 的顺利进行，负责而有能力的 EIA 评审委员会对推动此项工作开展也起到了巨大的推动作用。专家成员由国家环境保护委员会秘书提名，来自生态、湖沼、物理、环境化学、野生生物、植物、水文、社会学、环境经济、海洋生物、环境工程、历史、建筑、环保法、自然资源等各个领域。每次评审会出席专家由工程性质而定。评审一周前向专家提交报告书，由环境管理局协助评审专家进行现场考察。菲律宾每年完成 300 项环境报告书，其中 60%通过评审，其余需补做工作。

（三）其他环境管理法规

1. 大气环境保护

（1）《菲律宾清洁空气法》（RA 8749）。《菲律宾清洁空气法》的全称是《综合空气污染控制政策法案》（又称共和国 8749 号法令），于 1999 年 6 月 23 日签署生效，是一部专门针对空气质量管理的法律。该法律提供了国家管理空气污染的整体框架，通过政府的有效协调和适当授权，开展相应活动来实施空气质量管理；通过运用市场激励措施鼓励企业间开展合作和自觉遵守相关法规；预防为主，防治结合，设计并开展综合的空气污染管理项目；促进信息公开和公共参与、环境教育，鼓励群众对空气质量规划和监督方面积极地知情参与；对产生短期和长期不利环境影响的项目或活动实行问责制；设立专项基金或保证机制来减少空气污染，实施环境修复和人身损害补偿[1]。

（2）《清洁空气法实施细则》（环境与自然资源部行政命令 2000-81 号）。该实施细则根据《菲律宾清洁空气法》的条款做出补充规定，如细化了国家环境空气质量指导值、按检测结果设定达标区域/非达标区域、污染控制措施、达标区/非达标区的管理、空气质量管理信息系统、排放限额、许可管理、激励机制等。

（3）《菲律宾环境法典》（1152 号总统令）。这是一部集合所有环境要素管理的法律集合，对环境空气质量标准、国家排放标准、空气质量监测等内容做出了规定。

（4）《空气质量管理基金资助项目的筛选和实施标准》（环境与自然资源部备忘 10 号法令）。该标准规范了空气质量管理资金的使用，对资助项目的期限、管理、总结、审计等方面进行了详细规定。

（5）《环境与自然资源部委托进行第三方排放源测试指南》（环境与自然资源部行政命令 2006-03 号）。为向利益相关方、监管者和公众提供可靠的排放测试结果，该指南对排放测试公司的资质提出了严格要求，并指定技术委员会进行监管，规定了委托程序、排放许可证发放程序等内容。

（6）《关于建立国家水污染与空气污染控制委员会的法令》（共和国 3931 号法令）。为应对日益严重的空气污染与水污染，菲律宾成立了国家水污染与空气污染控制委员会，负责进行污染情况调查，召开听证会收集污染信息，发放、更新及取消许可，污染损害赔偿仲裁等。

---

[1]李盼文，彭宾：《菲律宾的城市空气质量状况及应对措施》。

2. 水环境保护

《菲律宾清洁水法》（共和国 9275 号法令）于 2004 年出台，旨在保护菲律宾整个水体不受土地污染源、农业、工业，以及社区和居民活动带来的污染损害。为解决污染源问题，将工业污染源、市政污染源整合到水资源管理框架中。水污染的裁决由污染裁决委员会负责[①]。

法律规定，所有排放污水的设施所有者应从环境与自然资源部或拉古纳湖发展部获取排放许可，无许可的现有企业要求在该法实施细则生效的 12 个月内得到排放许可。此外，任何排放废水的污染方都需缴纳排污费，数量基于纳污水体的承载量，所收排污费鼓励用于清洁生产和污染控制技术研发，统一管理区开展排污交易。同时对排放废水水质高于受体标准的企业或单位给予一定的奖励。所有可能的排污机构都要求建立环境保证金，作为其环境管理计划工作的一部分，保证金将用于流域和蓄水层保护、应急事件处理、清洁水体等项目。

法律禁止以下污染地表水、地下水和土壤的行为：向水体排放污染物阻碍水体自然流动、排放污染物至土壤污染地下水、未经准许开始施工、向海域丢弃可能传染的医疗废物、排放工业废物、运输和随意丢弃化学品、非法排放污水等。违反法律的行为，根据污染裁决委员会的建议，将采取按日计罚的方式，每天不少于 10 000 比索，但不高于 200 000 比索。

环境管理局作为实施《菲律宾清洁水法》的主要政府部门，其职责除制定相关的实施细则、政策和指南外，还包括颁发水污染排放许可证、开展水质监测、颁布违法公告等，2013 年，环境管理局颁发了 4 765 个水污染排放许可证。此外，为推动水环境质量改善，环境管理局还实施了一些项目以加强水环境管理。

2010 年三角湾水体项目启动，该项目旨在建立相关部门和组织间的伙伴关系，恢复水路健康状态和保护周边居民的福利，截至 2013 年年底，全国范围内已签署了 542 个谅解备忘录，304 个水体纳入项目。对水路的清洁产生了立竿见影的效果，如减少了洪水期、在雨季降低了水生疾病发病率。

水质量管理区域。环境与自然资源部在全国已经划定了 17 个水质量管理区域，根据《菲律宾清洁水法》，环境与自然资源部应与利益相关方共同解决水质、污染源问题，明确控制措施，有效达到水质目标。水质量管理区包括流域、河流或沿海区域。每个区域都必须设治理委员会，作为计划、监测和协调机构。此外，环境与自然资源部还将审批环境管理局的水质量管理区域行动计划，目前相当一部分的管理区已经制定了其 10 年行动计划。

3. 固体废物管理

2001 年菲律宾颁布的《固体废物生态管理法》是固体废物管理方面的主要法律

---

① 中国—东盟环境保护合作中心：《中国—东盟环境可持续发展政策对话与区域合作》，中国环境出版社，2016 年版。

（图 7.8）。菲律宾固体废物源包括居民、学校、医院、商业、工业等。该法案要求，首先对固体废物源头进行分类，然后进行回收和循环利用。该法要求城市生活垃圾管理模式转型，法律使"3R"机制成为了一项引导全国范围内资源开采控制和污染削减的国家策略，包括避免、减少、再使用、再循环、回收、处理、安全处置（Avoid、Reduce、Reuse、Recycle、Recovery、Treat、Dispose）。"3R"机制的意义在于将环境责任切实地延伸至生产环节，从源头减少固体废物的产生，并促进废物回收再利用。以往城市生活垃圾的处理由政府全权负责，而法律规定固体废物源头管理是每一个公民的社会责任。

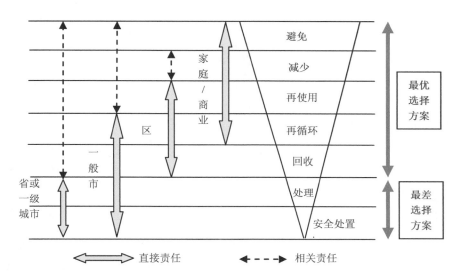

来源：National solid waste management Status Report（2008—2014）。

图 7.8　菲律宾《固体废物生态管理法》政策框架

法律规定国家固体废物管理委员会是固体废物管理政策制定机关；要求在每个省市建立跨部门固体废物管理委员会，负责制订并实施固体废物综合管理计划；地方政府是固体废物管理的主要实施机构。法律要求 2004 年 2 月 16 日以前所有的露天垃圾倾倒场都应关闭。环境与自然资源部秘书处发布了一项"三步走"政策，针对那些本地仍有露天倾弃场的地方政府，限定其在 6 个月之内关闭所有的相关设施。

根据规定，地方政府必须建立并及时更新当地回收市场清单以及非环保产品和材料清单，建立回收交易中心与材料回收设备/系统。第 20 条规定在法案生效的 5 年内，地方政府必须对至少 25% 的固体废物进行再利用、回收及处理。5 年以后，每三年政府将提升再利用率。1997 年，马尼拉只有 6% 的固体废物被回收，2007 年，回收率已达到 25%。

2000 年菲律宾开始在全国范围内推广固体废物生态管理概念。很多省市的政府都积极地做出了响应，如 Odiongan 市政府推行了当地固体废物生态管理项目，目标如下：

（1）通过建立简单、可持续、经济的固体废物管理系统，实现保护公共健康并使环境影响最小化。

（2）为社区居民创建并改善居民的居住环境。

（3）为社区提供可利用的资源（如堆肥），以减少社区对外界的能源依赖。

环境与自然资源部联合非政府组织在全国开展过多次固体废物生态管理的模范地方政府评比活动，以促进固体废物生态管理的普及。

4．生物多样性保护

菲律宾政府加入了《联合国气候变化框架公约》，并于 2009 年出台了一系列措施，以应对气候变化对生物多样性产生的负面影响。在气候变化方面，菲律宾制定了一系列政策。菲律宾总统颁布了一项国家绿色行动计划，从国家 23 号文件到 26 号文件，均旨在应对气候变化。另外菲律宾还积极采取措施控制非法捕猎。

菲律宾政府 23 号令规定，在菲律宾进行非法砍伐将受到严惩，该规定旨在保障生物多样性及物种栖息地的恢复。菲律宾政府还根据国家宪法建立了生态保护区，并对保护区进行生态管理。1992 年菲律宾颁布 7586 号共和国行动法，这是菲律宾出台的第 16 个同类行动法①。

菲律宾针对自然资源保护和恢复开展了一系列措施，并取得了积极成效，目前菲律宾生态保护区面积进一步扩大，并对在保护区内设的核心保护区实行生态综合管理。2012 年 6 月，菲律宾保护地总面积达 240 hm²，占整个国土和水域面积的 14.16%。菲律宾一直以可持续发展为指导，采取谨慎态度，关联考虑生物多样性和气候变化，保护生物多样性和人类福祉。

菲律宾共和国 9147 号法案中还进一步规定了对野生动植物及其栖息地保护措施。同时，菲律宾还颁布了关于野生动植物采集和贸易的法律法规，指定野生动植物保护官员，促进生物多样性资源的可持续利用。菲律宾政府对不同保护物种设立了不同保护项目，如鹰保护项目、特有物种保护中心等。菲律宾利用国际资源，与国际组织、机构建立合作伙伴关系，保护不同物种，如菲律宾凤头、鹦鹉保护项目，海龟保护项目等。

菲律宾颁布 111 号行动法案，旨在推动国家生态旅游战略的实施。菲律宾国家生态旅游战略协调各不同利益相关者，菲律宾环境与自然资源保护部通过与各地生态旅游发展机构签订合作备忘录，将当地社区及各级政府纳入战略中来。

菲律宾环境与自然资源保护部通过与当地政府、机构合作，共同实施红树林恢复计划，并初步取得成效。截至 2012 年，菲律宾已恢复约 7 399 hm² 红树林。根据菲律宾 8850 号文件关于渔业的规定，政府对沿海生态多样性和湿地生态系统进行统一管理。另外，菲律宾还制定了一系列政策来保护岩洞和岩洞资源，建立保护岩洞的国家项目，管理保护和保

---

① Biodiversity Management Bureau of Department of Environment and Natural Resources of Philippines. The Fifth National Report to the Convention on Biological Diversity. 2014.

持这些不同岩洞,目前菲律宾政府对已探明的 1 694 个岩洞进行了分类和针对性保护。

在生物多样性保护项目基础上,菲律宾还建立了信息分享和教育项目,对大众开展普及教育和宣传,使公众了解生物多样性及自然保护的重要性。这些教育项目旨在提高人们的环境意识,促进生物多样性保护。

(四)环境管理政策

1. 空气质量标准[①]

《菲律宾清洁空气法》中设立了一套国家环境空气质量标准值(NAAQGV),该标准参考了美国国家环保局、欧盟、世界卫生组织的空气质量指导值。菲律宾的国家环境空气质量标准中涉及的污染物包含 PM_{10}、总悬浮颗粒物(TSP)、二氧化硫、二氧化氮、一氧化碳、臭氧和铅。与世界卫生组织的指导值相比,菲律宾国家环境空气质量标准中的 PM_{10} 指导值(日均、年均)以及二氧化硫(日均)标准相对宽松(表 7.3)。同时,菲律宾国家环境空气质量标准中的 8 小时臭氧浓度值比世界卫生组织的指导值严格很多。对于一氧化碳和铅的标准,基本与世界卫生组织的指导值相同。

表 7.3　菲律宾国家环境空气质量标准与世界卫生组织指导值比较　　单位:$\mu g/m^3$

污染物	类型	国家环境空气质量标准	世界卫生组织标准
PM_{10}	日均	150	50
	年均	60	20
总悬浮颗粒物	日均	230	—
	年均	90	—
二氧化氮	小时平均	—	200
	日均	150	—
	年均	—	40
二氧化硫	10 分钟平均	—	500
	时均	—	—
	日均	180	20
	年均	80	—
臭氧	时均	140	—
	8 小时平均	60	100
	日均	—	—
一氧化碳	时均	35 000	30 000
	8 小时平均	10 000	10 000
铅	3 个月平均	1.5	—
	年均	1.0	0.5

---

① 李盼文,彭宾:《菲律宾的城市空气质量状况及应对措施》。

随着对 PM$_{2.5}$ 的健康危害的认识越来越清晰，修订环境空气质量标准、将 PM$_{2.5}$ 纳入常规污染物监测系统势在必行。2013 年，菲律宾环境与自然资源部颁布了行政命令 2013-13 号——建立 PM$_{2.5}$ 临时国家环境空气质量指导值的规定。与世界卫生组织提出的 PM$_{2.5}$ 浓度限制标准相比，菲律宾设定的标准处在过渡期 1 和过渡期 2 之间，距离目标值仍有不小差距。

表 7.4　菲律宾 PM$_{2.5}$ 浓度标准与世界卫生组织标准对比

	24 小时平均值/($\mu g/m^3$)	年平均值/($\mu g/m^3$)	实施阶段
菲律宾	75	35	截至 2015 年 12 月 31 日
	50	25	2016 年 1 月 1 日起
世界卫生组织过渡期 1	75	35	—
世界卫生组织过渡期 2	50	25	—
世界卫生组织过渡期 3	37.5	15	—
世界卫生组织过渡期目标值	25	10	—

2．水质分类

菲律宾环境与自然资源部行政令 1990-34 号明确了水质分类标准，分为地表水和海水两大类。

表 7.5　地表水类别

分类	用途
AA 类	Ⅰ类公共供水。居住或受保护的流域，只需消毒杀菌程序就可达到国家饮用水标准
A 类	Ⅱ类公共供水，需要絮凝、沉淀、过滤和消毒等完整的处理程序可达到国家饮用水标准的供水源
B 类	Ⅰ类娱乐用水，主要用于洗浴、游泳、潜泳、旅游用途的娱乐用水
C 类	1）渔业用水，用于鱼类和其他水产资源的养殖和生长； 2）Ⅱ类娱乐用水（如游船）； 3）Ⅰ类工业用水，用于处理后的生产程序
D 类	1）用于农业、灌溉、畜禽养殖等； 2）Ⅱ类工业用水（如冷却等）； 3）其他内陆水

表 7.6　沿海水域和海水类别

分类	用途
SA 类	1）适用于商业目的的贝类水产品养殖、生存和收获； 2）根据现有法律由政府部门确定的国家海洋公园和海洋保护区； 3）法律和相关权威部门指定的珊瑚礁公园和保护区

分类	用途
SB 类	1）根据现有法律由政府部门明确，主要用于娱乐活动的旅游区和海洋保护区，如洗浴、游泳、潜泳； 2）Ⅰ类娱乐用水，公众经常用于洗浴、游泳、潜泳的地区； 3）Ⅰ类渔业用水，虱目鱼或类似物种产卵区域
SC 类	1）Ⅱ类娱乐用水（如游船）； 2）Ⅱ类渔业用水（商业和支持渔业）； 3）明确为鱼类和野生生物保护区的沼泽和或红树林区域
SD 类	1）Ⅱ类工业用水（如冷却等）； 2）其他沿海水域和海水

五、菲律宾环境管理案例

（一）菲律宾坦帕坎（Tampakan）金铜矿项目

1. 案例基本情况

位于菲律宾南哥达巴托省的坦帕坎金铜矿是菲律宾最大的同类型矿之一，2007 年由瑞士嘉能可斯特拉塔公司（GlencoreXstrata PLC）、澳大利亚印德菲尔资源公司（Indophil Resources NL）及菲律宾坦帕坎集团公司（Tampakan Group of Companies）组建的 Sagittarius 矿业有限公司（SMI）对坦帕坎金铜矿项目开展了可行性研究，并于 2010 年 4 月将该项目可行性研究报告提交菲律宾政府审核。

坦帕坎金铜矿项目位于棉兰老岛的南哥达巴托省坦帕坎县和南达沃省珂波拉宛县之间，占地约 10 000 hm^2（图 7.9）。项目产矿量预计为铜 375 000 t/a 和金 360 000 盎司/a，可开采年限为 17 年。

项目的开发预计将产生显著的经济效益，推动地方、区域和国家经济发展，同时通过聘用和培训当地员工，实施地区发展计划，使对当地经济贡献最大化，具体而言，在建设阶段和实施阶段可分别创造 10 000 个和 2 000 个就业岗位；在整个项目周期可为各级政府提供税收及各类收费约 64 亿美元，交付当地社区和居民的特许使用金和捐款将超过 8.3 亿美元。

阿基诺总统执政以来，对矿业开发寄予厚望，希望矿业开发能够增加就业、提高收入，减少贫困，刺激经济发展，正是由于此项目预期的巨大经济效益，菲律宾政府对该项目表示了很大兴趣，并给予了相当大的关注。根据菲律宾 1995 年通过的《菲律宾矿业法》，资源开发被列为环境危害项目，在项目开始前必须获得环境与自然资源部环境管理局颁发的环境遵守证书（ECC）。2011 年 Sagittarius 矿业有限公司开展了项目以及配套的电厂、传

输管道、港口设施、过滤设备等的环境影响评价，2012 年 10 月公司基于环境影响评价提
交了环境影响声明（EIS），并向政府申请环境遵守证书。4 个月后，菲律宾环境与自然资
源部就向 Sagittarius 矿业有限公司颁发了证书。

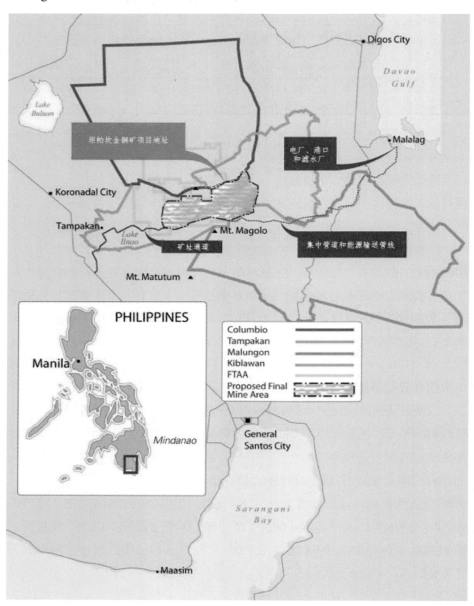

来源：http://www.smi.com.ph/EN/OurProject/Pages/ProjectDescription.aspx。

图 7.9　坦帕坎金铜矿项目示意图

2. 环境及社会影响

虽然坦帕坎金铜矿项目获得环境遵守证书看似顺利，但随后该项目遭到了当地社区和环境组织的强烈反对。该项目涉及多个省市，一旦实施，将给相关省市生态环境带来破坏，并给居民身体健康和生活质量带来不利影响。据专家估算，项目将毁坏 6 935 hm^2 雨林和农田，污染三条水道，使低地的灌溉系统和桑托斯及科罗纳达尔市的蓄水层干涸，导致 6 000户居民遭受颠沛流离之苦，并侵犯原住民的人权，限制他们接近被项目侵占的森林和农田。同时，一些民间社会团体如 Kalikasan 环境人民网络、棉兰老岛研究论坛、环境关切中心及相关国际非营利组织如对抗贫穷组织、伦敦矿业网络、原住民链接组织等通过新闻稿、调查报告和分析论文阐述了这个大规模的采矿项目将造成的毁灭性的环境影响，表达了强烈反对该项目的态度[①]。

由于当地居民和相关组织的反对，加上菲律宾土地改革，Sagittarius 矿业有限公司在开展当地土著居民迁移工作时遭受了较大阻力，项目开始停滞不前。2015 年 8 月，瑞士嘉能可斯特拉塔公司可能对项目进展有所失望，退出该项目，将 SMI 公司股份转让给澳大利亚印德菲尔资源公司，目前项目仍未实质启动。

2016 年 6 月开始，菲律宾开始对采矿行业进行审计，叫停了数家矿场，矿业部长在 7月称，不会允许位于棉兰老岛南部的坦帕坎金铜矿以露天矿场的形式运营，9 月环境部长表示，由于无法达到环保标准，将有至少 10 个大型矿场可能会被暂时关闭。

3. 案例启示

（1）对外投资项目的环境影响评价是直接影响项目能否真正实施的决定要素。坦帕坎金铜矿项目从开始的一帆风顺到现阶段的举步维艰，关键就在于项目对待其环境影响的认真程度。项目完成可行性报告后就开始着手环境影响评价工作，既是遵守东道国环境法规的需要，也是跨国公司体现其社会环境责任的行为，但针对如此大规模的项目，Sagittarius 矿业有限公司只用了较短的时间就完成环境遵守证书申请，项目的环境影响评价能否真正反映实际情况不得而知，但从企业在推动后续工作的阻力来看，至少项目没能很好地征求当地居民的认可。因此，即便获得了政府认可，如果企业没能真正认识到项目带来的环境代价，项目也未必能得到实施。

（2）公众与非政府组织在对外投资项目中发挥的作用不容忽视。当地社区及公民对外资公司的投资项目大都存在偏见，认为项目建设和生产都只会让公司和消费者得到好处，一旦公众认定这些对外投资项目会对涉及其生计的生态环境造成较大影响，尤其在日益民主化的东南亚国家，更会形成强大的反对力量，通过媒体形成对政府和项目的压力，导致项目无进展、企业无希望，此项目中瑞士嘉能可斯特拉塔公司的最终撤出就是很好的例子。

---

① Belinda F. Espiritu，The Destructive Impacts of Corporate Mining in the Philippines：The Tampacan Copper-Gold Mining Project in Mindanao，Global Research，2015.

（3）积极面对公众关切，使对外投资项目影响透明化。针对公众对项目环境影响的言论和质疑，应尽早与公众及相关非政府组织开展对话交流，解释项目的环境影响以及项目为减少环境影响将开展的工作，提高公众对项目的认可程度。

（二）SM集团碧瑶"空中花园"项目

1. 案例基本情况

碧瑶是位于菲律宾吕宋岛北部高山省境内哥迪利拉山脉中的一个小都市，市内满目松树，是景致迷人的度假胜地。但同时由于碧瑶人口密集，处于台风带，且年均降雨量较大，2011年世界野生动物基金会的一个研究项目表明，该城市属于气候变化比较脆弱的地区，当地居民和相关环境非政府组织都非常关注城市开发对环境的影响。

SM集团于2003年建造了SM碧瑶购物中心，由于业务扩张，作为购物中心的二期，SM集团2011年准备启动碧瑶"空中花园"项目，在现有购物中心附近修建一个商场和包括652个停车位的大广场，占地约80 000 m²，需要砍伐182棵松树。

2012年，SM集团在声称已获得相关部门批准的情况下，开始转移项目范围内的松树，但遭到当地居民和哥迪利拉全球网络（CGN）等非政府组织的抗议。1月约3 000人上街游行抵制该项目的实施，强调他们只需要自然的绿色，而不是混凝土建筑物中的绿色。2月CGN等组织向法院提交了申请书，要求SM集团停止相关行为。2012年4月，碧瑶地区审判法院对"空中花园"项目发出临时环保令，责令SM集团暂停该项目。

SM集团为了推动项目继续实施，做了大量的工作，发表声明表示，"空中花园"是基于绿色理念建造的建筑，墙壁由绿植覆盖，有助于改善空气质量，同时还将配套建设一个污水处理厂和一个地下雨水收集罐，加强地区水处理能力。为了补偿移除的树木，SM已经在Busol流域种植了2 000棵树，未来计划继续种植3 000棵树，并预存600万比索给市政府，作为再造林计划的基金。2014年12月，上诉法庭同意解除"空中花园"项目的临时环保令，环境和自然资源部环境管理局和哥迪利拉区域局也分别批准了修改后的环境遵守证书和伐木申请。

但2015年1月"空中花园"项目再次动工后，仍然遭到了当地居民和环保组织的抗议，2015年3月，最高法庭颁发了一个临时限制令，禁止SM集团继续转移或砍伐项目范围内的树木。目前该项目仍暂停滞。

2. 案例启示

（1）企业在开展项目环境影响评价时，除考虑环境容量外，还要充分考虑项目所在地公众对生态环境的态度。在碧瑶修建一个购物中心，其造成的环境影响肯定不会超过当地环境容量和国家设定的环境标准，但由于公众对当地生态环境的强烈保护意识，导致该项目推进困难。

（2）建立完善的环境司法体系对于保障公众环境权益具有重要推动作用。菲律宾作为东南亚经济发展程度中等的国家，其环境法治体系完整，任何公众和非政府组织可在当地的法庭提起环境保护诉讼。且从这个案例来看，即便在 2014 年的上诉法庭判决书已经指出"CGN 等组织和居民无法提供有效证据证明相关树木砍伐将给当地环境带来不可挽回的损害" [1]，从而撤销 2012 年的临时指令，但最终最高法院还是判决先暂停项目，由此可见环境保护在其法律体系中的优先程度。

---

[1] CA allows giant mall to push Sky Park project in Baguio. http：//newsinfo.inquirer.net/666675/ca-allows-giant-mall- to-push-sky-park-project-in-baguio.

第八章
新加坡环境管理制度及案例分析[①]

一、新加坡基本概况

（一）自然资源

　　新加坡，全称为新加坡共和国（The Republic of Singapore），是一个城市国家，原意为狮城。位于马来半岛最南端，扼守太平洋与印度洋之间的航运重要通道——马六甲海峡出入口，其南面有新加坡海峡与印度尼西亚相隔，北面有柔佛海峡与马拉西亚相望，并以长堤相连于新马两岸之间。得天独厚的地理条件使之成为世界海洋交通要道，以及亚洲、欧洲和太平洋的重要航空中心，也因此逐渐发展成为一个主要的商业、运输、交通、旅游中心。

　　新加坡面积为 714.3 km^2[②]，由新加坡岛和 50 多个小岛屿组成，其中新加坡岛占全国面积的 91.6%，本岛以外的其余岛屿，较大的有德光岛（24.4 km^2）、乌屿岛（10.2 km^2）和圣淘沙岛（3.5 km^2），圣淘沙岛和乌屿岛都已成为每年吸引大量海外游客观光度假的旅游胜地，而德光岛则发展成为重要的工业场地。

　　新加坡位于北纬 109°～129°、东经 103°36′～104°25′，在赤道北面 137 km 处，地势平坦，平均海拔 15 m，最高海拔 163 m，海岸线长 193 km，由于四面环海，终年海风送爽，

① 本章由王语懿、彭宾编写。
② 外交部网站 2013 年数据。

气温变化不大，常年平均气温为 24～27℃，日平均气温 26.8℃，气候宜人；降雨量充足，年平均降水量 2 345 mm，年平均湿度 84.3%，全年有长达 9 个月的时间处于东北季风期和西南季风期，相对湿度为 64.7%～97.6%，是典型的亚热带季风区；没有台风、地震等自然灾害，是一个难得的天然良港。全国有将近 3 000 hm^2 的自然保护区，现存约 500 hm^2 红树林。

新加坡现共有物种 8 384 种，其中包括 2 311 种花卉、8 种裸子植物、182 种蕨类植物、196 种苔藓植物、251 种藻类、1 006 种真菌、1 528 种脊柱类动物（其中哺乳动物 86 种、鸟类 364 种、爬行动物 132 种、两栖动物 24 种及鱼类 922 种）、68 种棘皮动物、1 534 种节肢动物（其中有 935 种昆虫、451 种甲壳动物、126 种蛛形纲动物）以及 1 056 种其他无脊椎动物。此外，新加坡目前有记录的外侵动植物中，共有维管束植物 138 种、鸟类 18 种、哺乳动物 5 种、鱼类 20 种，以及一些未经证实的爬行动物和两栖动物物种。

新加坡植物资源丰富，且多属热带低地常绿植物，其中椰子、油棕、橡胶是经济价值较高的作物。普遍种植有著名的热带观赏花卉胡姬花（即兰花），胡姬花每年被大量销往欧、美、日、澳和中国香港等国家和地区，是新加坡重要的出口创汇商品之一。

动物资源方面，自 1824 年以来，新加坡的陆上和淡水栖息地缩减了 95%以上，使超过 87%的蝴蝶、鱼类、鸟类和哺乳动物物种灭绝。捕猎行为也使一些大型动物灭绝，岛上最后一只老虎在 1930 年被射杀。而现存物种中有相当一部分数量已降到危险水平以下且无法恢复，在进化意义上属于"已经死亡的物种"。

新加坡现存的生物物种中超过一半的动植物栖息在占全岛面积 0.25%的地区。为保护生物多样性，新加坡共有 4 个法定的自然保护区，分别为武吉知马自然保护区（Bukit Timah Nature Reserve）、中部流域自然保护区（Central Catchment Nature Reserve）、双溪布落湿地保护区（Sungei Buloh Wetland Reserv）和拉布拉多尔海岸公园（Labrador Coastal Park），加上星罗棋布的小的城市及乡镇上的公园，使得新加坡成为了名副其实的花园城市。

由于国土面积小，新加坡物产资源匮乏。50 多个岛屿和礁滩中，除岛中部武吉知马的锡矿、辉钼矿和绿泥石的小矿藏外，其他矿产资源匮乏，其中锡矿也在早年被采尽。此外，新加坡农业受地形、河流等因素制约，农业耕地面积小，粮食依赖进口，连淡水也主要靠从国外引入。虽然四面环海，但渔业资源并不丰富，年产仅 1 万余 t。

（二）社会人口

新加坡是移民国家。根据我国外交部网站的统计数据，截至 2013 年，新加坡总人口 540 万[①]，其中本国公民或永久居民（统称本地居民）384.5 万人。在本地居民中，华人占

---

① 外交部网站数据。

75.2%、马来人占 13.6%、印度裔（以坦米尔人居多）占 8.8%，而欧亚混血人口和其他族群则占 2.4%。马来语为国语，英语、华语、马来语、泰米尔语为官方语言，英语为行政用语。主要宗教为佛教、道教、伊斯兰教、基督教和印度教。

马来渔民是当地的土著居民，但自从史丹福·莱佛士（Stamford Raffles）爵士来到这里并建立英国贸易中转站后，新加坡逐渐吸引了成千上万的移民和商人，许多人从中国南方省份、印尼、印度、巴基斯坦、锡兰和中东来到这里。随着异族通婚的盛行与普及，各地移民在新加坡逐渐形成了一个由华人、马来人、印度人以及其他欧亚人组成的"复合民族"，原祖国、移民的观念已越来越淡化，但各种族在融入新加坡这个整体的同时仍保持着自己的文化及风俗习惯。

为增加全社会各族群的凝聚力，调动各方面的积极性，使各族群能够和平共处、种族和谐，新加坡实行了政府租屋制度，86%的新加坡人居住在政府提供的租屋中，并在住房安置中，将不同种族的人按一定比例安排在同一幢租屋中，实行"混居"政策，使不同种族的人能够加强联系和沟通，种族和谐制度的推行增进了各民族之间的信任和了解，减少了社会种族矛盾和冲突，形成各种族团结一致共建新加坡的合力。

现在的新加坡人口逐年老龄化，晚婚现象也更显著。在生育率上，华人的生育率仍然是最低的。新加坡居民人口的年龄中位数从 1970 年的 20 岁，提高至 2016 年的 38.4 岁。第二次世界大战过后出现的婴儿潮，在 1970 年的时候只有 5～24 岁，到了 2007 年已成为 40～59 岁的人。年长居民的人数显著增加。过去 10 年，新加坡 15 岁以下人口，已减少至 2007 年的 69.3 万名，而这在 1997 年共有 70.5 万名，这显示人口出生率下滑，与此同时，老龄居民的比例却有所增加，65 岁以上年长居民人口已从 1997 年的 6.7%增加至 8.6%。在人口老化的情况下，工龄居民（15～64 岁）与年老居民（65 岁及以上）的比例也下降，已从 1997 年每 10.5 个对一个老人，降至 2007 年每 8.4 个对一个老人。在居民性别比例方面，自 2000 年出现女性比男性多的现象以来，性别比例在 2007 年进一步失衡，女性比男性多出了 3.81 万名。1990 年每 1 000 名女性居民人口中，就有 1 027 名男性人口；到了 2000 年，男性人口降至 998 名，这一数字还在持续减少。

新加坡是一个城市国家。在地理上分为中央区、内市区、外市区、新镇、内郊区、外郊区 6 个地区。选举时分为 75 个选区。不设区政权机构，由中央各部直接管理各项事务。设有公民咨询委员会、民众联络所、人民协会等社区组织，担负起准地方政府的任务，作为沟通政府与居民之间的渠道。

新加坡的教育制度完善，教育水平高。新加坡强调识字、识数、双语、体育、创新和独立思考能力并重；坚持因材施教的原则，充分发挥每个人的潜能。新加坡政府支持海外学生赴新留学，其政策较为宽松。新加坡政府高度重视教育，留学政策规范、透明、宽松，招收留学生的范围较广，年龄在 6～35 岁者皆可申请。新加坡教育部每年均会到中国名牌大学的新生中招生。新加坡政府允许 17 岁以下、政府中小学海外留学生的母亲或祖母或外祖母赴新陪读。此外，新加坡学校的入学方式也较为宽松，为具有初中及同等学历以上者提供多种入学渠道。新加坡留学费用较低，较欧美国家低 30% 以上，且入读政府学府都设有多种奖学金及高达 80% 的助学金，并在修完一个学期后，可申请打工、兼职。特别是新加坡采取"精英教育"政策，凡考入新加坡政府大学、政府理工学院的学生均可享受新加坡政府提供的资助。

(三) 经济发展

新加坡在东盟国家中经济发展水平最高，位居亚洲"四小龙"之首，跻身于发达国家行列。新加坡是建国时间不长、资源贫乏的弹丸小国，经过短短 30 多年的发展，在经济建设和社会发展领域取得了举世瞩目的骄人业绩。

新加坡属外贸驱动型经济，以电子、石油化工、金融、航运、服务业为主，高度依赖美、日、欧和周边市场，外贸总额是 GDP 的 4 倍。经济长期高速增长，1960—1984 年 GDP 年均增长 9%。1997 年受到亚洲金融危机冲击，但并不严重。2001 年受全球经济放缓的影响，经济出现 2% 的负增长，陷入独立之后最严重衰退。为刺激经济发展，政府提出"打造新的新加坡"，努力向知识经济转型，并成立经济重组委员会，全面检讨经济发展政策，积极与世界主要经济体商签自由贸易协定。

2008 年受国际金融危机影响，金融、贸易、制造、旅游等多个产业遭到冲击，海峡时报指数创五年内新低，经济增长为 1.1%。2009 年跌至 -2.1%。政府采取积极应对措施，加强金融市场监管，努力维护金融市场稳定，提升投资者信心并降低通胀率，并推出新一轮刺激经济政策。2010 年经济增长 14.5%。2011 年，受欧债危机负面影响，经济增长放缓。2012 年经济增长率仅 1.3%。2014 年经济起底回升，国内生产总值达到 2 880 亿美元，增长率为 2.9%。

借助外力发展经济。新加坡人富有忧患意识，具有强烈的危机感，为此，新加坡特别善于借助外力发展自己。首先在吸引外来人才方面，新加坡政府舍得投入，制定了大量优惠政策，在全球范围内广纳贤才，引进了一大批学有专长的外国人才"为我所用"。据新加坡贸工部统计，过去 10 年新加坡的经济增长率中，外来人才的贡献率达 37%。其次在利用外国资本方面，新加坡政府非常欢迎多方面的投资，其外资政策从一开始就非常大胆，对外国投资不作强制性的规定，对投资方式也不循任何模式。同时，新加坡政府致力于改善投资环境，尤其是着力改善投资软环境，使新加坡成为投资兴业的乐土和"冒险家"的乐园。

实际上，新加坡政府在不同的经济发展时期，适时采取了不同的经济政策。

1. 进口替代型政策（1960—1965 年）

新加坡自治和独立后，政府面临英殖民地留下的满目疮痍。为了应对大量失业和经济结构单一等问题，选择加入马来西亚，实施了进口替代工业的发展战略。新加坡政府一是颁发了《新兴工业法案》和《工业扩展法案》，制定优惠政策，鼓励发展民族工业；二是实行进口配额制度，保护新兴工业；三是设立贸工部和经济发展局等经济机构，帮助和引导工业发展；四是首创工业园区发展模式，设立裕廊镇工业园区管理局，形成工业规模和聚集优势。有效的工业政策，促进了大批的服装、纺织、玩具、木器等产业的进入，新加坡工业化进程全面展开。

2. 出口导向政策（1965—1978 年）

新加坡脱离马来西亚后，国内市场骤然缩小、原料供应受限，同时由于英军计划撤离等因素，进口替代工业受到严峻挑战。新加坡政府及时调整经济战略和经济政策，提出面向出口的工业化战略。一是面向欧美国家强力招商引资；二是取消出口配额，对出口厂商给予所得税减免优惠；三是通过财政和中央公积金等措施，对缺乏资金和技术的企业予以支持；四是对一些需要大量资本和技术的行业建立国有企业。在这期间招商引资成效显著，软材料、陶瓷、玻璃、印刷、木材、橡胶、纺织和电子部件业得到迅速发展。

3. 产业重整时期（1979—1985 年）

由于招商引资成效显著、大量劳动密集型产业涌入。新加坡政府及时调整产业政策，推动工业的换代升级，重点是经济结构调整和向高附加值领域发展。鼓励发展资本密集型和技术密集型产业，淘汰劳动密集型产业。一是通过工资政策引导产业升级，用提高工资成本的方法来促进产业结构调整；二是实行投资和税收政策引导投资方向，扶持技术密集型企业，淘汰劳动密集型企业；三是强化教育和培训，提高劳动者素质；四是鼓励企业技术升级，使工业向高附加值领域发展。在此期间，一批计算机、计算机附件制造业和石化业的国际著名跨国公司相继落户新加坡，资本密集型产业获得迅速发展。

4. 经济多元化时期（1986—1997 年）

20 世纪 80 年代中期，新加坡经济步入成熟阶段，增长速度放慢。为此新加坡政府提出大力发展高新技术、提高企业的国际竞争力等政策。一是加强科技基础设施建设。国家投入 60 亿新元实施国家科学技术发展计划；二是实施产业集群发展计划。通过鼓励产业集群的竞争，形成产业集群的核心竞争力。该计划实施后，西方五大石油公司加强了在新加坡的投资，使新加坡一跃成为世界第三大炼油中心，石化等行业得到快速发展和壮大。

5. 知识经济时期（1998 年至今）

在反思亚洲金融风暴和 2001 年经济衰退后，面对中国和印度崛起带来的机遇和挑战。新加坡政府一是加强对生物医学、信息产业等世界级科学工程的基础研究；二是设立全国科学奖学金，吸引年轻人从事科研工作；三是政府投入巨资，建设新加坡科技研究中心——纬壹科技城。在政府的倡导下，以信息产业和生命科学为核心的知识密集型工业迅速发展。

工业方面，新加坡工业占其国民收入的 25%（2014 年），为经济结构中最大的产业。在新加坡经济中，尤其是经济发展的前期，工业是经济发展的引擎和主导力量。新加坡政府在工业发展上，扮演了十分重要的角色。政府始终强力规划，掌控着新加坡的工业发展，在短短 40 年间使新加坡工业从单一经济体发展成为现在的跨国公司云集、高科技工业占较大比重的工业集群，并通过工业发展促进了金融、贸易和房地产业的发展。目前约有 7 000 余家跨国公司的地区总部设在新加坡。新加坡的工业化推动了其经济转型。现有工业主要有制造业，包括炼油、石化、修造船、电子电器、纺织、交通设备等部门。新加坡是世界第三大炼油中心，电子工业是增长最快的部门，但面临着其他亚洲国家的竞争，政府正致力于提高生产率，以在低成本、高技术领域保持竞争优势。

农业方面，新加坡是一个城市国家，素有"花园城市"之美誉，土地与水资源有限，其独立以来，农业无论在创造国内总产值方面或在就业方面的作用都在不断缩小。目前，新加坡用于农业生产的土地占国土总面积 1%左右，产值占国民经济不到 0.1%。随着城市化不断发展，耕地不断减少，都市农业日益被重视，并向高科技、高产值发展。在种植结构上，大力发展果树、蔬菜、花卉等经济型作物；在产业类型上，以高产值出口性农产品如种植热带兰花、饲养观赏用的热带鱼为主；在粮食结构上，主要限于鱼类、蔬菜和蛋类的生产，蔬菜仅有 5%自产，绝大部分从马拉西亚、中国、印度尼西亚和澳大利亚进口。

新加坡农业主要包括园艺种植、家禽饲养、水产和蔬菜种植。水产养殖业主要是海洋鱼类与水产贝壳类产品、淡水鱼及观赏鱼类。新加坡在全球的观赏鱼出口市场上占有支配性的份额。园艺业方面，主要产品为叶菜类、豆芽和观赏植物如兰花与水生植物。2001 年，各类农产共生产了 71 960 t 的叶菜和豆芽，并出口了总值达 4 800 万新元的观赏植物。与此同时，鱼、蛋供应国内市场，而大宗的观赏鱼类与观赏植物主要用于出口。生猪与家禽饲养业方面，政府特别注意发展大型养猪场与养禽场，因此新加坡的家禽饲养业发展相当发达。全国每年生产的猪肉与禽肉、禽蛋，不仅能充分满足全国的需求，还可有部分出口，主要出口到马来西亚。其他品种如黄牛、水牛、羊等产量有限，在这些产品的供应方面，新加坡仍依赖进口。

新加坡农业具有市郊经济的特点。虽然岛上还保留一些小型的橡胶园与椰子种植园，但由于部分土地用于工业建设与住宅建筑，其占地面积日趋缩小。与此同时，蔬菜、水果与花卉的种植面积却有所扩大。当居民从划归各种建筑工程的土地移居他处时，政府在新住处把国家向私营公司购买的土地分给迁居户，这些土地主要用于开辟花圃与菜园。农村土地使用的集约程度很高，这些农场在小块土地上种植各种各样的蔬菜，主要用于供应市场。

新加坡都市农业发展的具体模式有：①现代化集约的农业科技园。这是新加坡的重点都市农业模式，目前有 6 个。其基本建设由国家投资，然后通过招标方式租给商人或公司，租期为 10 年，现有耕地约 1 500 hm^2，供 500 多个不同规模农场经营。②农业生物科技园。占地 10 hm^2，拥有现代先进设备，进行新农业技术（如动植物基因研究、新品种选育等）研究与开发工作；③海水养殖场。有海水面积 45 hm^2。农业中保存高产值出口性农产品的生产，如种植热带兰花、饲养观赏用的热带鱼，种植一些传统的热带经济作物等。

推动新加坡经济增长和发展的因素很多，其中最重要的为对外贸易。对外贸易这个发动机，不论是在新加坡工业化初期，还是在其向发达国家目标进军的今天，始终都在发挥着第一推动力的作用。新加坡工业化和现代化的巨大成功，在很大程度上应归功于其发达的对外贸易。

新加坡从 1965 年独立开始就掌握了包括对外贸易在内的经济自主权，早在 1959 年，新加坡就已提出了实行工业化、发展多元经济的战略方针，以此作为改变单一转口贸易经济结构、摆脱经济困境的唯一出路。在这个战略方针指导下，新加坡的对外贸易活动中心开始围绕着促进本国工业化的发展和建立多元化经济而进行。在外贸工作中，新加坡政府根据本国的国情，扬长避短，采取了一条对外贸易多变化的发展战略，从而推动了对外贸易的不断发展。

1980—2002 年，新加坡的商品贸易总额由 400 亿美元增长到超过 2 400 亿美元，扩大了近 6 倍。到 2000 年为止，新加坡的商品贸易共经历了三次负增长年份，分别是由于 1985 年和 1986 年的世界经济衰退以及 1998 年的东亚金融危机。尽管新加坡经济很快就从金融危机中复苏，到 2000 年贸易额扩大了近 20 倍，然而受全球电子产品需求下降，以及外部大环境的不利影响，其贸易增长额有减缓的趋势。

20 世纪 80 年代中期以前，新加坡对外贸易关系的重点是欧美发达国家，而 80 年代末期开始，其外贸重点移到了亚洲。重点转移的原因主要有：①欧美国家的贸易保护主义日益抬头，北美自由贸易区的成立增加了诸多不利因素。②亚洲各国尤其是东盟国家、中国、越南等国家的经济迅速发展，与呆滞的西方经济形成鲜明的对照。所以，在整个 20 世纪 90 年代，邻国马来西亚是新加坡最大的出口地，约占其总出口 1/5，接下来是美国（约占 17%）和东亚各国和地区（如日本、中国香港等）。2000 年，新加坡一半以上的出口是流向 APT 国家（东盟、日本、中国和韩国）及美国。其中，中国占新加坡的出口额从 2.3% 提高到 2002 年 5.5%，是新加坡主要贸易伙伴中增长最快的。东盟在新加坡出口中所占的份额却呈下降趋势。就新加坡国内产品的出口而言，美国是新加坡的第一出口市场，约占了 1/4，其次是东亚各国和地区（马来西亚 13.5%、日本 8.5%、中国香港 7.7%）。从进口来看，日本是新加坡最大的进口来源地，其次是马来西亚、美国和东亚各国。新加坡和日本的贸易长久以来都呈逆差，与此相反，新加坡与美国的贸易一直保持顺差状态。

从新加坡 20 多年的外贸变化情况来看，可以发现，尽管外向型的发展战略确实对其经济增长起到了很大的促进作用，可经济全球化进程的加速也引致其国内经济的急剧波动。因而新加坡政府感到，在加强区域经济合作的同时，必须积极地推进双边自由贸易的发展，主要是通过建立双边自由贸易协定（FTAs）的方式。如今，新加坡已经与世界上各主要的经济体建立了双边经济伙伴关系，从广义上来说，可归为两大类。一类是以美国和日本为代表的超级经济强国，这是新加坡的第一大类贸易伙伴，与这两个实力大国进一步扩展和深化已有的贸易关系，不但是为了获得更大的市场准入（尤其是对于日本市场来说），还可以避免日后遭受征税等贸易保护措施（尤其是对于美国来说），以及更好地调节贸易纠纷（如建立彼此之间有次序的纠纷解决机制）。另一类是新西兰、澳大利亚及欧盟等国，在这类国家中，单个国家占新加坡的总出口、国内出口或总进口的份额都不超过 3%，无疑具有很强的增长潜力。而随着中国加入 WTO，以及中国—东盟 FTA 的建成，中国市场已成为其中最具吸引力的亮点。

二、新加坡环境现状

（一）大气环境

新加坡自 1965 年独立后，工业迅速发展，人口高度密集，全岛拥有各种车辆近 70 万辆，其中私家车约 30 万辆。虽然治理难度较大，但新加坡政府从多方面入手，控制车辆数量，加强交通管理，严格控制工业排放废物浓度，现在新加坡的空气质量常年居于亚洲榜首，同时，良好的空气质量也使新加坡连续 11 年获得全球最宜居城市第一名。

新加坡的空气质量由国家环境局通过原子能空气质量监控和管理系统监测，监测系统由远程空气监控站通过拨号的电话线连接到中央控制站。这些控制站同时监测周边环境及路边环境。分析人员及自动分析员将在监控站测量主要的污染物浓度，如二氧化硫（SO_2）、氮氧化物（NO_x）、一氧化碳（CO）、臭氧（O_3）以及可吸入颗粒物（PM_{10}）。

新加坡的空气质量划分等级标准采用的是美国国家环保局（the United States Environmental Protection Agency，USEPA）的通用标准，即由 PSI 指数反映空气污染物浓度水平。

（二）水环境

大气降水是新加坡国内的主要水源，新加坡地处热带，尽管年降雨量多达 2 400 mm，但国土面积较小，大量收集雨水难度较大，因此，新加坡缺水严重，水资源总量 6 亿 m^3，人均水资源量仅 211 m^3，为世界倒数第二。新加坡日用水量 110 万～130 万 m^3，年供水量

4.8 亿 m^3，居民用水占 46.7%，工商业用水占 34%，政府和其他部门用水占 18.7%，船只用水占 0.6%。过去几十年，总供水量中 50%的水量为降雨蓄水，另一半从邻国马来西亚的柔佛经 40 km 管线引入。新加坡在发展过程中面临着水资源不足的问题，尤其是随着经济的不断发展，对水资源的需求量不断加大。到 2011 年，每日需水量约达 150 万 m^3。新加坡与邻国马来西亚在英国殖民统治者的主导下签有两份百年供水协议，但长期依赖外国供水毕竟有其局限：第一份协议 2011 年到期，另一份虽在 2061 年才期满，但新马两国早已陷入冗长而烦琐的交易谈判。在水资源无法获得可靠保证的供应的威胁下，淡水成为了新加坡的战略资源，由于其自身淡水资源的有限性，势必过度依赖购自马来西亚的淡水，但是政治具有不可预见性，而且马来西亚用水量与日俱增，未来恐怕没有富余水量供应给新加坡。事实上，每当这两个一水之隔的国家发生摩擦时，水供给就成为马来西亚政客用以"要挟"的"武器"。为了应对邻国不再供水的最坏局面，新加坡一直致力于寻找持续性水管理的解决方案，这么做除了让人民不愁饮水短缺，也是确保大家都负担得起水价。新加坡政府采取开源与节流双项并举，提出开发四大"国家水喉"计划，即天然降水、进口水、新生水和淡化海水，特别突出的是运用新科技对污水净化，生产新生水。

（三）固体废物

新加坡作为一个城市国家，土地资源有限，人口密集。自 20 世纪 70 年代开始，新加坡工业加速发展，城市化给生态环境带来了严峻挑战。城市垃圾是其中的重大挑战之一，随着城市垃圾总量爆发式增长，新加坡一度陷入"固废围城"困境。新加坡严格立法，推广垃圾减量化、资源化和再循环利用，经过 30 多年的努力，新加坡成为花园国家。

总体上来看，新加坡垃圾处理经历了三个主要阶段，实现了从垃圾填埋到焚烧，再到源头减量与循环利用模式的转变。

（1）垃圾填埋阶段：20 世纪 90 年代之前，新加坡的垃圾处理基本采用填埋法。随着时间推移，垃圾填埋的危害日益凸显。一方面，垃圾填埋占地面积较多，对于土地匮乏的新加坡影响尤为突出；另一方面，垃圾填埋场内部的垃圾经微生物、生化反应产生的垃圾填埋气和渗滤液等二次污染物，对周边环境的影响很大。

（2）垃圾焚烧阶段：进入 20 世纪 90 年代，新加坡垃圾填埋场达到饱和，"固废围城"的风险加剧。新加坡借鉴德国和日本经验，选择焚烧处理方式，减少垃圾量，将焚烧后的残余运到附近岛屿进行填埋，大大提升了新加坡垃圾处理能力。

（3）垃圾焚烧与循环利用并举阶段：当前，在积极发展垃圾焚烧产业的同时，新加坡政府还积极鼓励垃圾再循环使用。

根据新加坡国家环境局近期发布的"2014 年新加坡废物统计和回收率"，新加坡 2014 年产生的垃圾量为 750 万 t，人均每年产生的垃圾量约为 1.37 t。这些垃圾的 60%被回收以循环利用，不能回收的垃圾中，38%运去焚烧和能源回收，剩下 2%不能焚化的才采取填埋方式处理。详见表 8.1、表 8.2。

表 8.1 2014 年新加坡废物统计及回收率

废物类型	垃圾处理量/t	垃圾回收量/t	垃圾产生量/t	回收率/%
建筑垃圾	9 700	1 260 000	1 269 700	99
废渣	5 100	361 200	366 300	99
黑色金属	57 000	1 388 800	1 445 800	96
废旧轮胎	3 100	23 100	26 200	88
有色金属	23 700	94 700	118 400	80
木材	74 400	293 500	367 900	80
园艺废物	115 300	163 000	278 300	59
纸张/硬纸板	590 900	646 500	1 237 400	52
玻璃	63 800	15 700	79 500	20
灰尘与沉淀物	126 800	21 700	148 500	15
食品	687 200	101 400	788 600	13
纺织品/皮革制品	141 800	16 800	158 600	11
塑料	789 000	80 000	869 000	9
其他（石头、陶、橡胶等）	355 600	4 700	360 300	1
总计	3 043 400	4 471 100	7 514 500	60

表 8.2 新加坡固体废物管理统计

固体废物管理	单位	2011 年	2012 年	2013 年	2014 年
垃圾产生总量	10^6 t/a	6.90	7.27	7.85	7.51
垃圾回收总量	10^6 t/a	4.04 （59%）	4.34 （60%）	2.82 （61%）	4.47 （60%）
垃圾焚烧总量	10^6 t/a	2.66 （38%）	2.73 （37%）	2.82 （36%）	（38%）
垃圾填埋总量	10^6 t/a	0.2 （3%）	0.20 （3%）	0.20 （3%）	（2%）

近年来，新加坡政府致力于推动固体废物循环利用。2000—2014 年，固体废物产生量从 2000 年的约 470 万 t 上升到 2014 年的约 750 万 t，上升了 61%。其中新加坡固体废物处理量仅增长 9%，但固体废物回收量却增长了 141%（图 8.1）。

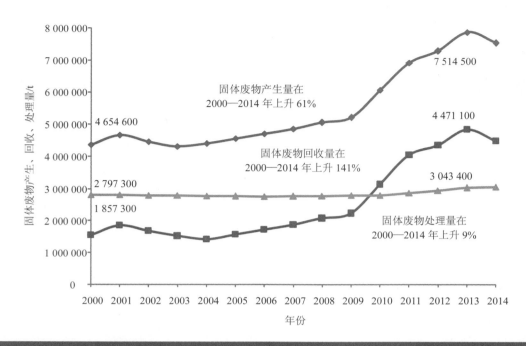

固体废物产生量在
2000—2014 年上升 61%

固体废物回收量在
2000—2014 年上升 141%

固体废物处理量在
2000—2014 年上升 9%

4 654 600

2 797 300

1 857 300

7 514 500

4 471 100

3 043 400

图 8.1　2000—2014 年新加坡固体废物管理走势

新加坡全国有 5 座垃圾焚化厂，其中 4 座在运营，分别是大士焚化厂、圣诺哥焚化厂、大士南焚化厂、吉宝西格斯大士焚化厂[①]。新加坡在城市规划中，就清晰地规定固体废物焚烧厂远离居住区，必须建立在临海或工业区域，以避免造成公众卫生滋扰。如圣诺哥焚化厂位于工业区，离最近的居民区约 3 km（图 8.2）。4 座垃圾焚化厂每天焚化量达到 6 900 t，焚化后产生 1 600 吨的灰烬。灰烬和不可回收也不可焚化的垃圾被运到圣马高岛——两个小岛之间搭建的人工岛，离岸 8 km，专门用于填埋垃圾。

新加坡对垃圾分类、收集和处理等流程基本做到了产业化、规范化，特别是近年来提升了垃圾管理中的信息化、数字化水平，最终实现垃圾总量的增量逐渐减少，逐步形成了较为完备的垃圾处理管理体系。

1．健全法规、严厉执法

新加坡政府首先制定了一系列固体废物处理的法规和标准，包括《环境保护和管理法》《环境公共健康（有毒工业废弃物）管理条例》《环境公共健康（一般废弃物收集）管理条例》等，对固体废物的收集、转运和处置进行了详细的规定，确保了城市固体废物处理的规范运作。

① 新加坡第一座垃圾焚化场为乌鲁班丹焚化厂，1979 年投入使用，运转满 30 年已关闭。

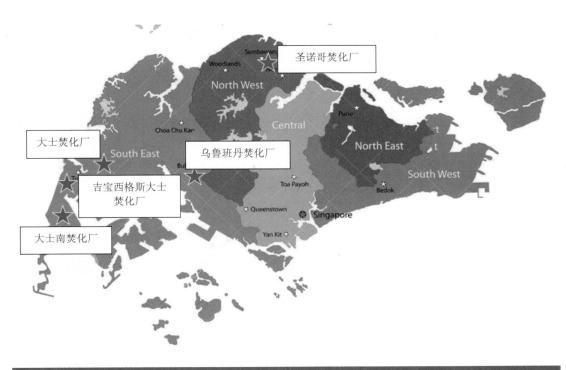

圣诺哥焚化厂

大士焚化厂

乌鲁班丹焚化厂

吉宝西格斯大士
焚化厂

大士南焚化厂

图 8.2　新加坡垃圾焚化厂分布

新加坡政府按照"有法必依、执法必严、严刑峻法"的原则实施社会管理，在环境领域也是如此，在各项环保相关法律中都有对违法者处以刑事处罚的条目规定，具体包括罚款、监禁、没收和鞭刑等。严厉的刑事处罚对违法违规者有着极强的震慑和约束作用。

2. 严格的废气排放标准

垃圾焚烧最大的问题是产生二噁英对大气的污染。20 世纪 90 年代以前，包括新加坡在内的发达国家在排污标准缺失、技术不成熟的情况下发展垃圾焚烧，使固体废物焚烧排放的二噁英一度占据其国内二噁英总排放总量的 50%以上，社会负面反映极大。90 年代以后发达国家大力提升二噁英排放标准、改进技术、关小建大，控制二噁英排放技术日趋成熟，固体废物焚烧产生的二噁英逐年大幅度下降。对此，新加坡采用了严格的废气排放标准，即废气排放少于 1%，其中二噁英含量少于 0.1 ng，新加坡国内各垃圾焚烧厂均严格遵照此排放标准，有效地将二噁英排放降到最低。

3. 较完善的垃圾焚烧行业管理体系

新加坡建立了垃圾焚烧企业严格的准入制度、评价制度以及市场退出机制，确保技术水平高、社会责任感强的企业来运营。①新加坡在城市规划中规定垃圾焚烧厂必须建立在临海或工业区域，远离居住区。②新加坡在规范垃圾焚烧的特许经营权招投标管理中，提高行业准入门槛，严格设定垃圾焚烧企业资金、技术、人员、业绩等准入条件，开展年度考核评价，公示评价结果，接受公众监督。③新加坡建立垃圾焚烧企业信用评估体系，建立失信惩戒机制和黑名单制度，对不能合格运营以及不能履行特许经营合同的企业进行公开公示，乃至建立退市制度。

4. 严格的环境监管与信息公开

在环境监测监管方面，新加坡政府环保部门与国内各垃圾焚烧厂之间联网，并装有实时监视系统，24 h 检测废气排放量、二噁英含量等，焚烧厂的排放数据会直接上传到新加坡环境与水源部下属的防污处。引入第三方专业机构实施监管，对填埋场四周水质执行检测，及时提供可靠的第三方监测数据，并将监测数据和检测报告对公众开放。

5. 有效的经济杠杆

新加坡国有垃圾焚化厂和垃圾填埋场是直接隶属国家环境局的政府机构，所有投资都来自政府财政，所有利润均上缴财政，也没有税收，工作人员都是政府公务员身份。垃圾焚化厂的运营成本主要包括人工薪资和日常维护费用，运营收入主要来自公众交纳的垃圾处理费和垃圾焚烧发电收入，其占运营收入的比例分别约为 60% 和 40%。

垃圾处理费不是由政府补贴，而是由企业、商户、居民用户缴纳。政府对居民用户按照住宅面积的不同，对商店按照每日垃圾量的不同，确定垃圾收集费的标准，由电网公司收缴费用（不交不供电），然后支付给垃圾收集商，垃圾收集商分类回收后，将灰烬等运去垃圾焚化厂，以每吨 77 新币的价格缴纳垃圾处理费。这种运营模式，有效地保证了垃圾处理费的收缴，也保证了垃圾焚化厂的正常运营和投资回收。

6. 对垃圾焚烧的正面宣传和舆论引导

在发展垃圾焚烧过程中，新加坡政府也面临周边居民的反对。

例如，1979 年投入使用的新加坡第一家垃圾焚化厂乌鲁班丹，一开始面临公众的质疑，并且在运作期间，由于当时的垃圾运输车密封性不好，偶尔会有臭味散出，也遭到过投诉。新加坡环境局对此高度重视，及时处理投诉，并且通过一系列正面宣传和舆论引导，最终获得民众对垃圾焚烧的支持。新加坡环境局下属的公共教育处通过媒体、社区、学校等各种媒介，在公众中开展环境保护的宣传教育活动，使国民充分认识到垃圾科学处理的必要性。新加坡政府也支持垃圾焚烧厂定期对社会公众开放，组织市民前往参观了解。通过以上方式，有效解决了"邻避效应"问题。

虽然新加坡垃圾焚烧已经竭力缩小了填埋垃圾所需占用的土地，但照现有日均垃圾产生量发展下去，新加坡有一天会面临无地可用的挑战。这也是其他国家必将面临的阶段和挑战，焚烧只是垃圾处理的下游行业，从源头开始减少垃圾产量、不断提高垃圾的循环利用将有助于战胜挑战。

三、新加坡环境管理机构设置和主要部门职能

（一）政府部门

新加坡环境管理机构的发展经历了以下阶段。1963 年，公用事业局（PUB）成立，被列为贸工部下的法定机构。1972 年，新加坡环境部成立，负责提供废物管理的基础设施，以及执行和管理与污染控制和公共卫生有关的立法。2001 年，公用事业局重组，从贸工部转到环境部下。2002 年国家环境局（NEA）成立。2004 年，环境部更名为环境及水源部。

目前，环境及水源部是新加坡环境管理部门，负责制定环境政策和监管环境相关的法定机构，其职责为确保新加坡拥有洁净、永续的环境及水源，组织架构见图 8.3。环境及水源部下设国家环境局和公用事业局两个法定机构。国家环境局负责提供优越的公共卫生、洁净的环境、气候预测与咨询服务、节约资源，公用事业局负责饮用水供应、排水管理和污水管理。截至 2015 年年底，环境及水源部有 139 名工作人员，国家环境局和公用事业局分别有 3 718 名和 3 269 名工作人员。

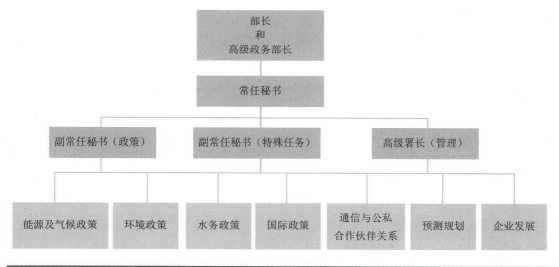

图 8.3　新加坡环境及水源部组织机构

此外，新加坡国家发展部下设的国家公园局是负责执行新加坡全国绿化政策的职能部门。除了制定及协调绿化地段的规划，还负责建设及管理公用绿地，以及管理自然保护区。国家公园局分四个部门：规划与资源署、园林营运署、滨海湾公园发展处及新加坡花园城市私人有限公司。农业食品和畜牧局主要确保粮食安全、动物和植物健康的保护、促进农业贸易以及执行保护野生动物和鸟类的法律，同时也实施涉及濒危野生动植物群贸易的法律。

（二）非政府组织

新加坡环境研究所（The Singapore Environment Institute）。新加坡环境研究所于 2003 年 2 月建立，作为国家环境局的培训机构。它为国家环境局的工作人员进行环境课程的培训，也面向社会公众提供气象、自然资源保护和环境法律方面的常识知识。其主要培训领域集中在污染管理、固体废物管理、公共卫生环境管理、城市环境管理和气象服务。

四、新加坡环境保护法律法规及政策

2009 年新加坡启动了《新加坡可持续蓝图 2009》。这是新加坡第一个可持续蓝图，旨在打造生动和宜居的新加坡，建设新加坡人民喜爱和引以为豪的家园。该蓝图比之前出台的新加坡绿色计划范围更广，不同领域的规划，如建筑、能源、水、空气质量、交通等，都基于该蓝图编制。该蓝图的时间跨度是 20 年，比之前新加坡绿色计划的 10 年要长。

自出台《新加坡可持续蓝图 2009》以来，新加坡实施了可持续建筑和城镇、可持续交通、绿色和蓝色空间等一系列倡议。新加坡重视多方参与，涉及经济发展和环境影响时，必须考虑经济部门、第三方和公众的参与。2013 年，新加坡环境和水源部、国家发展部牵头，其他部门参与对蓝图进行了一次回顾审查。评估审查后，新加坡在 2014 年 11 月启动了《新加坡可持续蓝图 2015》。

为更好地将资源集中在特定领域，新加坡确定了生态智能城、"轻车量行"城市计划、"废物零排放国家"、领先的绿色经济四个关注领域。旨在建设宜居家园和可持续城市，两者结合，最终形成活跃并且富有前景的社会。

生态智能城领域，通过使用智能技术和生态环保技术及材料使得新建楼房和房地产项目更加智能，如 LED 照明、光感传感器。在可租赁的公寓，使用大量能量回收技术和系统，创建智能城市。另外，新加坡对建筑有节能评估和评价标签，即能源和水效率评级标签。例如，空调系统越好说明它越节能，如果空调标签是 2 星，则必须在两三年内进行改进，如果当年有所改进，未来三年会进行审查看是否保持。通过这种倒逼机制让生产商改进技术。目前，新加坡对水、取暖器、驱动装置等都有类似的能耗评估标签。新加坡在建筑上用了很多新技术，希望能够建立高质量的生活环境。经过清洁和高技术改造项目，让季风带来的雨水清洁，同时免受洪水的影响。

"轻车量行"城市计划领域，主要是降低车辆数量，鼓励人民使用公共交通。目标是使公共交通出行比例达到 75%。为此，新加坡政府投入大量资金建设基础设施、地铁、有轨交通等。预计到 2022—2025 年，新加坡轨道交通将覆盖国土面积的一半。为提供好的公交系统，新加坡对轨道交通做了大幅改进，保证换乘便利。2025 年的目标是确保 80%

的居民能够在 10 min 内步行找到所有换乘地点。新加坡也鼓励自行车出行，目标在 2030 年自行车道达到 700 km，自行车和公交车换乘便利。新加坡还鼓励使用纯电车，开展纯电车公共租赁项目，降低或者实现零排放，减少汽车尾气对环境的影响。

"废物零排放国家"领域，一是希望有效利用废水，实现能量回收和发电之间的平衡、互动。发电需要水资源，发电过程产生废物，通过废物回收可以实现能量循环。从这个角度来看，火电发电厂产生的电力可以用于水处理系统，水处理产生的污水可供发电厂使用，从而使废水处理和发电有机结合，改善循环效率。二是新加坡很少对废物进行填埋，更多的是进行垃圾分类和循环使用。

领先的绿色经济领域，旨在让更多的企业分享实践经验。新加坡的企业和机构都设有能量管理专员，帮助控制能耗、提高能效。新加坡鼓励建设太阳能电厂。企业方面，新加坡鼓励公司提交可持续发展报告。政府带头，建筑能效达标、管理好废物。此外，要学习和借鉴其他国家经验，积极参加废物管理、清洁水管理等各领域的国际研讨。

（一）环境基本法

新加坡具有完备的环境立法。新加坡环境保护相关的法律法规散见于各项国会法案和政府部门制定的辅助性法律中。由于新加坡所面临的问题是国土资源少、人口密度大和经济发展之间的矛盾，所以纵观新加坡环境保护方面的制定法，可以将其大致归为两大类，即污染防治类（工业、医院、家庭和汽车废气废水排放）和自然资源保护类（自然保护区和野生动物保护）。新加坡出台了《公共环境卫生法》《环境污染控制法》（Environmental Pollution Control Act）、《野生动物和鸟类法》等环境法律和法规。新加坡《环境污染控制法》对各类废物处理和排放都规定了明确的标准，使各项工程建设、工商活动和日常生活都有法可依。

新加坡的环境法律（Act）均由国会通过，条例（Regulation）由各部部长批准。现在，由环境与水源部执行的立法较多，主要有《公共环境卫生法》《环境保护与管理法》等。《公共环境卫生法》颁布于 1968 年，其内容较全面，包括噪声、墓地、游泳池、公共清洁、有毒工厂废物及一般垃圾收集控制，但现行的是 1987 年颁布施行的公共环境卫生法，经 1989 年、1992 年、1996 年、1999 年和 2002 年的几次修订，现在其内容主要包括：公共场所清洁；食品供应卫生及商贩、市场管理；公害；卫生房屋、卫生设施和建筑物的一般卫生要求；游泳馆、殡仪馆、墓地及火化场；清洁水供应控制等。共有 18 部条例与之配套实施。其中 1968 年及 1987 年的《公共环境卫生法》涉及建筑工地噪声控制的条款在 1999 年后统一归入由该年颁布施行的《环境污染控制法》中。

自 20 世纪 60 年代以来，空气污染的不断加剧及由此产生的一系列不利影响已经引起了国际上的关注。1999 年新加坡颁布《环境污染控制法》，取代了 60 年代出台的《清洁空气法》。《环境污染控制法》主要包括空气污染控制、水污染控制、土壤污染控制、危险物质控制和噪声控制。2007年6月，新加坡政府对《环境污染控制法》做出了再次修订，并改名为《环境保护与管理法》（Environmental Protection of Management Act，EPMA）。它巩固了之前关于空气、水污染和噪声以及危险物质控制的独立法律。《环境保护与管理法》主要内容包括：厂房边界噪声限值规定、牌照费用规定、危险废物条例、工商业污水条例、车辆排放规定、罪行组成条例、空气杂质条例、消耗臭氧层条例、节能条例、烟火规定、注册商品规定等共计12个配套条例。对建筑工地允许排放的噪声水平标准，环境有害物质的运输、储存、供应、进出口控制，允许运输转移的有害物质类型与数量，动用明火限制，安装维护燃料燃烧设备，禁止烟囱冒黑烟以及在工业区和建筑工地非消防演习等都做出了详细的规定。另外，环境影响评估也通过了《环境污染控制法》所规定的要求而得到执行。然而，对于国家级的政策、计划和活动，新加坡还没有制定正式条款或行政性的策略性环境评估框架。在新加坡，虽然《环境保护与管理法》是一个执行环境影响评估的指导性政策之一，策略性环境评估还没有被整合成为政策、计划或活动决策过程中的一个必要程序。

（二）环境影响评价相关法律法规

新加坡政府部门对新建工厂或现存设施的改、扩建以及新产品和工艺设施的新建或改建等，均实行审批制度，即政府主管机构对有关的声明、许可、执照、证书等进行审批。主要步骤包括：任何新建、改扩建工厂设施的单位须从主管机构得到书面许可；所有工厂必须在劳工部劳动安全处登记；向环境与水源部污染控制处负责人提供环境方面的情况并听取建议；向劳工部工业安全处负责人提供有关情况并听取安全保健方面的建议。所有法令法规都具有强制执行的性质。环境与水源部所属职能机构对所有贸易和工业房屋设施执行常规检查，敏感地区和经常接到投诉的地方会多次受到检查。企业要保存有关环境、卫生和安全方面的记录以备检查，特别是关于食物、饮料、药品、石化产品和电解制品的数据，检查往往多于5次。劳工部着重检查易发生职业病和健康危害的地点，也包括所有被投诉和已知有职业病的地方，并就如何整治有害工作条件向员工提出建议。

（三）其他环境管理法规

现在新加坡的环境与水源部负责执行49部法律与条例，除上述基本法外，主要的法律还有：

- 污水道和排水道法；
- 危险废物法（进出口及过境控制）；
- 虫害与农药控制法；

- 氰化氢（熏蒸）法；
- 传染病法；
- 食品销售法；
- 吸烟法（特定地区禁止）；
- 辐射防护法。

（四）环境管理政策

新加坡的一些城市环境管理与治理措施值得借鉴，如制定各类废物处理和排放标准、生活垃圾分类回收、制造业废料再循环使用、汽车尾气监测体系、工业废水排放标准、良好的公共卫生教育等。

新加坡是一个美丽的国际化的城市花园国家。但是新加坡并不是一直以来都是这样，受工业化的影响，新加坡同样经历了"先污染后治理"的过程。20世纪60年代，新加坡建国初期环境状况极其恶劣，人们在人行道和大街上售卖熟食，完全不理会交通、卫生和其他问题，使得垃圾遍地、腐烂的食物散发出恶臭异味，蚊虫肆虐，连片的棚户区泥泞不堪、瘟疫蔓延，商业垃圾和生活垃圾造成河流污染严重[①]。进入20世纪80年代，新加坡加强了城市规划和环境保护，全民动员，保护环境。为了以向世人显示新加坡跟其他第三世界国家不一样，政府选定了一个使新加坡成为清洁又葱翠的城市的计划[②]，环境状况逐步得到改善。目前，新加坡已经发展成为世界知名的花园城市，新加坡的国家经济发展和环境保护建设进入了真正意义上的人与自然和谐发展的良性循环。

新加坡环境保护主要经历了以下四个阶段：

（1）1960—1970年为第一阶段，新加坡共和国1965年刚刚成立时，面对的是经济瘫痪、失业人口众多、社会秩序混乱，25%的人生活在贫困线下，生活难以为继；连片的棚户区泥泞不堪、垃圾遍地、蚊虫肆虐、瘟疫四处蔓延；岛上遍布大大小小的沼泽地，既不能耕种，也不能居住；新加坡河畔的商业区混乱不堪，商业垃圾和生活垃圾将新加坡河污染成一条臭水河。国家面临就业率低、经济不发达、人民生活艰苦等问题。为提高人民生活质量、解决就业，政府积极推行发展劳动密集型制造业战略，致使环境开始污染。

（2）1970—1980年为第二阶段，随着经济发展，为了促进更多的就业，政府重点发展制造业，进一步加剧了环境污染。面对环境的恶化，政府加强了对环境保护的立法与监管。1972年新加坡成立了环境发展部，环境保护各项设施得到建设，环境保护监管力度加大，产业结构得到调整，逐步淘汰污染企业。

[①] 李光耀：《经济腾飞路》，北京：外文出版社，2001年版，第236～241页。
[②] 李光耀：《经济腾飞路》，北京：外文出版社，2001年版，第614～627页。

（3）1980—2000 年为第三阶段，通过 30 年的努力，新加坡经济基础得以稳固。得益于经济发展，政府开始注重环境保护工作，全民动员，保护环境。到 20 世纪 90 年代末，新加坡经济发展和环境保护建设进入了真正意义上的良性循环，并发展成为具有国际竞争能力的发达美丽的花园国家。

（4）2000 年至今为第四阶段，基于雄厚的经济基础，新加坡环境保护工作取得了举世瞩目的成就，政府通过积极立法、严格执法等措施有效控制和减少污染。青山、碧水、蓝天、绿地，整个城市清洁干净，在新加坡，看不见烟囱排放黑烟、汽车冒黑烟；看不到污水排放口；看不到裸露的土地；看不到扬尘；看不到有乱丢垃圾、烟头、随地吐痰、行人乱窜马路等现象。

五、新加坡环境管理案例

（一）新加坡裕廊芳烃公司 PX 项目

1. 案例基本情况

新加坡裕廊芳烃公司是一家多方共同持股的私人企业，其中也包括中国民营企业江苏三房巷集团，该公司 PX（对二甲苯）项目在 2014 年第二季度投入运营，芳烃类产品年产能为 150 万 t，其中包括 80 万 t 对二甲苯，主要供应亚洲市场。

新加坡专门生产对二甲苯的化工厂并不多，但作为全球最大的炼油中心之一，当地一些炼化设施生产流程的中间产品或副产品包括对二甲苯。从布局来看，裕廊岛是新加坡炼化设施集中的岛屿，位于新加坡西南部，与主岛相距不足 2 km，通过一条跨海高速公路与主岛相连。裕廊岛的炼化区尽可能与主岛隔离。这有利于公众建立对化工设施安全的信心。也从侧面反映出新加坡对于工业设施安全的重视。

新加坡对 PX 项目的规管与其对其他有一定危险性的化工设施规管大致相同。虽然 PX 项目是低毒项目，但也属于有一定风险的设施。

2014 年第二季度，新加坡裕廊芳烃公司价值 24 亿美元的石化工厂投入试运行。相比我国民众对公司 PX 项目上马"谈虎色变"，新加坡政府赢得了公众信任，并全面评估了项目的环境社会影响，成为危险建设项目处理环境问题的优秀典范。

2. 案例启示

新加坡政府之所以能够赢得公众对涉及危险产品的炼化厂的信任，关键在于多个环节的规管：从项目用地前期评估入手严格防范，通过多个部门联手参与，引入公众咨询机制；同时也通过标准化安全程序和严格的检查和演习等，提高安全事故的防范和应对意识；发生事故后积极妥善应对，提高透明度，赢得公众信任。

裕廊芳烃公司 PX 项目的成功有以下几个经验值得借鉴：

（1）对工业项目统一规划。新加坡国土面积有限，新加坡岛是居民集中的岛屿。新加坡的炼化设施大多集中在裕廊岛以及以附近一些岛屿为基础而加以扩大和改造的地块，一些炼化设施甚至架在海面上。裕廊岛目前有 90 多家顶级化工厂入驻，其中包括埃克森美孚、雪弗龙、壳牌等巨头，他们在裕廊岛的固定资产投资总和达 310 亿美元，形成了巨大的产业链整合效应。裕廊岛由政府开发公司裕廊集团管理，主要的服务由第三方公司提供，包括物流等。美国发生"9·11"事件之后，与之有密切盟友关系的新加坡也加强保安，裕廊岛成为一个受保护的地点，由一家私营的安保公司负责其安全。

（2）工业项目审批流程严格。新加坡对于工业项目的上马有一套严格的流程，尤其注重其安全评估。环保部门主要通过对发展规划的集中控制，以保证环保的考量渗透到相关设施的土地使用规划、开发过程和建筑物的管控等不同阶段。所有新的工业发展规划都要经过筛查，对其危险性和污染风险进行评估，保证在健康、安全性或污染等方面不会让民众担忧。

（3）在新加坡，公众咨询在确定土地规划用途的阶段就要进行，其中一些地块可能用于工业生产。公众的意见和建议会形成反馈信息，市区重建局必须考虑这些意见，才能最终敲定土地规划纲要。而土地的实际使用必须按照市区重建局公布的土地规划纲要行事。

根据权威资料，新的工业设施发展计划必须位于合适的工业区内，并且符合污染控制标准，才能通过审查。如果相关的工业设施要处理一定量的可能造成污染的化学品，则必须远离人们的居住区域。

工厂的运营方必须安装适当的污染处理设施，处理尾气，保证排放的尾气符合标准。这些要求也都适用于对二甲苯的生产设施。对于一些有可能造成污染的化工厂，包括对二甲苯生产设施，必须进行污染控制研究。这样的研究报告必须全面分析污染对环境的影响，并对工厂设计规划上应该采取什么样的污染控制提出建议。工厂的运营方还要有污染监控计划，以保证排放的物质始终符合标准。

对于污染的风险，还必须进行量化风险分析（简称 QRA）。对于化工行业的企业，必须提交量化风险分析报告，列明化学品的使用、存储和运输过程中所有可能存在的危险和风险；对工厂的设计和运营提出安全方面的建议和措施，使风险处于可以接受的范围内。

这样的量化风险分析不仅覆盖化工厂本身的安全措施，也要划出化工厂周边的健康和安全区域范围，以便对以后周边地区的开发计划作出相适应的指引。量化风险分析报告交由一个跨部门小组审核。这个小组由不同政府部门代表组成，如国家环境局、负责消防的民防部队、人力资源部、裕廊集团和市区重建局等部门的人员，通过审核才能进行下一步的发展计划。

（二）填海造岛项目

1．案例基本情况

2010 年年初，中国某企业应新加坡发展部下属部门新加坡建屋发展局（HDB）的邀请，拟与某新加坡当地企业组成联合体，共同投资，在新加坡领海内"填海造岛"，以满足新加坡经济、人口不断繁荣的土地需求。HDB 聘请了淡马锡控股下属控股公司作为该项目的专业第三方机构，向 HDB 提供咨询。按照 HDB 的要求，投资方需自担风险负责采购"填海造岛"所需的全部原材料。

"填海造岛"的最主要原材料是海沙，由于新加坡领海较小，可供采沙的海域有限，因此，在新加坡领海内"填海造岛"，首先需要使用吸砂船在印度尼西亚、马来西亚等邻国海域采沙，然后通过泥浆泵及运输管线将泥沙运至"填海造岛"区域。

印度尼西亚、马来西亚海域广阔，海沙丰富，采沙点至新加坡"填海造岛"定位海域的运距也短，从自然条件和经济条件考虑，投资方认为采购海沙并没有风险。但通过前期法律尽职调查发现，在 1997 年马来西亚颁布了禁止出口海沙的禁令；2003 年，印度尼西亚也颁布了禁止出口海沙的禁令，导致从印度尼西亚和马来西亚进口海沙不能实现。投资方继而考虑可否从运距较远的越南、柬埔寨进口海沙。然而，通过进一步调查发现，由于担心大量采集海沙的行为对湄公河流域的地质危害，2009 年年初，柬埔寨也颁布了法令禁止出口海沙，紧接着，2009 年 10 月，越南要求暂停出口海沙。因此，如果由投资方自行负责采购、提供"填海造岛"所需的海沙，投资方所面临的风险将非常高。

最后，投资方一方面就海沙供应问题与 HDB 进行反复谈判，希望将无法获取海沙的风险转移给 HDB；另一方面积极寻找东盟国家具有雄厚实力的海沙供应商，与其签订长期供应协议，锁定无法获取海沙的风险。

2．案例启示

投资者在对投资项目商业可行性、技术可行性进行分析的同时，应当对所有项目所必需的商业要素在法律上是否具有可获得性进行调查，尤其是在新加坡这类自然资源相对匮乏的国家更应引起注意。

第九章
泰国环境管理制度及案例分析^①

一、泰国基本概况

(一) 自然资源

泰国位于中南半岛中部，自然条件得天独厚，地形以平原为主。东邻柬埔寨，西部和西北部接缅甸，东北邻老挝，南界马来西亚，东南与西南分别濒泰国湾与安达曼海，疆域沿克拉地峡向南延伸至马来半岛，与马来西亚相接，其狭窄部分居印度洋与太平洋之间。总面积 51.3 万 km²，海岸线长 2 614 km。

泰国地势北高南低，气候为热带季风气候，全年分为热、雨、旱三季，年均气温 24～30℃，年均降雨量 1 000 多 mm，沿海可达 3 000 mm 以上。全国大体分为 5 个自然区：北部和西部内陆山区、东北部高原地区、中部平原地区、东南沿海地区和南部半岛地区。

(二) 社会人口

泰国人口共约 6 450 万人。全国共有 30 多个民族。泰族为主要民族，占人口总数的 40%，其余为老挝族（35%）、华族、马来族（3.5%）、高棉族（2%），以及苗、瑶、桂、

————————————————
① 本章由李博、彭宾、边永民编写。

汉、克伦、掸、塞芒、沙盖等山地民族。泰语为国语。佛教是泰国的国教，90%以上的民众信仰佛教，马来族信奉伊斯兰教，还有少数民众信仰基督教、天主教、印度教和锡克教。首都曼谷是泰国政治、经济与文化中心，也是最大的港口城市，素有"东方威尼斯"之称。

（三）经济发展

作为传统农业国，泰国外汇收入的主要来源之一是农产品。全国耕地面积为 2 070 万 hm²，占全国土地面积的 38%。泰国是世界著名的大米生产国和出口国，大米出口是泰国外汇收入的主要来源之一，其出口额约占世界市场稻米交易额的 1/3。泰国也是仅次于日本、中国的亚洲第三大海产国，为世界第一产虾大国。泰国自然资源丰富，主要有钾盐、锡、褐煤、油页岩、天然气，还有锌、铅、钨、铁、锑、铬、重晶石、宝石和石油等。森林资源、渔业资源、石油、天然气等也是其经济发展的基础，天然气蕴藏量约 4 644 亿 m³，石油储量 1 500 万 t，森林覆盖率为 25%。

泰国经济结构随着经济的高速发展出现了明显的变化。虽然农业在国民经济中仍然占有重要的地位，但制造业在其国民经济中的比重已日益扩大。制造业已成为比重最大的产业，且成为主要出口产业之一。泰国工业化进程的一大特征是充分利用其丰富的农产品资源发展食品加工及其相关的制造业，主要工业门类有采矿、纺织、电子、塑料、食品加工、玩具、汽车装配、建材、石油化工等。

但随着工业化的推进，其弊端也显露出来。20 世纪 80 年代初，受国内产业结构不合理的制约，泰国经济增长放缓，甚至于 1985 年出现-0.6%的增长。因此，泰国政府开始在第五个五年发展计划中对国内产业结构和经济布局进行调整。由于东亚新一轮产业转移，外国制造业投资汇集泰国，泰国经济迅速走出低谷，再次进入高速增长时期，使 1987—1991 年年均增长率高达 10.9%。大量外资的涌入不但推动了泰国经济的发展，也推动了泰国产业结构的升级。80 年代占主导地位的纺织、服装、制鞋等劳动密集型产业，开始让位于资本密集型产业，集成电路、运输机械、计算机配件等成为泰国的主要出口产品。

泰国经济的高速增长一直持续到 20 世纪 90 年代中期。第七个五年发展计划（1992—1996 年）期间，除 1996 年外各年经济增长率均在 8%以上，出口年均增长率也高达 18%。1995 年泰国人均国民收入超过 2 500 美元，世界银行将其列入中等收入国家。但经济繁荣背后却隐藏着危机。事实上，泰国经济 80 年代面临的结构性问题并没有得到根本性解决，产业升级滞后，经济增长严重依赖国际市场特别是美、日市场，贸易逆差严重，国内消费市场发展缓慢，金融体系面临危机等。

1996 年，泰国经济增长率急剧下降，仅为 6.9%，尤其是对外贸易出现严重滑坡，增幅猛降到只有 0.6%，经常项目赤字占国内生产总值的 8.3%，通货膨胀率也上升到 6.2%。同年，全球股市受美国股市的影响纷纷走高，而泰国股市却出现大幅度下跌。国际投机商开始利用这一机会狙击泰铢，促使泰铢贬值。1997 年 7 月，泰国爆发金融危机，经济遭受严重打击，当年 GDP 出现负增长，增长率为-1.4%。1998 年经济进一步滑坡，GDP 增长率为-10.8%，跌入最低谷。1999 年下半年起，泰国经济逐步走上复苏的道路，2000 年 6 月，泰国宣布脱离国际货币基金组织的监管，1999 年及 2000 年 GDP 增长率分别达到 4.2% 和 4.4%。近几年泰国经济总体运行情况见表 9.1。

表 9.1　2001—2008 年泰国经济总体运行情况

	2001 年	2002 年	2003 年	2004 年	2005 年	2006 年	2007 年	2008 年
经济增长率/%	2.2	5.3	7.1	6.3	4.6	5.2	4.9	2.6
GDP（按当年市场价格）/10^9 美元	115.5	126.9	142.6	161.3	176.4	207.0	246.1	273.2
人均 GDP（按当年市场价格）/美元	1 836	1 999	2 229	2 479	2 709	3 171	3 743	4 115
通货膨胀率/%	1.7	0.6	1.8	2.8	4.5	4.6	2.2	5.4
产业结构/% 农业	9.1	9.4	10.4	10.3	10.7	10.7	11.4	—
产业结构/% 工业	42.1	42.4	43.6	43.4	44.0	44.4	43.9	—
产业结构/% 服务业	48.7	48.1	46.0	46.3	45.70	44.8	44.7	—

1. 工业

经过 40 余年的工业化之路，目前泰国已基本属于工业国。2013 年，泰国国内生产总值为 3 872 亿美元，其中工业产值占 43.9%。在泰国工业各部门中最重要的是制造业，产值占工业总产值的比重达 80%，不仅是最大的产业，也是最主要的出口产业之一；其次是建筑业。

泰国制造业起步较晚。"二战"之前，泰国仅有部分简单的初级产品加工业，如碾米、锯木、榨糖、制革、烤烟等，工业基础十分薄弱，绝大部分日用消费品都依赖进口。经过 20 世纪 50 年代中后期以及 60 年代的进口替代工业化阶段，泰国制造业逐步发展起来。至 70 年代，轻纺工业和食品加工业已能满足国内需求，基础设施建设也初具规模。此后，随着出口导向工业化模式的实施，泰国制造业发展的步伐进一步加快，从 80 年代后期到 90 年代初期，制造业产值年均增长率高达 15%，且门类增多，结构日趋多样化。在劳动密集型产业蓬勃发展的基础上，资本密集型和技术密集型产业也相继出现并迅速发展。泰国制造业门类主要包括纺织服装业、农产品加工业、电子电器业、汽车制造业、珠宝加工业等。

纺织服装业是泰国制造业中规模最大的行业，产值约占制造业总产值的 23%，从业人员超过 120 万人，相关企业有 9 000 多家。其中主要是服装厂，从业人员约占行业总人数的 80%，此外还有纺纱厂、织布厂、印染厂、日用纺织品厂、地毯厂等。目前，泰国的纺织服装业正面临着严峻挑战，低档纺织品渐渐失去国际竞争力，必须向生产中、高档纺织品和创建自有品牌的方向发展。

在泰国政府"农业工业化"的发展方针指引下，泰国的农产品加工业经过 50 余年的发展已颇具规模，在有效提高农产品国际竞争力的同时，也增加了农产品的附加价值。此外，制糖业也是泰国重要的农产品加工创汇行业。

泰国的电子电器业起步于 20 世纪 60 年代，但当时只有一些小型的家用电器和电子装配厂。70 年代，随着发达国家劳动密集产业的转移，泰国的电子电器业逐渐发展起来。80 年代后期，由于东亚新兴工业化经济体产业转移的推进，泰国的电子电器业进入高速发展时期，并成为重要的制造业部门。目前电子电器业是泰国最大的出口行业。

除制造业外，泰国较大的工业部门是建筑业。20 世纪 80 年代中期至 90 年代中期，伴随泰国经济的高速发展，大规模短期外资不断涌入房地产业，在催生经济泡沫的同时也推动了建筑业的迅速发展。建筑业产值从 1986 年的 21.18 亿美元猛增至 1996 年的 134.83 亿美元，提高了 6 倍，占 GDP 的比重也从 4.9%增加到 7.4%，而成为泰国的支柱产业之一。但是 1997 年的金融危机对建筑业造成严重冲击，当年产值降至 85.9 亿美元，此后更是一路下滑，2001 年产值仅为 29.6 亿美元。为重振建筑业，泰国政府不但在公共投资领域启动了多个大型基础设施建设工程，而且在私人投资领域出台了一系列优惠政策，以推动房地产业的复苏。从 2003 年起，泰国建筑业开始恢复活力，当年产值升至 42.2 亿美元。当前建筑业再次成为带动泰国经济复苏的重要动力之一。

2. 农业

泰国地处热带，雨量充沛，适宜作物生长，所以种植业自古以来就是泰国农业最重要的部门。由于实施工业化，农业在泰国 GDP 中的比重逐年下降，近年来已降到 10%左右，但农业在泰国经济和社会结构中仍具有十分重要的地位。首先，从就业来看，农业是吸收劳动力的第一大部门。2005 年，泰国农业吸收劳动力 1 545 万人，占劳动力总数的 41.9%。其次，作为传统农业国，长期以来农产品是泰国出口创汇的主要来源之一。大米、橡胶、木薯、热带水果等是重要的出口农产品。泰国丰富的农副产品为工业发展提供了资金和原材料，有力地保证了"农业工业化"战略的实施。大量农产品的出口，带动了国内农业生产和农产品加工业的发展，并为其他相关工业的发展提供资金。

泰国在农业生产方面取得的成就有赖于政府对农业实施的发展战略和政策。"二战"后，泰国制定了农业发展的三大战略，即农业产品多样化发展战略、外向型农业发展战略和农业产品工业化发展战略。为此，泰国政府采取了相应的农业发展政策和措施，包括：重视农业基础设施建设，优先发展水利和交通；完善农业管理部门、政策部门和实施部门，保证农业在政府专门机构的引导下健康发展；重视农业科学技术的研究和运用，依靠科学技术发展农业，政府重视引进高产品种，加强农业科技的研发投入，普及农业科学知识；实施农产品价格补贴政策及农业投资与信贷的优惠政策。但相对于美国、日本等国而言，泰国的农业科技水平还较低，农业的机械化程度也较低。因此，近几年来，泰国十分重视农业科研的推广和农业机械化的发展，以促进农业的集约化和专门化经营，提高农业生产效率。

3. 对外贸易

对外贸易在泰国经济的发展中有着举足轻重的地位，出口增长传统上一直是泰国经济的推动机，并对泰国工业结构的多元化起到了积极的促进作用。20 世纪 60—70 年代，泰国出口占 GDP 的比重约为 20%，70—80 年代中期达到 27%，90 年代初又进一步提高到 30%。因此，扩大出口已成为泰国重要的经济政策之一。

20 世纪 60 年代以前，泰国的对外贸易基本上是以国内的初级农矿产品交换国外的工业制成品，大米、橡胶、柚木和锡这四大传统出口品是当时的主要创汇产品。由于进口替代工业发展模式，60 年代后泰国对外贸易结构发生改变，劳动密集型工业制成品逐渐取代初级农矿产品成为泰国的主要出口产品，进口则以原材料、半制成品和生产设备为主。从 80 年代中期开始，随着泰国产业结构的升级，资本密集型工业制成品逐步成为泰国出口的主要项目，并拉动出口总额迅速增长。2012 年，泰国对外贸易总额增加到 4 440 亿美元，出口增至 2 262 亿美元，进口增至 2 178 亿美元，泰国对外贸易状况见表 9.2。

表 9.2 泰国对外贸易状况（按当年市场价格）								单位：亿美元
	2000 年	2001 年	2002 年	2003 年	2004 年	2005 年	2006 年	2007 年	2008 年
出口	690.6	649.7	681.1	803.2	962.5	1 109.4	1 297.2	1 521.0	1 778.4
进口	619.2	619.6	646.5	758.2	944.1	1 181.8	1 287.7	1 399.7	1 786.6
净出口	71.4	30.1	34.6	45.0	18.4	−72.4	9.5	121.3	−8.2

在对外贸易商品结构方面，随着工业化程度的不断提高，泰国已从原来主要出口初级产品过渡到以出口制成品为主。目前，泰国是世界上食品、水产品、大米、饲料、纺织品和服装等轻纺产品的出口大国，而机电产品、塑料产品、珠宝、家具等也已经居泰国十大出口商品之列，并成为仅次于意大利的世界第二大宝石出口国。进口商品也产生了由以生活消费品为主到以生产资料工业品为主的转变，主要为机械设备、运输工具、石油及石油制品等。

在对外贸易地区上，由于历史原因，泰国对美国的出口一直占首位，其次是日本、新加坡、欧盟与中国香港等。20 世纪 90 年代以来，泰国外贸进出口市场结构日益向多元化发展，形成了以美国、日本、欧盟为核心的贸易伙伴，以邻近国家为贸易重点，向中东、非洲、俄罗斯和东欧地区、拉丁美洲发展的贸易格局。2006 年，美国、日本、中国和新加坡作为泰国前四位出口市场，占泰国对外出口总额的比重超过 40%；而进口方面，由于泰国政局不稳，抑制了私人消费与投资欲望，造成进口增长幅度较小，其中，第一、第三大进口市场日本和美国的进口均出现小幅下降，中国是泰国第二大进口来源国，进口增幅为22.4%，明显低于2005年36.4%的增长率。

4．能源

石油：石油不仅是泰国重要的化工原料，更是最主要的能源物资。但泰国石油储备并不丰富，2002年探明储量为5.83亿桶。泰国石油工业发展较晚。1950年，泰国首次在北部开采石油，但年产量不足2万t，并至20世纪70年代就已枯竭。而国内石油需求日益增长，为缓解需求压力，1971年2月，泰国政府在1961年《石油开采条例》的基础上，修订颁布了新的《石油法》，放宽了开采限制。随着70年代国际石油价格的飞涨，各国际石油公司相继入驻泰国，开始在暹罗湾勘探开采石油，原油产量有所增加。不过，由于泰国本身石油储量并不丰富，产量难以提高。2002年泰国原油产量仅2 768.1万桶，而国内对原油的需求量却高达2.758亿桶，超过国内产量的9倍之多。因此，泰国的石油供给严重依赖进口，2002年石油进口量2.481亿桶，占能源总进口量的76.7%，进口额57.7亿美元。目前泰国政府已制订计划，准备凭借自身的原油实力和区位优势将泰国建成地区的石油加工和中转中心，进一步推动石油工业的发展。

天然气：泰国的天然气资源比较丰富，已探明的储量约为5 465亿 m^3，是泰国最重要的自产能源。1973年泰国首次在暹罗湾发现天然气。1977年泰国政府制定天然气发展计划并开始探采。1981年9月，暹罗湾的气田首次供气。此后，泰国天然气产量增长很快。2001年，泰国天然气产量已达187.3亿 m^3，占泰国国内能源总产量的一半还多。不过，泰国国内对天然气的需求量却更大，2001年已增至239.3亿 m^3，其中约90%是被用作发电站燃料。因此，泰国每年仍要从缅甸、马来西亚、印尼、阿曼等国进口天然气，2001年泰国进口天然气52亿 m^3。

电力：泰国的电力工业起步于20世纪50年代末。"二战"后初期，泰国电力生产能力很低，仅有几家小型火电站和企业自备的柴油发电机组，以稻糠、木材和进口的柴油为动力。为推动电力工业的发展，泰国政府于1957年和1958年先后成立了然禧电力局和首都电力局，分别负责开发水电和火电。自此，以燃油和水力发电为主的泰国电力工业迅速发展起来。70年代中期，随着暹罗湾天然气的开采，泰国开始推广天然气发电，并首先在合艾修建了燃汽轮机发电机组。80年代后，天然气发电逐渐取代燃油和水力，成为泰国电力生产的主要方式。2002年泰国生产的电能中有63.8%来自天然气，15.3%来自煤（包括褐煤），而来自燃油和水能的则仅占2.4%和6.8%。2003年泰国天然气发电的比例又进一步上升，占到71.6%，燃油与水电分别降为1.8%和6.6%。

近年来，泰国政府又开始积极研究和推广利用太阳能、风能、地热能、生物能等新型可再生能源发电，2003年可再生能源发电占0.9%。

尽管泰国电力工业发展较快，但仍无法满足迅速增长的国内需求。为解决电力紧缺问题，泰国政府计划到 2011 年装机容量达 3 967.3 万 kW，并鼓励私营企业参与电力建设。同时，泰国政府还向邻近国家如老挝、马来西亚、缅甸和中国南方电网购买电力。2001 年 3 月，泰国国家电力发展局、泰国 GMS-POWER 与中国国家电力公司、云南省电力集团公司会谈，合作建设景洪电站，并于 2013 年起泰国向中国购电 150 万 kW·h，2014 年起另向中国购电 150 万 kW·h。

5. 交通

泰国交通较为发达，交通网也较完善，铁路和公路都以曼谷为中心，通往全国各地，往来既方便又便宜。但曼谷市内交通相当拥挤，并且还没通地铁，有"塞车世界第一"雅号。泰国的民航业十分发达，各大中城市都有机场，如曼谷廊曼国际机场，是东南亚主要航空中心之一，国际航线可直飞亚、欧、美及大洋洲 70 多个城市。总之，泰国的交通网以曼谷为中心，包括河运、海运、公路、铁路和航空五个组成部分。

河运：泰国的河运相当发达，曾是历史上最主要的运输方式，自 20 世纪以来，虽然逐渐为陆路交通所取代，但大宗货物，如沙、石、水泥、稻谷等的长途运输仍广泛使用河运。泰国雨季可通航的河道有 4 000 km，全年均可通航的河道 3 701 km，但大多只能通行吃水在 0.9 m 以内的船只。中部平原密集的天然河道和运河构成了泰国的主体水网，其中湄南河更是河运的主动脉。雨季时，吃水 2 m 以内的船只可由暹罗湾沿湄南河上溯约 700 km 直抵乌达叻滴，不过旱季时仅能到达那空素旺，通航能力只有雨季时的一半。汇入湄南河的巴塞河、挽巴功河、他真河和夜功河也具备较强的通航能力。

海运：泰国东临暹罗湾可出太平洋，西接安达曼海可入印度洋，具备良好的海运条件。目前海运承担着泰国 95% 的国际贸易货运。2002 年泰国共有 1 000 t 级以上的远洋运输船 317 艘，最大总载能力 265.77 万 t。泰国现有国营和私营港口共 100 多个，其中国际深水港有 8 个。

随着集装箱运输成为国际海运的主要方式，近年来泰国集装箱港发展迅速。1999 年，泰国集装箱吞吐量名列世界第 15 位，主要的集装箱港有曼谷港和拉加班港。

公路："二战"前，泰国仅有的几条公路主要是用作辅助铁路运输。20 世纪 50 年代以后，由于军事的需要和美国的支持，再加上廉价的汽油价格，泰国的公路建设迅速发展起来。到 60 年代末 70 年代初，公路已取代铁路成为泰国最重要的运输部门。目前，泰国公路全长 51 360 km，其中国家级公路 17 920 km，各府、县都有公路相连，公路网四通八达。泰国公路承担着全国货运量的 85%、客运量的 90.5%。

铁路：泰国的铁路建设起步很早，但发展却明显落后于公路。1896 年，从曼谷到阿瑜陀耶的泰国第一条铁路就已建成通车，但直到现在仍仅有铁路 4 818 km。近年来，为配合地区经济合作的发展，泰国政府开始推动铁路建设，准备将国内铁路网与中国和印度铁路网相连。2003 年年初，泛亚铁路的清莱—昆明段开工，为此泰国政府投资了 3 000 万美元，此外泰国政府还向老挝提供了 14 亿泰铢（约合 3 000 万美元）的贷款用于老挝段的建设。而途经缅甸连通泰印的铁路网建设也在 2003 年取得进展，印度已承诺贷款 5 700 万美元给缅甸用于连接印缅铁路，而泰国则承诺贷款 3 000 万美元用于连接泰缅铁路。

航空：1951 年，泰国政府通过并购 3 家小型私营航空公司，组建了国营的泰国航空公司（Thai Airways Company）。1960 年，泰国航空公司与北欧航空公司（Scandinavian Airlines System）合资，组建泰国国际航空公司（Thai Airways International），简称泰航，负责海外航线，而泰国航空公司则继续负责国内航线。1977 年，泰国政府通过购买北欧航空公司的泰航股权，使泰航完全国有化。1988 年，泰国航空公司并入泰航，使泰航成为全国最主要的航空公司。经过 40 年的发展，泰航的国内航线已遍布全国各大城市，而国际航线也已延伸至全球 34 个国家的 77 个主要城市。

泰国主要的机场有曼谷廊曼国际机场（Don Muang International Airport）、清迈机场、普吉机场、合艾机场等。

二、泰国环境现状

（一）大气环境

1. 大气环境状况

由于工业化和城市化进程加快，泰国的大气环境受到严重影响，空气质量差已成为城市及周边环境面临的主要问题之一。泰国最主要的空气污染物包括直径不超过 10 μm 的微粒（PM_{10}）、直径不超过 2.5 μm 的微粒（$PM_{2.5}$）、二氧化硫（SO_2）、铅（Pb）、一氧化碳（CO）、氮氧化物（NO_x）、碳氢化合物（HC）和地面臭氧（O_3），其中最受关注的污染物是 PM_{10}。汽车是 CO、HC 和 NO_x 的主要来源，柴油车的使用也向空气中排放了大量的 PM、NO_x、HC 和 CO。泰国中部是最主要的工业区，工业废气排放量占全国的 60%～70%。产生空气危害最大的工业部门是水泥、石灰、塑料加工和钢铁生产等工业部门。另外，由于森林火灾和生物燃烧使泰国北部地区面临烟霾等空气污染问题。

泰国大气污染主要来源于工厂、能源部门和运输部门，农业废物和生物燃烧也对大气造成一定污染。骤增的汽车和摩托车导致了慢性的交通堵塞，产生了大量的一氧化碳、氮氧化物、碳氢化合物、悬浮颗粒物。泰国因不设汽车年检制度，保养不良的汽车所排出的废气很多，又因含铅汽油是主要燃料，大气中铅浓度居高不下。

以褐煤为燃料的发电站所排出的硫氧化物也使周边地区的大气受到严重污染，并出现酸雨现象。泰国北部南邦县的大规模火力发电站使周边的村落还发生了硫氧化物等所导致的呼吸器官疾病。在该发电站，由于褐煤的燃烧，产生了大量的煤灰、二氧化硫及二氧化氮，居住在距火力发电站 5～10 km 地区的居民出现了呼吸困难，头疼、呕吐等症状，并发生了农作物和热带雨林等叶子变色、耕牛死亡等事件。对此，1992 年该地区举行了居民运动，认定了 300 名受害者，让政府支付医疗费和赔偿金，在村中设置了监听站，而且签署了大气污染超过某基准时终止发电的协议。

此外，每年的三四月，泰国北部地区如清迈、清莱、夜丰颂、南奔等府则被林火或当地烧芭活动产生的浓烟所笼罩，空气中的烟尘含量有时甚至超过了 300 μg/m³ 的危险水平，不仅严重污染空气，也严重威胁着当地人的身体健康和正常的生活及旅游经营活动。

2. 防治措施

1983 年泰国就开始监测和控制空气质量，设立空气质量监控站，对大多数大气污染物，如一氧化碳、二氧化氮、二氧化硫和悬浮颗粒物等进行监测。目前，泰国在全国五个区域共设立了 53 个空气质量监控站，其中中部有 31 个、北部有 7 个、东北部 2 个、东部 8 个、南部 5 个，并都与曼谷的污染控制局（Pollution Control Department，PCD）的计算机网络系统中心相联网，对各地区的空气质量进行了有效监控。

1995 年，泰国政府修订了在 1981 年公布的大气质量标准，对一氧化碳、氮氧化物、铅、悬浮颗粒物制定了新的综合性标准，见表 9.3，这是空气中污染物含量在既定的平均时间里的安全水平。据统计，该标准比世界卫生组织（WHO）制定的要宽松。

表 9.3 泰国大气质量标准		单位：μg/m³
污染物名称	平均时间	污染物含量
总悬浮颗粒物（TSPs）	24 h 或 1 a	330 或 100
直径不超过 10 μm 的微粒（PM₁₀）	24 h 或 1 a	120 或 50
铅（Pb）	1 月或 1 a	1.5 或—
二氧化硫（SO₂）	24 h 或 1 a	300 或 100
二氧化氮（NO₂）	1 h 或 1 a	320 或—
臭氧（O₃）	8 h 或 1 h	—或 200
一氧化碳（CO）	8 h 或 1 h	10 260 或 34 200

采用清洁燃料和清洁技术也是泰国积极应对交通工具和工厂企业对大气污染的一项重要措施，例如对汽车燃料中铅和硫含量的规定、对汽车排放物标准及其中碳氧化物和氮氧化物的控制，及鼓励天然气的使用等。从 1996 年 7 月 1 日起，含铅汽油就不允许在泰国使用，大气中铅浓度由此降低了不少。对于用褐煤为燃料的发电站，泰国政府要求利用吸尘装置及脱硫装置等基础处理技术来解决污染，此做法存在环境装置过大的问题，今后有待用更先进的清洁生产技术来处理。最近泰国政府还积极倡导其他空气污染控制措施，包括电、生物柴油、棕榈油或可再生燃料的使用，公众步行或无车日运动，使用清洁汽油或燃油的税费激励制度等。

经过多年的努力，泰国的空气质量有了较大改善，曼谷和其他城市中心空气中的铅、一氧化碳、悬浮颗粒物的含量已下降到可接受的水平，2005 年的统计数据表明，这些污染物的含量还呈下降之势。

（二）水环境

1．水环境状况

泰国年平均降水量为 1 560 mm，较丰富的降水促进了泰国地表水和地下水的循环。泰国河流众多，100 km 以上的河流有 58 条，其中最重要的河流是昭披耶河（又称湄南河，the Chao Phraya River），是中央平原地区农业用水和物资运输等市民生活不可缺少的水域。该河发源于泰北山区，全长 1 352 km，流域面积 25 万 km^2，约为泰国面积的 1/3，其横贯中部地区，流经首都曼谷，注入泰国湾，在中部形成了巨大而丰饶的三角地带，即著名的湄南河三角洲大平原。湄南河的支流较多，上游有宾河、汪河、荣河、难河等 4 条支流，下游有巴塞河和色梗河汇入，当流至猜纳时分为两支，东支仍称湄南河，西支则称他真河，两支分别流入泰国湾。目前，湄南河水资源较为缺乏。在中部大平原上，除湄南河和他真河外，还有夜功河、挽巴功河等重要河流，加上许多横向的小运河和沟渠交织其间，整个中部平原水网密集，纵横交错。湄公河（the Mekong River）是泰国另一条较重要的河流，流过与老挝交界的边境，其在泰国境内的支流大多为沙质河床，旱季干涸见底，汛期又易河水倒灌。

就湖泊来看，宋卡湖是泰国最大的湖泊，位于南部半岛，其北面与海湾相连，故北面湖水略咸。泰国中部有波拉碧湖，东北部有农汉湖，此外还有一些较小的淡水湖。据 1998 年统计，泰国人均淡水资源总量为 6 698m^3。

泰国现有 20 座大型坝（高度超过 15 m）在运行，包括 17 座土石坝、1 座混凝土坝和 2 座混合坝。全国所有坝的总库容为 62.15 km^3。其中在那空那育河上修建的高 93 m 的用于灌溉的 KHLONG THA DAN RCC 坝，是世界上最大体积的 RCC 坝，大坝体积达 5.47×10^{6}m^3，该工程费用为 1.43 亿美元，于 2005 年 11 月底完工。

泰国有许多机构负责水资源及其服务，如都市供水局（Metropolitan Water Works Authority，MWA）、地方供水局（Provincial Water Works Authoriy，PWA）、王国灌溉部、公共工程部等。MWA 负责曼谷市区的供水服务，PWA 为泰国的其余城市或地区服务。近年，某些服务开始私有化。例如，PWA 已经以 BOT、BOTT 和租赁合同方式对其几个供水工程实施了私有化，并希望继续以这种方式促进私营部门的参与。

主要存在的问题有：

泰国河流的水质因没有处理的生活污水和工厂废水的排入而受到污染，河口附近的污浊尤为严重。在排往湄南河的污浊物质中有 3/4 是生活污水，1/4 是工厂废水。

泰国的宋卡湖也由于生活排水的流入，出现了过营养化状态。而海域随着湄南河河水和排水的流入，其水质污浊已成问题。此外，曼谷等地有许多水上交通运河，但随着公路交通网的发达，很多运河被填平，不易排水，雨季很容易发生洪水。同时，曼谷的水质污染尤为严重。其污染主要由于家庭排水和工厂排水造成。目前，下水处理场仅靠希普拉耶处理场进行处理，大部分下水未经处理便通过导管流入称为库隆的运河。运河地带本来因物质循环具有很高的自然净化能力，未处理水也能得到有机的分解净化。但是，随着人口的集中，废水处理能力已经超过了自然的循环能力，现在库隆的水中溶解氧浓度已接近于零。下水道设施以观光场所为中心已逐渐得到配备，但城市地区因人口过密、生活污水缺少处理导致水质污浊的对策迟迟没有实施。集中于曼谷的跨国公司的排水处理设施较为完善，但中小企业的排水处理设施仍很落后。

除水污染外，泰国还面临着较严重的缺水问题，用于生活的清洁用水和农业灌溉用水都存在短缺。

2. 防治措施

泰国水污染的最大原因是生活污水和工厂废水的无处理排放。政府一直将给水工程列为发展重点，对于污水处理问题尚未重视。直至 20 世纪 90 年代，泰国开始兴建污水处理等公共设施，并于 1995 年在国家科学技术与环境部下增设废水管理处（Wastewater Management Authority，WMA）来专门负责处理废水相关事务。废水管理处提出 20 年长期污水处理改善计划，在曼谷、清迈等大都市兴建 40 座污水处理厂，并针对曼谷及其周边城市兴建 6 座中、大型的污水处理厂。同时规定大厦住户超过 500 户、旅馆超过 200 间的建筑物需自行兴建污水处理设备，以有效改善污水排放问题。

此外，泰国政府亦对 20 000 家具有高污染废水排放的工厂进行管制，并根据 1992 年修订的《国家环境保护与促进法》中的规定，在工厂内必须自行兴建污水处理设备，以达到法规所定的排放水标准。同时，工厂设施局要求所有工厂都要设置排水处理设施，但仍有许多中小企业因缺少资金，无法设置。解决水质污染仍是泰国政府长期而艰巨的使命。

近年来泰国的供水系统开始老化，老旧的供水设施未能即时更新，水资源出现了供不应求情况，对农业灌溉用水影响更甚。因此，都市水管理局与地方水管理局开始对全国供水系统进行调查，结果发现全国 40% 的供水管路因老旧而需进行轮换作业。另外，都市水管理局与地方水管理局将分阶段抽调所辖境内的生活供水量，2000 年，都市水管理局供给都市用水量从 $3.2 \times 10^6 \, m^3/d$ 提高到 $4.9 \times 10^6 \, m^3/d$，而地方水管理局则供给 $1.2 \times 10^6 \, m^3/d$ 的生活用水，都市外的城乡供水率提高到 60% 以上，估计可涵盖超过 1 000 万人与 220 个城市。都市水管理局与地方水管理局除提高国内供水量外，也针对净水厂进行部分扩建与改善工程。

为处理水资源短缺问题，泰国积极加强水资源管理，提高水资源的利用效率。设立流域委员会是泰国实施水资源管理的一项重要举措。流域委员会（River Basin Committees，RBC）作为地方及区域层面上的关键组织而设立，是统一水资源的分权决策机构。流域委员会有四项职责：一是促进公众教育和可持续资源管理；二是解决需要优先考虑的水资源问题；三是与利益相关者和受益人一起，在当地推动民意征询；四是参与解决子流域之间以及相关地区及区域机构间的冲突和问题。可见，流域委员会是泰国在地方及区域层面上进行水资源管理的关键组织机构，水资源管理是其重要的职责之一。目前，宾河上游、下游和帕萨克河都设立了流域委员会。宾河上游位于泰国北部，拥有约 2.5 万 km² 的蓄水量，分为 15 个子流域，覆盖两省 230 个区，其上游的流域委员会于 2000 年 8 月成立。

泰国积极与其他国家和国际组织合作来加强水资源管理。1998 年泰国与日本进行技术合作实施为期 5 年的"水管理系统现代化项目"，该项目预期实现湄南河流域及其三角洲地区的水管理技术的提高和该区人力资本的提升，以通过灌溉水的有效利用来解决灌溉水的短缺问题，促进农作物多样化，扩大旱季作物种植面积，实现农业持续发展并增加农民收入。亚洲开发银行也在泰国实施"水资源领域能力建设项目"，以协助泰国政府制定统一的水资源管理系统，加强水资源综合管理，改善灌溉服务质量。

（三）土壤环境

1. 土壤状况

泰国的土壤大致可分为强淋溶土、强风化黏盘土、淋溶土和冲积土。湄南河贯穿泰国中部地区，在中部形成的冲积平原土壤为冲积土，是暗灰色黏土，该区域大部分地区种植水稻；有些河流两岸有狭窄的沙壤土，主要种植水果和蔬菜；而北面和边缘地区土壤主要为潜育强淋溶土，以林地和游耕农业为主。泰国东南部地区大部分为海拔 100 m 以下的平坦低地，冲积平原和低阶地约占全区面积的 20%；海拔 400 m 以下的高阶地为老沉积物；丘陵和山区土壤为黄红色的灰化土。泰国南部 3/5 以上的地区海拔低于 100 m，西海岸主要是山地和丘陵，东海岸为平坦的沙质地区，平原地区的土壤主要由石灰岩风化而成。泰国东北部地区为冲积高阶地，土壤多为细沙壤土，除河流沿岸外，适宜饲养牲畜和种植耐旱作物。泰北地区多山，海拔 500 m 以上的山地占 60%，除清迈府以北为石灰岩外，土壤均是由花岗岩或其他火成岩风化而成的；大部分地区种植耐旱作物，谷底平原一般为冲积土，土壤较肥沃。

在过去几十年里，由于干旱、洪涝和土地利用不合理，加之山区 1 000 万居民的活动和不注意水土保持工作的农作方式造成许多地方林地退化和水资源短缺。尽管泰国政府采取引进各种乡村发展项目来解决这些问题，但未见成效，侵占森林和不合理利用土地的现象依旧存在。这种不注意山区流域生态系统功能的发展造成了现有森林大量损失、水资源平衡被破坏、土壤肥力下降和环境恶化、山体滑坡、河道淤塞、旱灾严重、洪灾频繁和土地资源不合理利用等后果。目前，水土流失是泰国环境资源退化的严重问题之一。据观测，几个大流域的土壤侵蚀率最大值远远超过世界平均值，平均侵蚀率高于亚洲平均值。泰国东北部由于大面积毁林活动其侵蚀率最高。由于土壤侵蚀、沙化、酸化、有机质下降引起的退化土地面积已占国土面积的 41%，退化土地导致低产，影响了农民的收入。

2. 防治措施

1963 年随着国家发展部土地开发局的设立，在东部地区设置了 5 个水土保持中心。这标志着泰国开始了农地土壤侵蚀研究。1975 年，泰国政府在考诺克荣（Khao Nokyoong）等省区设立了水土保持项目，并在某些领域同联合国进行了合作。目前泰国大多数侵蚀研究集中在高地的可耕地，对道路及道路建设造成的侵蚀及其控制研究较少。

实践证明，农地林业、窄带梯田耕作和天然林有很好的水土保持作用。如草带、农林间作和挖水平沟等措施能将土壤侵蚀量控制在允许值以内。泰国南方的台地橡胶种植园与常绿雨林相比，土壤流失量不明显，并且近年来逐渐降低。

但是，现在泰国并未专门为水土保持工作设立机构，水土保持职能由农业与合作部下属的土地开发局（LDD）执行。20 多年前曾经针对水土保持进行过立法工作，后来随着水土流失治理工作的深入，水土保持和生态环境保护成为国民的自觉行动，水土保持法也就被取消。该土地开发局成立于 1972 年 9 月 29 日，其前身是 1963 年 5 月 23 日成立的隶属于国家发展部的土地开发局。土地开发局是针对与农业生产力、食品安全和可持续农业息息相关的土壤资源进行保育的核心组织，是为农业提供土壤信息和土地开发服务的专门机构，是进行土壤调查和分类、土壤分析、土地利用规划、试验研究，给农民提供水土保持措施、改良土壤、提高作物产量等方面技术支持的专业部门。本着"可持续利用"的理念，土地开发局的主要任务是建立适合农业生产的土地利用区划并提供准确、可更新的社会问题数据，使水土资源管理和开发成为提高农业生产力的基础，组织研究和开发项目，并将土壤、水、植物、有机肥和农业微生物产品等方面的研究成果和相关技术传授给农民，它的最终目标是提高农业水土资源的质量和提供快速有效的服务。总之，合理利用和保育土地资源、防止荒漠化是该土地开发局的主要职责。

不过，泰国土地开发局只有 200 名员工，无法解决所有的土地退化问题，因此有必要让民众共同参与，一起保护自然资源。土壤医生志愿者计划（Volunteer Soil Doctors Programme）成立于 1995 年，到目前，泰国共有 5 500 名土壤医生志愿者（每个村有 1 个村级土壤医生，每个乡有 1 个乡级土壤医生，每个区和每个省分别有 1 个区级和省级土壤医生）。他们起着连接土地开发局和农民的桥梁作用：他们接受 LDD 的技术培训，一般 1 年两次，每次为期 2~3 天，然后将所学技术以在村里举办讲座或个别上门服务的形式教给同村的农民。

除了这一项目外，在泰国还有好多皇室土地开发研究中心（至少有 6~7 个），其中尤为突出的是成立于 1979 年的 Khao Hin-Sorn 皇室发展研究中心,该中心由国王牵头,国家部委共 13 个司参与建设,已成为集科技、教育、宣传与休闲旅游观光为一体的区域性农业开发研究中心和对外服务基地、农业与手工业技术的培训中心、种养良种繁育的基地。

此外,泰国还设立流域发展委员会参与除水资源管理之外的水土保护工作。泰国重新制定了流域管理的总体计划,规定居民有参与流域资源管理的权力,并建议成立国家地区、大流域、小流域和乡村流域发展委员会,制定出包括森林、土地和水源等因子的集约化管理方案。但鉴于国家环境委员会下设的土地利用委员会同水资源委员会在流域资源管理方面缺乏联系这一现状,有关单位和专家建议尽快成立国家级、地区(流域)级和地方性"流域发展委员会",其应由土地管理委员会、水资源委员会、农村发展委员会和其他相关委员会联合组成,并下设秘书处,负责有关政策和规划的制定及各委员会的协调。各级委员会的工作部门包括流域董事会、流域网络委员会和乡村流域委员会,以尽快协调解决水土保持有关问题。

值得庆幸的是,泰国的水土保持工作已由单纯的防治水土流失转向防治土壤退化、防治荒漠化和保育土壤资源、实施农业的可持续发展方向了。

(四)生物多样性

1. 生物多样性状况

泰国从北到南绵延近 2 000 km,既有高山峡谷、江河海洋,也有沼泽森林,其丰富的地形地貌,加上热带温湿、干旱等多种气候条件,赋予了泰国生物多样性的特点,境内动植物种类异常繁多。据 1997 年统计,泰国有高植株植物 11 625 种,其中有 386 种属于濒危植物。有 2 000 多个树种,其中有 250 种是国家保护品种,商品树种有 40 种,出口木材树种 15 种。此外,泰国有上千种观赏花木,主要观赏花木兰花就有 900 多种。兰花是泰国栽培最广泛的花卉,也是每年为泰国创汇几亿泰铢的重要出口商品,其他主要观赏植物有相思树、龙舌兰、大海芋、桄榔、观音竹、番茉莉、番木瓜、翅决明、长春花、花叶万年青、千日红、竹芋及蓬莱蕉等。泰国的药用植物种类也非常丰富,有好几百种。

泰国的热带气候和大片原始森林为各种野生动物的繁衍生息创造了良好的条件,动物资源种类繁多,不仅有大量的哺乳动物,而且有许多爬行动物、两栖动物、鸟类和鱼类。这些动物广泛分布在全国各地的森林和水域之中。2002 年,泰国有哺乳动物 292 种、鸟类938 种,以及种类繁多的海洋生物。其中主要的哺乳动物有大象、黑鹿、猎鹿、黑熊、马来熊、长臂猿、懒猴、叶猴、短尾猴、猕猴、虎、黑豹等。大象是泰国人民最喜爱的动物,不仅是人们的劳动助手,还给人们生活带来很多乐趣。大象分为野象和驯象,主要分布在中部、北部和东北部。泰国鸟类主要有八哥、笑鸫、鹎、缝叶莺、鹊鸲、织布鸟等。泰国的鱼类资源种类也较多,其中咸水鱼中经济价值较高的有鲸鲨、虎鲨、犁头鳐、银鲳等;

淡水鱼的种类不多,主要有鲶鱼、鲤鱼、攀木鱼、蛇头鱼、黄鳝等。泰国还盛产青鳝、海虾、河虾等水产品。

近 10 年来,泰国经济发展的压力导致对自然资源过度利用,传统的资源管理模式正在被破坏。经济活动对生物资源产生局部的和跨边界的影响,对生物多样性的影响是全球性的。由于缺乏有经验的管理人员、法律法规不健全及实施能力不足,泰国的生物多样性面临着较大挑战,濒危物种有所增加。1996—2002 年,泰国濒危哺乳动物从 34 种增加到 37 种,濒危鱼类从 14 种增加到 22 种。至 2002 年,泰国仍有濒危鸟类 37 种,濒危有花植物 78 种。

2. 防治措施

为了保护野生动植物资源,泰国采取建立国家保护区、野生动物保护区和禁猎区等多种方式。2003 年,泰国建立的国家保护区面积占国土面积的 13.9%,并建有国家公园 63 个,面积达 338 万 hm²,野生动物保护区 32 个,面积 248 万 hm²。泰国还准备新建 45 个国家公园和 6 个野生动物保护区。此外,1975 年泰国政府已将长尾猴、大灵猫、野象等 170 余种动物列为国家一级保护野生动物,将老虎、金钱豹、黑熊等 29 种动物列为国家二级保护野生动物。

(五)海洋环境

1. 海洋环境状况

海洋环境是人类赖以生存和发展的自然环境的重要组成部分,包括海洋水体、海底和海面上空的大气,以及同海洋密切相关,并受到海洋影响的沿岸和河口区域。泰国的海岸线总长约 2 614.4 km,分东西两侧,东侧的泰国湾海岸线长 1 874.8 km,西侧的安达曼海岸线长 739.6 km,这些海域共同支撑着泰国的海洋捕捞业、水产养殖业和海洋运输业以及旅游业的发展。其中安达曼海域以美丽的珊瑚礁和密集的红树林以及喀斯特石灰岩海岛而闻名,是泰国最主要的海洋旅游度假地。

海洋环境问题的产生,主要是人们在开发利用海洋的过程中,没有考虑海洋环境的承载能力,使海洋环境受到不同程度的损坏。首先是向海洋排放污染物;其次是某些不合理的海岸工程建设,给海洋环境带来严重影响;最后是对水产资源的酷渔滥捕,对红树林、珊瑚礁的乱伐滥采,也危及生态平衡。上述问题的存在已对人类生产和生活构成了严重威胁。为此,海洋环境保护问题已成为当今全球关注的热点之一。目前,泰国正面临着海洋污染、渔业过度开发、近海海洋生物多样性和栖息地丧失、珊瑚礁和红树林减少等海洋环境问题。同时,旅游业的发展也给泰国海洋环境造成了严重的负面影响。为了发展旅游而采取的一系列"短视"做法,包括海岸大量工程和景观的建设,废弃物的倾倒以及海上或海下旅游项目的开发已经使泰国的海洋环境日益恶化。原本静谧的弗柯海滩和科萨海滩沿岸盖起了许多喧嚣的酒吧,曾因作为好莱坞影片《海滩》外景基地而闻名遐迩的被誉为"泰国旅游业王冠上的明珠"的披披岛附近的珊瑚礁由于环境恶化、水体富营养化而大量死亡,海水受到严重污染。另外,泰国近海的渔业资源,尤其是泰国湾底层鱼类资源,在渔民的酷渔滥捕之下已遭到严重破坏。

2. 防治措施

海洋是一个有机整体,一个国家的活动会对别的国家产生影响,因此海洋环境保护是没有国界的。泰国正积极参与到区域海洋环境的保护中,包括东亚海区域合作、中国南海和泰国湾区域合作等。

目前,东亚很多地方对海洋环境的保护,没有像对经济开发那样给予足够的重视。泰国前总理川·立派曾于2006年12月在中国海口举行的东亚海洋大会上呼吁,东亚各国应加强合作,尽快建立一个全区域的海洋开发、保护与管理平台,制订一个保障海岸和海洋环境的联合行动计划。由中国南海周边的中国、越南、柬埔寨、泰国、马来西亚、印度尼西亚、菲律宾七国共同发起,联合国环境规划署组织实施,全球环境基金提供资助的海洋环境保护大型区域合作项目"扭转中国南海及泰国湾环境退化趋势"是落实21世纪议程的具体行动之一。项目实施内容包括红树林、珊瑚礁、海草、湿地、渔业资源与陆源污染控制六个专题。项目计划周期为五年,2002年3月开始实施。前两年为基础研究阶段,在进一步摸清中国南海现有生态环境资源及其破坏程度与海洋环境污染基础上,深入分析海洋环境污染与破坏的原因,制订一系列海洋与海岸带环境与生态保护行动计划。通过头两年调查研究,建立国家数据库,起草、修订并制订国家行动计划,推荐并确定示范区,后三年实施示范区,完善海洋生态环境管理机制、管理制度与管理办法。

(六)固体废物

1. 固体废物状况

在泰国,固体废物主要来源于工业。泰国工业固体废物的主要类别有液体状有机物残渣、泥状或固体状有机物或无机物、泥状或固体状重金属、酸性或碱性废物、油类、城市废物、与照片相关的废物、感染性病原菌污染废弃物等。农业也产生部分固体废物,如农药废弃物,虽然泰国已在农药废弃物存在状况调查工作中获得了大量的详细资料,但农药废弃物的处理工作却仍旧没有进行。

泰国工业固体废物污染异常严重,不仅存在于工业发达的曼谷及周边地区,也存在于泰北地区。1987年泰国政府作为促进收入分配和农村就业的重要手段将工业区扩大到边远地区,并旨在1999年之前在41个县建成54个工业区。在此期间,北部工业区等因有害固体废物的废弃和焚烧,产生了工业区的居民健康和环境问题。

根据调查,泰国在2000年生产42 475 t/d的固体废物,同时污染控制局(PCD)预计全国固体废物产生量将以每年 4%的速度增长。而这些固体废物的处理方式为 80%采用露天堆置掩埋、12%进入卫生掩埋场、8%进行资源回收。由于部分老旧掩埋场即将饱和以及新场建设又觅地困难，使固体废物处理成为泰国政府目前亟待解决的环保问题。大量固体废物未经处理便全部还原土壤，虽然热带地区微生物分解速度很快，但却导致苍蝇的繁殖及对野鸟的影响等公共环境卫生问题。

重金属污染也是泰国存在的一大环境问题。在湄南河和湄公河等主要河流，工厂排水所造成的水质污浊很严重，甚至出现鱼类死亡。在这些河川流入的海岸地区，从乌贼、章鱼等软体动物身上检出了高浓度的重金属类、镉、水银等。在泰国南部的矿山地区，发生了因贵金属采掘和精炼所造成的重金属污染。泰国环保研究中心对生息于泰国南部的花托小绿宝石螺体内的重金属进行了调查，已确认有亚铅、镁、铜、铬、镍、镉等污染。此外，泰国政府还检验出鱼类体内有高浓度的砒霜。在洛坤，因砒霜污染引发了砒霜中毒事件；在北大年湾，铅污染也很严重。

另外，境内有害物质最终堆置场已无法负荷大量重金属与有机物质的产生，必须寻求再利用或其他处理方式来解决此严重问题。根据泰国投资局（Thailand Board of Investment，BOI）调查，从 1989 年起，有害废物数量每年以 8.6%的速率增加，至 1994 年有害废物量每年约 350 万 t。调查中显示其来源为医院或实验室的占 4%、工业产生占 90%、都市产生占 1%、其他来源则占 5%。针对有害废物，泰国政府于 1992 年制定了《危险物质限制法》，还制定了抑制环境中的有害物质、污染物质及废物的工业部规定等，对工业废物造成的水质污染等实施了相应的限制措施。但从基本观点来看，限制和管理所有有害废物的综合性法制仍不健全。

2. 防治措施

泰国产生的固体废物均在本国处理。目前，泰国对于固体废物处理仍采用一般的堆置掩埋方式，仅少部分进入卫生掩埋场（即掩埋场内有不透水布、渗出水收集设备、废气收集与再利用设备及进行每日覆土作业）。因此，原国家科学技术与环境部于 1995 年提出扩增卫生掩埋场的中长期发展计划，借此提高利用卫生掩埋处理固体废物的比率。此外，泰国境内利用焚化技术来处理固体废物的比例也较低，未来热处理法等相关技术将是泰国固体废物减量和处理的发展重点。应对重金属污染，自 1990 年起泰国工业部工业局就开始致力于以电镀工业为主的含重金属废水及废物处理设施的建设。

现在泰国已成立了工业区管理局，对工业危险废物进行监测，各工业区中的工厂都必须按照工业部第 25B. E. 2531 号通知监测危险废物运输、储存和填埋（如果有的话），如果这些工厂有专营危险废物管理的承包商，则工业经营者必须向工业区管理局报告该承包商的名称和资格、处置方法、处置与填埋地点、每次搬运的废物数量与类型。

三、泰国环境管理机构设置和主要部门职能

（一）政府部门

为了加强环境政策的实施、促进国家环境的保护与改善，泰国政府从上至下设置了一系列环境部门。目前，泰国国家环境保护的最高管理机构是国家环境委员会（National Environment Board，NEB）。该委员会由总理担任主席，并由总理任命国家副总理担任第一副主席，国家自然资源与环境部（原科学技术与环境部）部长担任第二副主席；由国会任命的国防部部长、财政部部长、农业部部长、交通部部长、内政部部长、教育部部长、公共卫生部部长、工业部部长、国家经济和社会发展委员会秘书长、投资促进委员会秘书长、国家财政预算处处长担任委员会委员，并另选出不超过 8 人的资格委员担任委员会委员，其中应包括不少于半数的私人机构代表，任命的资格委员应具备促进和保护环境方面的知识、专业技能和工作经验；国家自然资源与环境部常务次长也作为委员会委员还兼任秘书。由此可知，泰国国家环境保护委员会的规格是很高的。

委员会的主要职责是负责制定促进和保护环境的政策计划及国家环境质量标准；审批国家环境质量计划书和地方环境质量执行计划书；向国会提出用于执行国家环境促进、保护的政策计划的资金、财政、税费和增加投资方面的措施、建议；为使《国家环境质量促进和保护法》更加完善，该委员会还可向国会提出对其修订、调整的意见和建议，出台相关规章条例、地方法规、公告、工作程序和相关指令；在发现某地方政府或国营企业违反或不遵守该法的规定而造成重大损失时，可向总理提出意见以便调查处理。国家环境委员会可以成立专家委员会和小组委员会来进行调查或执行委员会委托的任务。在行使职责时，国家环境委员会还可委托国家自然资源与环境部及其下属部门的环境政策与规划处、污染控制局、环境质量促进局，作为委员会的执行机构或预备机构以备进一步调查研究。

在泰国，实施环境政策设有专门的环境保护基金，基金来源包括国家总理拨付、国家财政预算、政府补助、相关罚款所得和捐赠等。基金主要用于国家和地方治污设备的采购、维护和保养以及相关环保行动的补助。为了更好地利用环保基金，国家环境委员会专门成立环境保护基金委员会来负责环保基金的使用。污染治理是泰国环境保护最重要的一个环节，泰国国家环境委员会为此成立了污染控制委员会，该委员会是国家环境委员会领导下的专门的治污管理机构。

（二）非政府组织

值得一提的是，泰国非政府环境组织对政府生态环境保护政策也发挥着积极、重要的

影响作用。20 世纪 80 年代以后，泰国环境污染已成为很大的社会问题，并且危害到当地居民的生存和生计。80 年代中期以后，非政府环境组织开始影响和组织泰国农民开展环境保卫运动，他们通过媒体、游行示威等方式来表达他们的利益和对环境的要求，或通过专家与政府展开谈判。自 1988 年反建设 Nan Choan 大坝的运动组织成功后，环境运动吸引了泰国大批社会、经济和政治人士参加，成为一股重要的社会力量，并对泰国政府的环境政策产生了一定的影响。1990 年以来的禁止伐木、取消大坝建设和反高尔夫球场建设、抗议建设高速公路破坏城市社区的活动以及 1992 年对《国家环境质量促进和保护法》的修正和颁布，都包含着泰国非政府组织的一份力量，使得泰国政府加快将环境问题列入国家的重要议事日程中。

泰国现有非政府环境组织 70 余家。泰国政府积极支持非政府组织进行环境保护工作，一些机构还获得了王室的赞助。泰国最有影响力的非政府环保机构是泰国环境学会。

四、泰国环境保护法律法规及政策

(一) 环境基本法

泰国政府于 1975 年即制定并实施环境保护的基本法——《国家环境质量促进和保护法》。根据该法，泰国政府建立了发挥行政作用的国家环境委员会，致力于环境改善。随着新的环境问题的出现，泰国对其环境保护基本法先后进行了三次修改和补充，修改时间分别为 1978 年、1979 年和 1992 年。

泰国《国家环境质量促进和保护法》分总则、国家环境保护委员会、环境保护基金、环境治理、奖励措施、民事责任、刑事处罚规定和暂行规定等，共计 8 章 115 条，其中环境治理包括对污染控制委员会的设置，排放标准和污染控制区域的规定，空气污染、噪声污染、水污染、其他污染和危险废物监测、检查、控制和治理，及对固体废物处理费和罚款等方面的规定。该法是泰国在环境保护与促进方面的最全面、最完善，也是最权威的法律。

该法规定国家环境委员会有权在《政府公报》公布环境质量标准，各地方政府可以根据各地的生活水平、科技发展水平，或相关社会经济技术发展需要的可能性来制定本地区环境质量标准，但国家环境委员会有权修改和调整已制定的环境质量标准；另外，该法还规定经国家环境委员会批准通过，由环境部长制定《环境质量改善方案》，来执行国家环境质量的保护政策和计划，自然资源与环境部可以根据《环境质量改善方案》对相关政府部门和国营企业下令制订某种工作执行计划，地方政府应当根据该方案制定《地方环境质量保护执行方案》。政府根据《环境质量改善方案》或其他相关法律对国家园林风景区和野生动植物保护区进行保护，在发现某地区为特殊的水源地区或自然生态区，或不属于自然生态区但可能容易受到破坏或将被人类的各种活动所破坏，或对自然和人文方面都有价值但还没有被指定为保护区的情况下，总理可根据国家环境委员会的指示，颁布法律条令，使该地区成为环境保护区。为了促进环境保护，总理还可根据国家环境委员会的指示，有权在《政府公报》上公布关于政府部门、国营企业、私营企业对环境产生影响的建设计划的类别和规模，并按上述公布的内容，制定出环境分析报告的准则、方法、具体实施计划，相关的私营单位也必须提交《环境影响结果分析报告》，用于各种类型和规模的建设计划和活动。

关于环境影响审查的法律措施 1975 年就写入了国家环境保护基本法中，并从 1981 年开始持续实行环境政策，在住宅、公路、旅馆建设及工厂布局等方面都取得了一些成果。在 1969 年制定、1992 年修订的工厂法中，政府还规定了废气标准和排水标准。

从 1992 年第 7 个五年计划开始，泰国政府对其环境问题还采取了其他一些对策：一是水质污浊对策，减少企业的废水排出，禁止向污染严重的地区排出废水，奖励废品再利用技术；二是大气、噪声对策，针对汽车采取减少废气，提高基准，改善发动机质量，配备大规模运输系统（减轻堵塞），降低噪声程度，针对工厂则采取加强二氧化硫和煤灰的管理、重新配置工业区、实施煤火力发电站造成的大气污染对策；三是奖励工业固体废物处理，在工业区建设有害固体废物集中处理厂。另外，泰国还吸取了其他国家的经验教训，在工业部设置了工业区管理机构，对工业区的排水和废物处理实行了严厉的限制。

（二）环境影响评价相关法律法规

泰国是湄公河流域最早有环境影响评价要求的国家，始于 1981 年。1992 年，泰国正式发布了《加强和保护国家环境质量法》，明确了泰国自然资源和环境部的执行权力，并制定了一份《泰国的环境影响评价》的指南性文件。根据法案，泰国自然资源与环境部在 2009 年公布了具体需要进行环境评估的项目的分类及要求。2012 年 5 月，泰国环境与自然资源部部长重新签署了通知，重新规定了需要提交环境影响评估报告的项目的种类、规模以及程序。

1. 环境影响评价分类

在泰国，在项目审批时提交全面环评报告的项目包括以下几类：

第一，必须提供环境影响评估的项目。2009 年的规定中，此类共有堤坝及水库、灌溉项目、商业机场、宾馆及景区、大众交通项目、矿产开发等 34 种。2012 年的新规定做出了一些明显修改，例如，首先，增加了内部盆地河流的分流工程，除重大灾害外，为了国家安全或临时项目，所有规模的项目都需要在项目批准时提交环境影响评估报告。其次，去掉了堤坝与水库项目，增加了在主要河流设立水闸的项目。规定只要在主要河流上建设的水闸都需要提交环境影响评估报告。该规定同时列举了其所指的泰国 25 个主要河流盆地以及 23 条主要河流。

此外，此类项目有些还需要进行环境健康影响评估（EHIA），包括堤坝及水库、土地分配、石油工业、矿产冶炼、热力电厂等 11 种项目。以堤坝和水库为例，其规定库容大于或等于 1 亿 m^3 以及表面面积大于或等于 15 km^2 的水库需要在申请批准时提交环境健康影响评估（EHIA）报告。

第二，在自然保护区内的项目和活动。法案规定了在自然保护区内开展的项目所应提交环境评估报告的种类和规模。具体每个自然保护区所需要的环境评估标准由每个保护区根据保护区的情况自己制定公布。泰国共有 7 个自然保护区。

第三，在森林保护区内进行的工程或活动。根据在保护区内进行的工程或活动的种类和规模不同，分别需要提交环境影响评价报告、初级环境检查报告、环境问题清单。以在森林保护区建立水坝和水库为例，超过 500 Rai[①]的水坝以及发电量超过 10 MW 的水电站需要提交环境评估报告；面积在 50～500 Rai 的水库以及发电量在 200 kW～10 MW 的水电站需要提供初级环境检查报告；在不需要这两种报告的项目中，也必须提交环境问题清单，在清单中提交环境影响避免和减小措施以及环境影响监测措施。

第四，可能对重要湿地生态系统造成影响的项目。

2．初始环境影响评价（IEE）的主要内容

初始环境影响评价是针对那些对环境影响不大的项目所进行的比较简单的评估程序。它的内容包括：

（1）介绍项目的背景、目的和项目的正当性，包括环境影响评估报告的目的、范围和方法。项目的位置照片以及地图：附上标注好可能受到其影响的环境因素的当地地图。项目的其他选址和行动方案，并说明原因和正当性。清楚地描述项目概述的细节，包括项目的种类和规模、项目实现的方法和有关行动，要用适当的比例尺并加以说明。

（2）项目目前环境状况：从物理和生物的角度描述自然资源和环境的的细节和照片，需要将土地的可修复能力、人类利用价值、生活质量进行分类。同时描述现有环境问题，项目周围或者以后会被影响的地区的土地使用情况。

（3）主要环境评价：评估初次环境影响，重点关注项目的直接重大影响以及对自然资源、环境价值产生的直接影响和间接影响。

（4）环境影响减少、防止措施和赔偿：应该具体说明应减小项目所产生环境影响的方案细节以及对于无法避免的损失的赔偿措施。

（5）监测措施：提出项目环境监测计划。

① 泰国常用面积单位，1Rai=1 600 m^2。

3．环境影响评价（EIA）报告的主要内容

（1）项目介绍：介绍项目的背景、目的和项目的正当性，包括环境影响评估报告的目的、范围和方法；提交项目的位置的照片以及地图，附上标注好可能受到其影响的环境因素的当地地图。建议比例尺为 1：50 000；清楚地描述项目概述的细节，包括项目的种类和规模，项目实现的方法或有关行动，要用适当的比例尺并加以说明。

（2）项目的环境状况：从物理和生物的角度描述自然资源和环境的细节和照片，需要将土地的可修复能力、人类利用价值、生活质量进行分类。同时附加照片描述现有环境问题，项目周围以及以后会被影响的地区的土地使用情况。

（3）项目的替代方案和项目可能带来的环境影响：环评应该考虑实现项目目标的替代方案，每一种替代性方案的环境和经济影响。对每一种方案都应该提出损失减小方案。应当指出哪一种是最佳方案并说明理由。

（4）环境影响减少和防止措施及补偿方案：应该说明减小或降低环境影响的方案的细节，对于无法避免的损失，应说明补偿方案。

（5）监测措施：包括技术上以及实际可行的项目环境监测计划。监测计划主要用于项目的后期评估和环境影响监测。

（6）列表总结项目对环境的重大影响以及减小影响的措施。

4．泰国环评的流程

泰国的环评流程与国际主流环评流程类似，由项目方提交项目主管机构审批，如有问题则发回修改，如无问题则经地方环境管理机构、环评审核委员会等层层审核后，由项目主管机构批准。通常报告需进行修改。

（三）其他环境管理法律法规

为有效推进环境保护，泰国还制定了其他专门的环境保护法，诸如为了有效控制交通工具和工厂企业造成的空气污染，泰国于 1969 年制定了《工厂法》，于 1978 年和 1979 年分别颁布了《液体燃油法案》和《汽车法案》。

1991 年，泰国宪章要求政府对环境保护、污染预防及土地与水质使用等相关议题提出更为有效而具体的方案，据此，泰国政府即对环保相关法案，如《大气标准与空气污染控制法》《水质标准与水污染控制法》与《垃圾、固体废物及妨碍法》等进行修订和增订。

1992 年以来，泰国政府新增或修订了很多法案，如：新增有害物质的相关法案，使有害物质从制造、使用、处理等步骤都受到严格的管制，另新增《公共卫生法》《国家环境质量法》等；修订了《工厂法》，将"污染者付费"原则纳入该法案中，并提高了工厂企业废水的排放标准，增加了处罚力度，迫使从业者本身加强污染防治设施。泰国各类专项环境法见表 9.4。

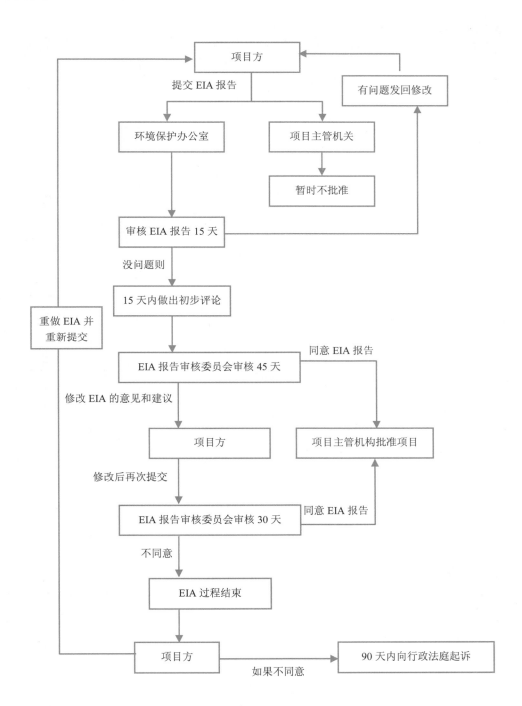

来源：Environmental Impact Assessment in Thailand，2nd Edition，June 2013。

图 9.1　泰国环评流程示意

表 9.4　泰国主要专项环境法案

法案种类	法案名称
环境管理相关法案	国家环境质量法
	化学物品、有害废物、危险物质管理控制法
	工厂法
	大气标准与空气污染控制法
	噪声与振动标准及噪声污染控制法
	水质标准与水污染控制法
	垃圾、固体废物及妨碍法
	建筑法
	环境保护与污染控制区域法
	环境分析与评估法
	环境保护法
	环境基金法
	非政府环境组织法
	公共卫生法
	土地、空气及水源交易法
自然资源法案	森林、野生动植物法
	土地及其利用法
	水资源法
	渔业资源法
	矿产法
	节约能源法

（四）环境管理政策

1. 泰国环境保护管理体系

ISO 14000 系列标准是近年来集世界环境管理领域的最新经验与实践于一体的先进体系，包括环境管理体系（EMS）、环境审计（EA）、生命周期评估（LCM）和环境标志（EL）等方面的一系列国际标准，为各类组织和机构提供了一整套标准化的环境管理方法。该管理体系旨在指导并规范企业建立先进的体系，引导企业建立自我约束机制和行为标准，它适用于任何规模的组织，也可以与其他管理要求相结合。

泰国一直在通过政府组织、非政府组织和私有部门，发展 ISO 14000 的环境管理体制。迄今为止实施的措施包括：泰国政府的国家认证理事会建立了一个泰国 ISO 14000 认证机构，泰国工业标准学会（TISI）和泰国环境学会也同时建立了 ISO 认证机构，并通过泰国生产力学会和其他非政府组织及私有企业开展的服务，建立了 ISO 14000 咨询服务机构。泰国环境学会还启动了一个试验性 ISO 14000 项目，以进行 ISO 14001 标准认证为目标地帮助 10 家公司参加评价、规划和实施环境管理系统。这个项目包括若干家在泰国经营的最大工业企业，它们来自若干个行业。这个项目的目的是在范围更广泛的工业企业中促进今后的 ISO 14001 认证和开发必要的资源，以满足今后工业界对 ISO 14000 有关服务的需要。长远目标是给现行环境保护机制补充工业界对 ISO 14000 标准的参与。类似地，泰国工业标准学会与泰国工业联合会合作，启动了一个针对 10 家泰国工业联合会成员公司的类似 ISO 14000 试验项目。

到目前为止，泰国工业界对 ISO 14000 的兴趣受到很多因素驱动，其中包括公司的环境意识、对环境友好形象的期盼、ISO 9000 标准的熟悉与认可，以及在有关环境因素可以影响商业机会的情况下保持在出口市场上的竞争力的意愿。工业界对 ISO 14000 的兴趣，在中大型制造企业中可望达到最高，这样的工业企业往往更容易获得必要财力和熟练技术人员来开发、实施并保持 ISO 14000 认证的环境管理体系。中小型制造业的兴趣也可望增长，尤其是如果出口市场机会变得更有利于由 ISO 14000 认证的经营生产的产品。

泰国企业对 ISO 14000 的总体兴趣不仅是制造业，而且也包括服务部门企业，如商业银行。有关旅游的服务业，如旅馆和运输服务，可能会考虑把认证纳入最大限度减少其经营的环境影响的努力之中，尤其那些依赖于环境意识日益高涨的外国游客的领域，而且这有利于促进与加强环境上可持续旅游的发展。

今后，绿色产品将在国际市场上占主导地位，而不符合环境认证的产品将不受欢迎并被淘汰出国际市场，这将对各国外贸企业的产品结构、经营方针和营销策略产生重大影响并对各国环保技术的加速发展和普及带来巨大的促进作用，环保产业将被推到时代发展的前沿。为此，泰国政府尤其是各环保职能机构发挥了重要作用，积极推动工业企业清洁生产方法的使用，加强工业企业与政府之间在环保方面的互动，使生产过程与环境管理体系有机地结合起来，尤其是能为 ISO 14000 的环境管理体系提供很好的技术支持和服务管理。

2. 主要环境管理制度

（1）污染控制制度。近几十年间泰国经济增长较快，主要出口已经从农业产品变成工业产品，污染控制备受关注。国家环境委员会下设的污染控制委员会主管总体污染控制，工业工作司主管除工业区工厂以外的工业污染控制，泰国工业区管理局（IEAT）进行工业区的污染控制环境管理，包括工业区监测系统。

泰国污染控制委员会组成规格较高，涉及面较广，由自然资源与环境部部长担任主席，由行政厅厅长、警察厅厅长、运输厅厅长、港务厅厅长、市政工程厅厅长、工厂管理局局长、地下资源局局长、卫生厅厅长、农业厅厅长、环境保护促进局局长、环境政策计划处处长、曼谷府助理和不超过 5 人的国家环境保护委员会的资格委员担任委员，由污染管理局局长任委员兼秘书长。该委员会为国家环境委员会提供意见和建议，并执行国家环境委员会指定的任务。泰国规定污染控制区域指污染发生且污染对人类的健康造成威胁，或对环境质量有不利影响的地区。为了控制、减少污染，国家环境委员会在政府公报上公告，宣布该区域为污染控制区。对污染控制区的治理也有相应规定。空气和噪声污染部分主要规范了交通工具和其他点污染源产生、排放的废气、噪声污染等。水污染部分规定了污水排放及污水处理设施的建设、安装、运行及维护。其他污染和危险废物部分则对固体废物、石油勘探和开采、油轮造成的污染以及其他工业、农业等领域造成的污染作了规定。污染控制官员、地方官员对污染源及相应污水和废物等设施进行监督和管理。另外，泰国制定的排放标准分国家标准和地方标准两种，要求地方制定的特定区域的排污标准须严于国家标准。

泰国工业区管理局附属于工业部，创立于 1972 年，该管理局的创办是为了按照区划体系和环境保护来推进系统的工业发展。在"国民经济与社会发展计划"的协调下，它已经在各地区发展和分散了一些工业区。工业区管理局除对工业区进行经济管理外，还是一种缓解环境影响的机制，它要求所有工业区都提供集中的污染控制设施。此外，为了保护环境和促进可持续发展，该管理局已经对所有工业区实施了监测系统和执法职能。工业经营者必须服从执法和遵守法规，以维护他们的形象和声誉。工业区的建立始于选址、环境影响研究、基础设施发展（即道路、给水系统、暴雨排水系统）、焚烧炉和粉煤灰填埋场。该管理局必须在兴建基础设施之前向自然资源与环境部政策与规划办公室呈交一份环境影响评价报告供其审批。

泰国工业区管理局已经采取了各种措施，以迅速和精确地监测和控制各工业区的环境质量，工业区管理局监测内容如下：

废水监测：所有工业区都提供集中废水处理设施。工业废水向集中处理系统的排放必须达到工业区管理局的规定标准，如果废水超过标准，工厂必须有预处理系统。集中处理系统的出水必须达到自然资源与环境部的标准。进入集中处理系统的各种排放以及集中处理系统出水的监测一直由工业区管理局的承包商 B. J. T. Water 公司进行，该公司自 1994 年以来都是在工业区管理局工作人员的监督下由 Thames Water 公司和 Berli Jucker 公司合营。泰国所有工业区都建立了实验室，在工业区管理局的监控下由 B. J. T. Water 公司进行废水特征分析。

空气污染监测：凡必须向政策与规划办公室提交环境影响评价报告的工厂，都必须按照环境影响评价报告要求监测烟囱排放空气和周围空气，并向该处报告监测结果。

危险废物监测：各工业区中的工厂都必须按照工业部第 25B. E. 2531 号通知监测危险废物运输、贮存和填埋（如果有的话），如果这些工厂有专营危险废物管理的承包商，则工业经营者必须向工业区管理局报告该承包商的名称和资格、处置方法、处置与填埋地点、每次搬运的废物数量与类型。

工业区环境监测：SGS（泰国）公司是工业区管理局的承包商，负责监测该工业区的环境质量，即周围空气、焚烧炉烟囱排放、噪声水平、地下水、地表水、海水和淤泥。分析报告先送交该管理局，然后再转呈自然资源与环境部政策与规划办公室。

自动环境监测系统：工业区管理局已计划建立一些自动监测站，以核查工业区周围空气质量和集中排水质量。遥测系统将记录实时信息并借助于传输线路将其传送到该管理局总部。因此，它将增强对任何环境问题的即时回应。第一个监测站已在马塔富工业区建立，旨在核查入海废水的水质。监测参数是温度、pH、溶解氧、化学需氧量、悬浮物、电导率、浊度和紫外线吸收光谱。马塔富工业区的第一个空气质量监测站于 1997 年竣工，监测对象是可吸入颗粒物、一氧化碳、二氧化氮、二氧化硫、烃类、臭氧、风速和风向、温度和气压等。

环境信息中心：泰国工业区管理局总部正在建立一个地理信息系统。这个信息系统将与所有工业区在线连接，以收集每个工业区的基本环境信息，如废水、空气排放物、固体废物与危险废物，以及这些废物的地理分布和位置。它将提高该管理局环境管理系统的效率。

（2）环境法律责任制度。泰国对于危害环境质量的行为规定了较严格的法律责任制度，包括民事赔偿责任和刑事责任。民事责任是指任何行为主体，不遵守法律法规而对国家自然资源、公共土地财产造成破坏和损失的，必须向国家赔偿造成损失或破坏的自然资源的所有价值；在某个污染源区发生渗漏、流失、扩散而使他人生命财产、健康造成危害的，或使国家或他人的财产受到严重损失的事件，不论是由于污染源区的领导或管理员有意或疏忽大意造成的，还是其他原因，都有义务对该事故负责并赔偿罚金、损失费。

泰国对破坏环境的刑事责任规定较多，一般采取监禁或罚款，或刑罚并用的形式，最高监禁年限为 5 年。例如，对于在环境保护区内对自然资源或受到保护的人文资源造成破坏或损失者，或对环境质量造成危害者，处 5 年以下监禁或不超过 50 万泰铢的罚款，或并罚。又如，雇佣人员在进行废水、废物处理时，其污染治理工作人员下令停止、关闭污水治理系统，或污染治理区工作人员撤销污染治理雇佣人员职务，雇佣人员不执行污染治理工作人员的指示的，处 1 年以内监禁，或罚款不超过 10 万泰铢，也可刑罚并用等。

对于一些环境突发事件，泰国政府也制定了紧急事件的处理规定。如果发生由于自然灾害或污染事故的扩散而对居民造成影响的紧急事件或严重危害事件；对人民的生命、身体或健康将造成影响的紧急事件；或使国家和人民的财产受到上述危害或即将受到危害的或已造成损失的紧急事件，则需执行任何能够制止或减轻危害或损失的任务。当查清致使上述污染事件产生的肇事者后，总理有权下令禁止肇事者参加上述紧急情况处理，以防止其加重灾害或污染事故的影响。

（3）环保基金制度。泰国政府针对环境保护和改善工作专门设立了环保基金，并对环保基金的内容和用途以及监督管理机构作了较详细的规定，形成比较完善的环保基金制度。泰国政府规定：由国家财政部发放的资金和其他资金及物资组成的基金叫"环境保护基金"，包括由总理规定的一定数量的燃料和油料费、根据1982年颁布的《国家财政预算法》规定的用于改善人民生活质量和环境质量的流动资金、根据《国家环境促进和保护法》规定所收取的服务费和罚金、由政府定期发放的赞助金、由国内私营企业、外资企业、外国政府或国内各种机构赞助的资金和物资、从基金中产生的利息、用于该基金运转的其他收入等。

环保基金仅限用于的活动包括：一是用于政府部门或各地方政府投资建设污水治理系统和废物处理系统，安排购买治理工作中所需要的土地、物资、设备或用具；二是用于地方政府部门或国营企业安置污水治理系统和废气、废物处理系统及其他设备的贷款；三是根据法律规定用于私人机构中的安置污水处理系统和废气、废物处理系统或根据法律已经获得许可能够雇佣服务工作人员来进行污水治理和废物处理情况下的个人贷款；四是环境保护基金委员会在必要的情况下，经过国家环境委员会的同意，提供有关环境改善和保护的援助金和赞助金；五是在基金管理中所使用的费用。

泰国国家环保基金由中央会计厅、国家财政部保管并根据《国家环境促进和保护法》对该基金进行领取和支付，而环境保护基金委员会负责制定基金使用的规章制度并向国家环境委员会提供基金收支状况报告。环境保护基金委员会由国家自然资源与环境部次长担任主席，由农业与合作部财政次长、经济社会发展委员会秘书长、财政预算处处长、工程管理局局长、地下资源局局长、污染管理局局长、环境保护促进局局长和不超过5人的国家环境保护委员会的资格委员为委员，并由环境政策与规划办公室秘书长作委员兼秘书。此基金委员会履行义务和开展工作时必须通过国家环境委员会的批准。可见，泰国对环保基金的使用管理是相当严格的。尽管如此，泰国环保基金从总量来看仍不足，不过这种状况是经济基础较薄弱的发展中国家共同面临的问题。

（4）环境教育制度。环境保护需以环境教育为根基。联合国教科文组织和联合国环境规划署在1989年将1990—2000年定为"环境教育10年"，在世界各国全面推行环境教育计划，并取得了显著的成效。在此背景下，1999年泰国的教育法案对环境教育提出了一系列新的要求、任务和目标。泰国环境教育的要求是致力于解决国家目前和未来的环境问题，注意环境质量的保护、补救和提高；任务是通过正规和非正规的教育，促进公众的环境保护意识、责任感和参与精神；目标是在正规教育中，将环境教育整合到所有层面的课程中去，由学校和地方社区共同开发地方的环境教育教学大纲，由双方共同促进对环境问题的学习和理解，而在非正规教育中，使公众在社区层面上参与环境教育活动，促进全社区对环境问题的认识，从而创造全面的环境意识，使人民能努力治理当地的环境。

目前，泰国的学校课程加强了与环境教育的结合。小学课程中的环境教育不再由几个相互独立的专题组成，而分成四个相互联系的领域，即基本技能、生活经验、个性教育和工作经验。初中和高中阶段，环境教育被结合到理科和文科的各门课程中去，并且在初、高中，从 1978 年开始增设了一门独立的选修课，初中名为"自然资源与环境保护"，高中名为"能源与环境"。此外，泰国还在师范院校开设了生态学和自然保护的基础课程，这样有利于毕业生今后对环境保护进行教育与宣传，并在高校中都增设了环境专业，培养环境保护的专门人才。但是，总的来说，泰国较注重环境的普通教育，对专业人才的培养还较欠缺。今后，强化环境教育，培养各方面和谐发展、具有较强环境意识和较高环境素质的"世界新公民"仍是泰国未来教育改革和发展的重要方向和组成部分。

此外，在泰国，非政府组织和当地社区经常发动并实施强调公众参与的环境教育项目。在采用新技术的同时，他们使不会损害环境的传统习惯（本土知识）得以恢复。迄今为止，他们已经提出了比棕色问题（城市和工业问题，不高于 20%）占更多比例的绿色问题（一般涉及森林与河流保护，约占 80%）。此外，由环境质量促进局（DEQP）进行协调，成立了连接政府组织和非政府组织的国家网络中心。DEQP 已经建立了环境研究与培训中心（ERTC）。该中心的作用是促进和鼓励为东盟和大湄公河次区域（GMS）政府部门、非政府组织和地区组织服务的环境管理研究与教育项目。DEQP 还在全国建立了 27 个府级环境教育中心（PEEC），以满足地方对环境教育资源的需求。

五、泰国环境管理案例

（一）哈吉（Hat Gyi）水坝项目

1. 案例基本情况

哈吉水电站是计划在萨尔温江上修建的水利项目，位于缅甸南部的克因邦境内，距泰缅边界约 30 多 km。哈吉水电站装机容量为 136 万 kW，预计投资额为 24 亿美元，由泰国的 EGAT、中国水电公司、缅甸政府的水电计划部门和一家缅甸 International Group of Entrepreneur Company（IGOEC）组成项目公司完成，项目发电将主要输往泰国。根据 2010 年四方之间签订的备忘录，四方的投资比例分别是 36%、50%、10% 和 4%。由于缅甸克伦武装的强烈反对，该水电站至今没有修建。EGAT 的两位员工，也被反坝人士杀害。

泰国和缅甸在 2005 年 12 月曾经签订了第一个关于修建哈吉水电站的备忘录。2007 年，中水电与 EGAT 又签订了一个备忘录，双方同意共同投资哈吉水电站。哈吉水电站的环境影响评价由泰国的朱拉隆功大学完成。EGAT 做这个环评报告，是为了提交给泰国的发电管理部门（Electricity Generation Authority），以便获准进行该项目。泰国 EGAT 公司早在 2002 年就制定了本公司的社会责任政策。EGAT 早在 2007 年就开始做哈吉水电站的可行性研究，但当时并没有向水电站当地社区的公众公开消息，当然也没有展开任何协商程序。向公众提供水电站信息始于投资备忘录签订之后。2011 年 2 月 8 日—9 日，EGAT 在缅甸的 Ban Sop Moei 举行公众论坛，向当地的 3 个社区公布哈吉水电站的信息。EGAT 强调哈吉水电站不会对当地造成大的影响，包括不会淹没大量土地，因为这将是一个径流式（run-of-river）电站会议上，EGAT 还散发了一些资料册，这些资料册有的是泰文，有的是缅文。披露的信息中没有提到拆迁补偿问题。

Ban Mea Sam Leap 村有村民认为 EGAT 提供的信息仍然有令人困惑之处，特别是，径流式水电站与淹没土地之间到底是什么关系；Ban Tha Ta Fang 的村民叙述，EGAT 到该村召开过一些培训会，教村民使用有机化肥和更清洁地洗盘子等，还向当地的学校捐赠过书籍和文具，也曾三次向村民们提供过免费的医疗服务；Ban Mea Sop Moei 部分村民曾被 EGAT 组织参观泰国的两座水电站，EGAT 也到这个村提供过培训以及为当地的学校捐赠书籍和文具。

因为该水电站的规模实际上并不大，而且位于临近边境地区，影响的人口数量有限。根据该项目的环境影响评价报告，该地区生物资源非常丰富。水电工程的建设将使一部分森林遭到破坏。该地区还是很多两栖类、爬行类、哺乳类和鸟类的栖息地，其中已被环评人员发现的鸟类超过 68 种。萨尔温江的下游还有 110 多种水生动物，有些属于该江河特有种，江里和江边还有很多水生植物。这些动植物也将受到水坝修建的影响。环评报告在陈述这些影响之后，还分别论述了可以采取的减轻损害的措施。

该项目得到缅甸政府许可时，缅甸还没有环境影响评价要求。但是，泰国有环境影响评价的要求，所以 EGAT 公司出资进行了项目的环境影响评价。值得注意的是，该项目的第一大投资方是中国水电公司，虽然中国水电公司也在对外投资的过程中逐步形成了自己的企业社会责任政策，但因为中国的相关法律和法规并不要求中国的投资者在海外工程中做环境影响评价（除非当地的法律有要求），所以，该项目的环评是由第二大投资方泰国的 EGAT 进行的。EGAT 做此环评显然也是为了推进项目的进行，该环评报告也被认为对环境影响进行了轻描淡写（Downplay）。

2016 年，泰国再次表示出开发哈吉水电站的兴趣。缅甸的能源和环境部长昂山素季也访问了哈吉水电坝址地区，表示愿意与泰国合作。EGAT 公司表示愿意投资 1 000 亿泰铢，除了修建哈吉水电站以外，还将部分"剩余"的河水调到泰国的 Bhumipol 水坝，补充该水坝的水量，以保证其发电量。现在开发哈吉水电站的主要问题是等缅甸政府去做当地少数民族的工作。

2. 案例启示

哈吉水电项目向我们展示了泰国环评法的域外性。这一点还可以从老挝境内的峡亚波利水电站项目引发的诉讼中看出来。

老挝的峡亚波利水电站是建在湄公河主河道上的第一个水利项目，在此之前，湄公河区域五个国家都没有在湄公河主河道上修过拦河大坝，所以这个项目引发了很多争议，特别是下游的柬埔寨和越南很担心这个大坝的负面影响。该大坝由一家马来西亚公司承建，电力输往泰国。泰国的电力公司 EGAT 因为与项目方签订了一份《电力购买协议》（Power Purchase Agreement），同意购买该项目所产生的电力，2012 年被 37 个泰国村民告到泰国行政法院，同案被告还包括国家能源政策理事会和泰国自然资源与环境部，原告认为《电力购买协议》的签署没有经过泰国宪法所要求的环境影响评价和健康影响评价，没有通知公众和与公众协商。2013 年 2 月，泰国行政法院裁决对本案没有管辖权，因为原告非老挝的峡亚波利电站的受害方，而且签署《电力购买协议》非行政行为。原告随后将案件上诉至泰国最高行政法院，2015 年 12 月，泰国最高行政法院裁决被告已经履行义务。2016 年 2 月，原告对此裁决再次上诉。该案中的老挝峡亚波利水电站项目已经得到老挝政府的批准，泰国公司只是利益相关方之一，却遭到本国人在本国法院的诉讼。这启示我们：一些大型项目因为参与的公司和机构来自不同的国家，可能受到不同司法主体的管辖，即使东道国司法薄弱，并不等于违法行为所可能引发的诉讼风险一定很低。

（二）派芒（Pak Mun）水坝项目

1．案例基本情况

派芒水坝建于泰国乌汶省（UbonRatchathani），在芒河（Mun River）与湄公河交汇处以西 5.5 km 处。派芒水坝是世界银行援建的项目，由泰国 EGAT（Electricity Generating Authority of Thailand）公司承建，投资 2.4 亿美元，完成于 1994 年。

水坝建设之前，芒河是很多当地居民的生计来源。附近村落渔民很多，渔业收入是附近很多居民家庭收入的主要或部分来源。芒河对于当地的农业种植、灌溉，发展河湖内的养殖和采集都很重要。水坝的建设最终导致 912 户居民被迫搬迁，同时对渔业造成重大影响，因为派芒水坝是拦河坝。为了应对水坝对鱼类过坝的影响，派芒水坝使用了鱼梯（Fish Ladder）装置。但是，装置的使用并不成功。根据世界水坝委员会的调查，在修建派芒水坝之前，芒河内大约有 265 种鱼，水坝建设后，至少 50 种鱼消失。

鉴于派芒水坝对渔业的潜在影响和搬迁对当地居民的影响，派芒水坝建设前、建设中和建成后都不断受到当地居民的抗议。由于乌汶离首都较远，为了使居民的抗议更加有力，当地居民还曾组织集体到首都曼谷的政府办公楼前抗议。抗议活动曾遭到政府警察的压制。为了对付警方，村民们决定让妇女走在游行队伍的最前面，因为按照当地文化，警察一般不愿意殴打或者拘押妇女。抗议活动取得了一些成果。1995 年，政府同意为每户家庭补偿 90 000 泰铢作为水坝建设期间对居民所造成的渔业损失。2011 年 6 月，政府决定临时放开派芒水坝的水闸，以便让鱼类通过水坝。乌汶大学随后建议水闸的临时开放延期 5 年，泰国政府内阁于 2002 年最后决定，该水坝从每年的 11 月开始，开闸 8 个月以便让鱼类通过。这个决定使水坝的发电功能受到极大的削弱。

2．案例启示

派芒水坝项目突出地体现了对河流的经济性利用与保护河流生态之间的矛盾和冲突，由于民众的不断抗议，泰国政府现在对于在国内建设水坝项目已经相当地谨慎，最近数年里都没有再批准任何水坝项目。这使得泰国的电力生产局不得不到邻国寻求发展水电项目，特别是到对水电站建设还开绿灯的老挝和缅甸，在那里发电，然后再把电力输送回泰国国内。

作为世界银行资助的项目，派芒水坝在当地所引发的抗议显然并没有给世行增添光彩。2004 年，世行所资助的老挝的 Nam Theun 水坝项目也因为阻塞了鱼类通道及其他环境问题而备受争议。最近几年，世行已经不再资助大型水坝项目。

（三）德普新源项目

1．案例基本情况

作为中国生物质能源行业先驱，北京德普新源科技发展有限公司（以下简称"德普新源"）成立于 2004 年，立足于生物质发电行业，向全球客户提供包括研发、设计、制造、成套供应、安装调试及售后服务在内的完整解决方案。德普新源采用丹麦的高温高压生物质直燃发电技术，已在全球超过 80 座生物质电厂进行应用。目前，德普新源已被公认为横跨欧亚地区的生物质能源行业领袖。

2013 年 11 月 28 日，德普新源与玛哈察（Mahachai）绿色能源公司成功签订了"椰子废物生物质项目"合约，项目地位于泰国沙没沙空省（Samut Sakhon Province）。该项目将通过工程总承包（EPC），为业主建造一座 9.5 MW 的高温高压（HPHT）生物质电厂。

建成后的电厂通过对椰壳、椰子果皮、椰枝和椰叶等废物进行混烧发电；燃料囊括椰子树所有可燃部分。该椰子废物项目解决方案，在保证最小燃料消耗、燃料尺寸适应范围强的基础上，配备高效烟气除尘系统，以使电厂废气排放低于监管标准。德普新源确保项目长期稳定运行，电厂年利用小时数超过 7 900 h。需要特别说明的是，上述建成的电厂是世界第一个将椰子废物转化为生物质能源的电厂。

相关产品交付由德普新源位于曼谷的东南亚总部负责。项目在开建后的 18 个月内顺利完成电网接入工作，所产生的清洁能源通过公共电网输送到千家万户；作为回报，业主享受泰国政府丰厚的生物质上网电价。同时，相关废物燃烧产生的灰渣，则被用作化肥或建筑原料，实现绿色循环。此外，电厂的良好运行也将为当地持续不断地提供就业机会并帮助提升当地椰农收入。

德普新源进驻泰国，得到泰国政府的高度重视。在当地政府的大力支持下，德普新源为项目投产运营，顺利从曼谷银行（Bangkok Bank）获得 5.37 亿泰铢（约计 0.98 亿元人民币）贷款，也是上述项目成功的重要因素之一。

2．案例启示

中国环保产业与技术在"一带一路"沿线国家比较优势明显为我国环保企业近年来开拓国际市场开创了条件。一方面，"一带一路"沿线国家多为发展中国家，我国与其处于相同的历史发展阶段，都面临着发展经济和保护环境的双重责任，我国的环保企业更能充分理解他们的具体难处和现实情况，更易根据他们的实际需要提出解决方案；另一方面，相较于高成本的欧美发达国家的环保技术设备，在"一带一路"沿线国家市场，中国物美价廉的环境产品与服务更具有竞争优势。

第十章
越南环境管理制度及案例分析①

一、越南基本概况

(一) 自然资源

越南社会主义共和国（Socialist Republic of Vietnam），简称越南，地理位置优越，位于中南半岛东部，北接中国，西邻老挝、柬埔寨。国土面积约为 33 万 km^2，国土狭长，呈"S"形，海岸线长达 3 260 km。越南地处北回归线以南，属于热带季风气候，高温多雨，旱、雨季明显，年平均气温为 23～27℃。北方四季分明，南方雨旱两季分明，大部分地区 5—10 月为雨季，11 月至次年 4 月为旱季，年平均降雨量为 1 500～2 000 mm。生态系统主要包括森林、草原、农田、海岸与海洋。越南草原和农田生态系统很简单，物种少，大部分是牧区和种植区。海岸与海洋主要包括海岸湿地生态系统、红树林生态系统、珊瑚礁生态系统、海岛生态系统和大洋生态系统等。越南拥有 200 万 hm^2 保护区，保护区面积占到国土面积的 7%。越南拥有 128 座保护区、30 座国家公园、60 座生物多样性保护区和 38 座景观保护区。越南还拥有海洋保护区、两座世界遗产公园和 8 座生物圈保护区②。

越南自然条件优越、资源丰富，尤其以丰富的矿产资源著称。

---

① 本章由刘平编写。
② 根据越南自然资源与环境部处长陈玉强在 2012 中国—东盟环境合作论坛上的发言，有所删减。

　　越南位于印支半岛东部，东南濒海，长山山脉纵贯南北，矿产资源丰富，并且成矿条件多样性，种类趋于多样化，与我国具有一定的互补性。据统计，越南现已发现的矿种超过120种，主要的矿产资源有煤炭、石油、天然气、铝土矿、铁矿、铜矿、镍矿、稀土、钛、锰、铬、磷、铅、锌、宝石等。这些矿产资源分布不均匀，主要集中分布于越南北部、中部地区，南部仅零星散布，北方主要以黑色、有色、稀土金属矿为主，而南方则主要以铝土矿和金矿为主。

　　越南矿藏资源种类较多，重要矿藏分布在一定轴线上。主要轴线有红河谷地轴线、红河三角洲东北边缘轴线、高平谅山轴线、清化轴线、义静西部轴线、广义—广南轴线。总体来说，越南矿产资源具有四大特点，即：矿床分布面广；矿带集中，大中型矿床比例大（占一半以上）；共生、伴生矿床多，富矿和易选矿比例高；邻近铁路、海港。但越南属世界级的大型矿床较少，大多数矿床属于中小型，其中有些矿产具有较大开发潜力，如油气资源、铝土矿等[1][2]。

　　越南主要矿藏储量及分布情况如下[3]：

　　（1）煤矿。越南煤矿的储量丰富且品种多、质量好。除广宁省外，北太省太原、河南宁省儒关、谅山省禄平和红河上游沿岸地区均有煤，总储量达220亿t，品种有无烟煤、褐煤、泥煤、肥煤，其中无烟煤储量最大。广宁省是煤的主要产地，煤带西起东潮，尔后向南呈半弧形沿下龙湾向东北延伸，全长150 km，煤层厚度20～28 m，面积220 km^2，储量约38亿t，其中优质无烟煤约34亿t，主要分布在广宁省境内，其余为褐煤和泥煤，主要分布在红河三角洲地区和湄公河三角洲地区。目前，越南煤年平均产量600万～700万t。无烟煤是越南主要出口商品之一。已探明煤炭储量约38亿t，其中优质无烟煤约34亿t，主要分布在广宁省境内，其余为褐煤和泥煤，主要分布在红河三角洲地区和湄公河三角洲地区。

　　（2）石油、天然气。越南的石油、天然气探明储量石油为2.5亿t，前景储量约5亿t；天然气储量约3 000亿m^3，前景储量约9 100亿m^3，伴生气储量约1 300亿m^3。已发现的石油、天然气主要分布在东南沿海和红河三角洲地区、湄公河三角洲地区。

　　（3）铁矿。总储量达数十亿吨。主要分布在北太省太原地区，高平省石林、保乐地区，谅山省新朗、富含、浪纳地区，宣光省宣光周围，老街省老街地区、安沛省安沛地区，清化省安米地区以及义安省荣市以南地区。越南铁矿多是含铁55%～60%的富铁矿，而且接近地表，便于开采。已探明储量13亿t，前景储量约23亿t。现已发现3个铁矿区：一是

① 赵明东，等：《越南矿业投资风险分析》，载《国土资源情报》，2013年第8期，第18～21页。
② 全球矿产资源信息平台，http://worldminal.drcnet.com.cn/www/mineral/channel2.aspx？uid=8307&tags=%u8D8A%u5357。
③ 越南主要矿藏资源分布状况及对外商投资矿产活动有关政策规定，http://vn.mofcom.gov.cn/article/ztdy/200405/20040500218509.shtml。

西北地区的宝河、贵砂、娘媚、兴庆等地,其中贵砂铁矿储量为 1.25 亿 t,主要是褐铁矿,品位为 43%~52%;二是北部地区太原、河江、北干、高平省境内,储量为 5 000 万 t,主要是磁铁矿,品位 60%以上;三是中部的顺化、义安、河静等地,已发现多种类型的铁矿,其中石溪矿床储量最大,约 5 亿 t。

(4)钛矿。越南目前经初步探明的钛矿储量约 2 000 万 t,可开采量约 1 500 万 t。主要分布在越南北部地区的太原和宣光(约 600 万 t,山矿,铬含量高)、中部沿海地区的河静省(约 500 万 t)、清化省(约 400 万 t)、平定和平顺两省(约 300 万 t),沿海地区均为砂矿,铬含量低。现阶段越南全国年钛矿产量约 15 万 t,其中,越矿产总公司年产量约 4 万 t,河静省产量约 5 万 t,其他地区产量约 6 万 t。产品全部出口,主要出口到泰国、日本和中国等。

(5)铬矿。总储量达 1 890 万 t。主要分布在清化市西南约 18 km 的挪山区古定地区。储量约 2 000 万 t,据称越南铬的储量占世界总储量的 15%,居世界第二位。越南铬矿适合露天开采,精选后,三氧化二铬含量可达 46%以上。

(6)锆矿。锆矿储量约 450 万 t,主要分布在北干省、太原省。

(7)铝土矿。越南的铝土矿主要分布在北部高平、谅山省和西原地区林同省(宝禄、新来)、多农省、多乐省以及嘉莱省和昆高省境内。已探明储量 45 亿 t,前景储量为 60 亿~70 亿 t,精选后该类矿三氧化二铝的含量可达 47.5%。

(8)铜、镍矿。探明铜矿储量为 795 万 t,前景储量为 1 000 万 t;探明镍矿储量为 152 万 t,前景储量为 500 万 t。老街生权铜矿矿床储量为 51.1 万 t,混合金 35 t,银 25 t。镍矿主要分布在班福地区,镍铜储量为 19.3 万 t,其中镍 12 万 t。

(9)越南还有许多非金属矿,如磷灰矿,已探明储量为 178 亿 t,前景储量为 20 亿 t,主要分布在西北老街省境内。硫矿,已探明储量 860 万 t,估计储量为 5.6 亿 t,主要分布在河西省境内。高岭土矿,已探明储量 2 000 万 t,估计储量约 10 亿 t,主要分布在林同省。

(二)社会人口

截至 2015 年 12 月,越南人口约为 9 170 万,排名世界第 13 位,其中城市人口与农村人口比大约为 1:2。越南有 54 个民族,京族占总人口的 86%;岱依族、傣族、芒族、华人、侬族人口均超过 50 万。每一个越南的民族,都有自己的语言、生活方式以及文化遗产。多数越南西部的少数民族族群被统称为"山里人"。官方语言、通用语言和主要民族语言为越南语。宗教主要为佛教、天主教、和好教与高台教。全国划分为 58 个省和 5 个直辖市。

越南是一个社会主义国家,越南共产党是该国唯一合法的执政党,1930 年 2 月 3 日成立,同年 10 月改名为印度支那共产党,1951 年更名为越南劳动党,1976 年改用现名。现有党员 450 多万人，基层组织近 5.4 万个，同世界上 180 多个政党建有党际关系。越南实行一党制的人民代表大会制度，国体为马克思列宁主义社会主义共和制人民共和国。国会是国家最高权力机关，任期四年，通常每年举行两次例会。2016 年 3 月当选国会主席的为阮氏金银，其领导的越南第 14 届国会，共有 494 名国会代表。最高人民法院、最高人民检察院及地方法院、地方检察院和军事法院组成越南的最高司法机构。

首都为河内，面积 3 340 km²，2015 年人口 756 万，据 2009 年统计市辖区人口约为 260 万。胡志明市是越南最大的港口城市和经济中心，面积 2 094 km²，2014 年人口约为 1 200 万，是越南人口最为密集的城市。预计到 2025 年，胡志明市人口将达到 1 390 万。

越南对外关系一直奉行独立、自主、和平、合作与发展的外交路线，并实行开放、全方位、多样化的对外政策，积极主动地融入国际社会，做国际社会可信赖的朋友和伙伴、负责任的一员。当前越南与美国关系发展迅速，与日本、俄罗斯、欧盟等本地区大国关系良好，与欧盟和东盟成员国的合作也在不断发展与加强，多边外交活跃。

（三）经济发展

越南属于发展中国家，1986 年实行改革开放，2001 年越共九大确定建立社会主义定向的市场经济体制，并确定了三大经济战略重点，即以工业化和现代化为中心，发展多种经济成分、发挥国有经济主导地位，建立市场经济的配套管理体制。2016 年越共十二大通过了《2016—2020 年经济社会发展战略》，提出 2016—2020 年经济年均增速达到 6.5%～7%，到 2020 年，人均 GDP 增加至 3 200～3 500 美元。越南出口业仍然保持强劲的势头，总体经济增长较快，经济总量不断扩大，三产结构趋向协调，对外开放水平不断提高，基本形成了以国有经济为主导、多种经济成分共同发展的格局。

近年来，有着"东南亚之星"美誉的越南成为了东盟十国中向美国出口量最大的国家。凭借其战略位置优势以及廉价劳动力优势，越南成功地引进了许多大型企业制造基地，如三星、西门子、英特尔等。"越南制造"的身影正愈加频繁地出现在世界市场中。当前越南国民生产总值大约 1 906 亿美元，增长率 6.68%，人均国内生产总值 2 109 美元。2016 年，越南的经济增速达到 6.21%，是全球经济增速最快的国家之一。对外商的直接投资增长了 9%。

越南和世界上 150 多个国家和地区有贸易关系。2013 年以来越对外贸易保持高速增长，对拉动经济发展起到了重要作用。2010 年货物进出口贸易总额约为 1 556 亿美元，贸易逆差 124 亿美元，其中出口 716 亿美元，增长 25.5%，进口 840 亿美元，增长 20.1%。服务贸易进出口总额 157.8 亿美元。

越南主要贸易对象为美国、欧盟、东盟、日本以及中国。2013 年，越南 10 亿美元以上的主要出口商品有九种，分别为煤炭、橡胶、纺织品、石油、水产品、鞋类、大米、木材及木制品、咖啡。4 种传统出口商品煤炭、橡胶、石油、纺织品均在 40 亿美元以上，其中纺织品为 90 亿美元。主要出口市场为中国、欧盟、美国、日本。主要进口商品有摩托车、机械设备及零件、纺织原料、成品油、钢材、皮革。主要进口市场为中国、中国台湾地区、新加坡、日本、韩国。从中越两国自身发展需要考虑，两国开展贸易合作具有极大优势。自 1991 年中越关系正常化后，两国经贸合作关系得到迅速恢复和发展。几年来，随着我国"走出去"战略的实施，我国企业不仅对越投资明显增加，而且在越的工程承包及劳务合作业务也有所增加。例如，2001 年我国在越南直接投资项目 43 个，投资金额 6 050 万美元，投资项目和投资金额分别比上年增长近 1.4 倍和 2 倍多。

越南主要贸易法律法规有《民法》《贸易法》《电子交易法》《海关法》《进出口税法》《知识产权法》《信息技术法》《反倾销法》《反补贴法》《会计法》《统计法》等。近几年来，越南逐步重视新经济体制的立法工作，并先后颁布了《私人企业法》《公司法》《企业破产法》《外国投资法》及《鼓励国内投资法》等法律规章制度，这不仅使外国投资者进入越南投资基本有章可循，而且以法律的形式保障投资者的利益。与此同时，越南对外国投资者在经济政策方面做了明细规定。例如，规定外国独资企业法定资金至少为投资额的 30%，对基础设施工程建设、赴鼓励投资地区投资或大投资项目可降低此比例，但也不得低于20%，并应取得颁发投资许可证机关的认可；规定法定资金的出资方式与进度，要求外方根据外资法履行税务义务和其他财政义务；外商缴纳企业所得税税率为其所得利润的 25%（对于原油、天然气及其他稀贵矿产勘探与开采项目，企业所得税税率按油气法和相关法律规定执行）；外国投资者在越南投资所获得的利润（包括在投资时退还的企业所得税和资金转让获得的利润），若转出或留在境外均须缴纳利润转出境外税。

达沃斯世界经济论坛（WEF）于 2011 年 9 月发布的《2011—2012 年全球竞争力报告》显示，全球最具有竞争力的国家和地区共 142 个，其中越南排第 65 位。根据美国传统基金会"2012 年度经济自由度指数"排名，越南属于"较不自由"国家，综合得分 51.3 分，位居全球第 136 位。

综合来看，越南投资环境具有劳动力成本较低、地理位置优越、具有东盟自贸区优惠政策等优势；同时，不利因素有越南宏观经济不稳定、劳动力素质不高、配套工业落后等缺点。

二、越南环境现状

（一）大气环境

在空气质量方面，机动车是越南城市空气污染的主要因素之一。越南机动车特别是摩托车人均拥有量很大，2009 年越南约有 100 万辆汽车、2 720 万辆摩托车。在越南城市中，摩托车是最主要的交通工具。河内市与胡志明市是越南最大的两座城市，河内市 65%的居民出行靠摩托车；胡志明市的摩托车拥有量则高达 80%；在这两个城市，轿车只占总机动车数量的 4%（河内市）与 6%（胡志明市）。越南工业部曾预测，2020 年越南将拥有 3 500 万辆摩托车。

越南部分重要省市的主要污染源见表 10.1、表 10.2。总体而言，越南城市中的大气污染物来源主要是交通、工业与建筑业，其中道路交通是颗粒物、一氧化碳与挥发性有机污染物（VOCs）的主要来源。道路与工业同是二氧化氮的主要来源。二氧化硫则主要来自于工业排放。对于一些特殊地区如太原省（Thai Nguyen）、广宁省（Quang Ninh）而言，采矿活动产生的矿尘是主要的大气污染源。

表 10.1　越南部分省市主要空气污染源	
省/市	潜在空气污染来源
河内市　Hanoi	交通、建筑、纺织厂、玻璃厂
胡志明市　Ho Chi Minh City（HCMC）	交通、建筑、热电厂、钢铁冶炼
岘港市　Da Nang City	钢铁冶炼、交通
海防市　Hai Phong City	水泥厂、玻璃厂、交通
芹苴市　Can Tho City	交通、建筑业
大叻市　Da Lat	交通
荣市　Vinh City	水泥厂、造纸厂
边和市　Bien Hoa	交通
太原省 Thai Nguyen Province	采矿业、炼钢、热电厂
广宁省　Quang Ninh Province	采矿
河南省（钦和乡）　Ha Nam Province（Kien Khe Village）	采石场、水泥厂
北宁省（多欧乡）Bac Ninh province's Duong O village	造纸厂

资料来源：Clean Air Initiative for Asian Cities. Clean air management profile Vietnam（2010 edition）[R]. 2010. CAI-Asia Center. Pasig City，Philippines。

表 10.2　2005 年越南主要污染源排放量估值				单位：t/a
领域	一氧化碳	二氧化氮	二氧化硫	挥发性有机物
热力发电站	4 562	57 263	123 665	1 389
工业、服务业与国内经济活动	54 004	151 031	272 497	854
交通	301 779	92 728	18 928	47 462
合计	360 345	301 022	415 090	49 705

资料来源：Clean Air Initiative for Asian Cities. Clean air management profile Vietnam（2010 edition）[R]. 2010. CAI-Asia Center. Pasig City，Philippines。

环境监察数据的整合、管理与报告制度由环境总局负责监督指导。目前针对空气质量指数（AQI）立法，而空气质量数据（除胡志明市外）也不对公众实时公开。胡志明市市政府以美国标准为参考测量并公开空气质量指数，并分为居民区与道路区两组数据。公众可通过胡志明市环保局网站[①]获取相关监测数据。就全国而言，空气质量数据主要可通过全国年度环境报告及各省环保厅的报告查询。

（二）水环境

在越南，大城市和小城市之间的供水存在很大差异。较大的城市，如胡志明市和河内市，自来水系统发达，几乎可以满足所有人的需求，但是在较小的城市，只能满足大约 60% 的人的需求。在农村地区，只有 75% 的人口拥有 1 km 内的纯净水源，只有 51% 的农村家庭有卫生厕所。大约 60% 的水处理公司具有城市水处理市场，然而给水仍交由政府管理。水处理公司只负责生产制造水源[②]。在农村地区，人工水井仍然是最重要的水源，占人口用水的 39%～44%。只有 10% 的农村人口享受到了自来水[③]。湄公河三角洲受污染较为严重。湄公河三角洲被认为是越南的饭碗，因为这一区域的大多数人以地表水为生，快速发展的工业带来的水污染导致人们感染的疾病，如痢疾问题[④]。常见的水传播疾病还包括霍乱、伤寒、细菌性痢疾、甲型肝炎[⑤]。

产品的加工和出口也造成了一定的环境污染。如越南每年的水产品加工将产生 160 万～180 万 t 废渣以及 800 万～1 200 万 m³ 废水，增加了水中的 BOD 和 COD。进口外来水生生物也对当地生态环境带来影响[⑥]。

（三）生物多样性

越南是生物多样性最丰富的国家之一，资料显示越南生物多样性在 25 个全球资源最丰富国家中排第 16 位。在亚洲国家或地区中越南的种子植物种数位居第二位，丰富度是2.89，仅次于马来西亚（丰富度是 4.55）[⑦]。越南有 6 845 种海洋生物，其中鱼类 2 000 余种、蟹类 300 余种、贝类 300 余种、虾类 70 余种。越南森林面积约 1 000 万 hm²，2005—2008 年种植了大量橡胶树。

---

① www.hepa.gov.vn.

② World Bank - Project Appraisal Document on a Proposed Credit to the Socialist Republic of Vietnam for the Urban Water Supply and Wastewater Project - Report No：59385 - VN（28.04.2011）.

③ Netherlands Development Organization - Study of Rural Water Supply Service Delivery Models in（2011）.

④ Mekong Delta Water Resources Assessment Studies. Partners Voor Water. Retrieved 15 Feb. 2012.

⑤ Vietnam Major infectious diseases，http：//www.indexmundi.com/vietnam/major_infectious_diseases.html.

⑥ 范清河：《越南国际化发展与环境保护》，载《环境与生活》，2014 年第 79 期，第 246～248 页。

⑦ LE Bao-Thanh，颜学武：《越南生物多样性现状及保护对策》，载《湖南林业科技》，2012 年第 4 期，第 76～79 页。

越南物种高度丰富。高等植物有 11 000 余种，约占世界高等植物的 3.73%；裸子植物有 51 种，约占世界裸子植物的 6.8%；被子植物有 9 462 种，约占世界被子植物的 3.78%；苔藓植物有 793 种，约占世界苔藓植物的 3.45%；蕨类植物有 774 种，约占世界蕨类植物的 6.45%；藻类有 1 000 种，约占世界藻类的 2.5%；真菌类有 600 种，约占世界真菌类的 0.83%；哺乳动物有 310 种，约占世界哺乳动物的 7.7%；鸟类有 840 种，约占世界鸟类总数的 9.3%；爬行类有 286 种，约占世界爬行类的 4.5%；两栖类有 162 种，约占世界两栖类的 3.8%；鱼类有 3 170 种，约占世界鱼类的 10.6%；昆虫有 7 750 种，约占世界昆虫的 1%。20 世纪 90 年代以来，越南发现十多种哺乳动物的新物种，对科学研究具有很大的意义[1][2]。

越南是世界上生物遗传多样性丰富的地区之一，具有丰富的野生动物、植物、微生物资源，是珍贵的遗传多样性的宝库。由于越南海岸线漫长，内陆河流交错，渔业资源丰富，有许多天然优良渔场，为越南发展渔业提供了得天独厚的优越条件。如鱼、虾等水产品出口亚洲各国已成为越南创汇的重要来源之一。栽培植物遗传多样性也是生物多样性的一个重要方面，它涉及粮食作物、经济作物、果树、蔬菜、牧草、花卉、药材、林木等多种植物，直接与人类的衣食、居住、工业原料、医疗保健和美化环境等多方面有关[3]。

越南也面临生物多样性减少的问题。生物多样性减少最重要的原因是生态系统在自然或人为干扰下偏离自然状态，即生境破碎，使生物失去家园。生物多样性减少的程度往往取决于生态系统的结构或过程受干扰的程度。从近几年对越南生境破碎化程度的研究来看，自然资源的过度开发，自然林地、草原、水域等自然景观的破坏，城市化进程的加速等都对越南生物的多样性产生了巨大影响。数据表明，越南南部局部地区由于生境破碎化的影响，形成了许多从 1 hm^2 到 1 万 hm^2 不等的多个孤立的片断化森林生境（或森林岛），环境的改变使森林深处喜湿的物种如蝶类迁出，代之以喜光、喜热型物种[4][5]。此外，环境污染和生物入侵也是扰乱生态平衡和生物多样性的重要原因。

（四）森林资源

越南森林生态系统主要包括热带常绿阔叶密林、热带半落叶阔叶密林、热带落叶阔叶密林、热带阔叶疏林、亚热带常绿阔叶密林、湿地林石灰岩林、针叶林、竹林等。根据 2002 年森林管理局的材料，越南的生物区有 8 个生物地理单位：西北生物地理单位、东北生物

---

① Lubchenco J. et al. The sustainable biosphete initiative: an ecological research agenda [J]. Ecology，1991，72（2）：371-412.

② Gold medalists of the natural world [EB/OL]. http：//www.iucnredlist.org/search/search-expert.php.

③ Nguyễn Nghĩa Thìn． Đa dạng sinh học và tài nguyên di truyền thức vật[M]. ĐHQGHN，2005.

④ Bài giảng tập huấn đa dạng sinh học [M]. Claude Hamel-University Quebec Mortreal，2002.

⑤ Đăng Huy Huỳnh. Hiện trạng và tình hình quản lýđa dạng sinh học ở Việt Nam [J]. Báo Cáo trong Hội nghị toàn quốc về các vấn đề vềmôitrường và xã hội，Hà Nội，2005（5）：9-10.

地理单位、红河三角洲生物地理单位、北中部生物地理单位、南中部生物地理单位、西原生物地理单位、东南部生物地理单位、湄公河三角洲生物地理单位[①]。目前越南森林覆盖面积有所增加，1995 年拥有森林 900 万 hm^2，2020 年计划增加到 4 500 万 hm^2，2020 年森林覆盖率达到 47%。

（五）固体废物

越南最近几年在不断发展电子行业[②]，根据河内科学技术大学 2009 年的研究显示，有 50 家生产和装配设施，并预计在 2020 年达到 120～150 家。电子工业占越南工业总数的 5%，给越南创造年均 30 亿美元的税收。然而，其中 95% 流向了外国投资公司。2012 年，电子产品出口量高于 40 亿美元。电子设备需求量的增加促进了市场发展，但同时也增加了电子垃圾产生量。根据越南自然资源与环境部报告，越南电子废物每年可达 55 400 t，占有害废物的 8%。

当前越南采取了一系列措施处理电子废物，截止到 2012 年 10 月，越南自然资源与环境部为 53 家公司颁发了处理有害废物的许可，其中 15 家公司投资了电子废物处理，处理能力从每天 0.3～2.5 t 不等。主要技术包括拆除、压碎、碎片回收和焚烧。53 家企业中有 18 家具有铅电池的拆解和回收许可。但是目前，越南并没有针对电子废物的专门法律，相关规定在环境保护法中有所体现。

图 10.1　越南的电子废弃物问题

① Phùng Ngọc Lan，Hoàng Kim Ngũ. Sinh thái rừng [M].Nhà xuất bản nông nghiệp，2005.

② E-Waste Management Around the World：Materials from Third Annual Meeting of the International E-Waste Management Network（IEMN）（2013），https：//www.epa.gov/international-cooperation/e-waste-management-around-world-materials-third-annual-meeting.

三、越南环境管理机构设置和主要部门职能

(一) 政府部门

越南自然资源与环境部（Ministry of Natural Resources and Environment of the Socialist Republic of Vietnam，MONRE）是越南主要的环境管理政府部门，负责管理区域环境问题，如土地、水资源、矿产资源、地质、环境保护、气候变化、测绘、海洋和岛屿综合管理等。此外，负责开发、执行土地立法教育项目，提高各机构、组织、家庭、个人和社区的环境意识，尤其是对少数民族[①]。

越南自然资源与环境部主要包括以下部门：规划司、财政司、国际合作司、科学技术司、立法司、组织人事司、部督察员、胡志明市办公室、土地管理局、海洋与岛屿局、环境局、地理与矿产局、水资源管理局、信息技术局、气象气候变化局、调查和测绘局、遥感局。

越南自然资源与环境部具有许多下属机构，为国家在各项环境管理活动中提供咨询和服务，包括土地管理总局，综合环境管理局，海洋及岛屿管理局，地址和矿产局，调查与地图局，气象、水文和气候变化局，水资源管理局，信息技术局，遥感中心，国家水资源调查与规划中心，水文气象中心等。以上机构都是独立的，且都位于河内市。

此外，在不同领域，还有其他部委对环境问题负责。比如在电子废物管理领域，越南贸工部、财政部海关司、巡警部的环境警察、建设部及当地政府共同负责。在农业环境保护方面，农业与农村发展部发挥主要管理作用。

(二) 非政府组织

越南还有许多环境保护相关的非政府组织[②]：

环境、旅游和发展中心（Center for Environment，Tourism and Development）为国家公园和保护区的工作人员和领导、旅游公司员工、地方社区、游客和公众提供环境教育；研究分析国家公园和保护区开展生态旅游的潜力，提供咨询、规划和培训，与其他非政府组织合作开展环境保护方面的研究，在国家公园和保护区的缓冲地带设计或执行开发计划。

自然资源和环境研究中心（Center for Natural Resources and Environmental Studies）的工作目标是成为优秀的国家级自然资源和环境研究中心，执行生物多样性保护、自然资源

---

① MONRE Task Function，http://www.monre.gov.vn/wps/portal/introduction/!ut/p/c5/04_SB8K8xLLM9MSSzPy8xBz9CP0os3hnd0cPE3MfAwP3MEczA8fg4EB_T3MvIwNXU_1I_ShzXPLuBqb6BdmBigB80hCg/.

② Vietnam Organizations，http://www.jeef.or.jp/EAST_ASIA/? job_cat=vietnam.

可持续利用和环境保护方面的关键和战略性活动。中心还执行国家和国际层面的研究、培训和信息传播活动。

社区发展研究培训中心（Research and Training Center for Community Development）在人类健康、教育培训、自然资源保护、增加收入和可持续社区发展等领域开展活动。

性别、家庭和环境发展研究中心（Research Centre for Gender，Family and Environment in Development）为各部门或组织的管理者、领导者和成员提供环境教育，与国家和国际组织合作开展环保研究，为农村策划和执行试点干预项目。

环境研究与教育中心（The Center for Environmental Research and Education）致力于开展环境研究，促进培训学院和学校的环境教育。

生态环境研究所（Ecology and Environment Institute）隶属越南自然资源保护协会，在科学、技术、生态、环境、经济、政策、法律等领域组建了一支优秀的专家团队，致力于生态环境科学技术研究。

生态旅游与环境教育中心（Ecotourism and Environmental Education Center）开发生态旅游项目并为巴赫马国家公园的游客提供服务，为当地社区提供生态旅游方面的技术咨询，在国家公园缓冲区和学校开展环境教育活动，促进环保意识提升。

河内科学大学环境监测与模拟研究中心（The Research Centre for Environmental Monitoring and Modeling，Hanoi University of Science）主要在环境领域开展基础和应用研究，对国家和国际项目进行环境监测、环境评价、环境管理和污染预防等，调查和规划环境监测网点，完善或制作商业化环境预测模型相关软件，并在相关领域开展培训和教育。

越南环境与可持续发展机构（Vietnam Environment & Sustainable Development Institute）成立于1970年，隶属越南自然环境保护协会，是以越南环境与可持续发展中心为基础建立起来的，以应对越南发展过程中面临的资源环境危机。此机构开展的活动包括提升公众环境意识，为解决国家和地区环境保护问题进行研究，为地区环境影响评价和环境规划提供咨询服务。

越南自然公园与保护区协会（Vietnam National Parks and Protected Areas Association）作为越南林业科学与技术协会的分支，成立于1995年，是开展环境教育和生态旅游的先锋，强调鼓励全国社区参与保护自然环境。

越南环境污染，社会与环境事务科学技术协会中心（Vietnam Union of science and technology associations Centre for population，social and environmental affairs）旨在通过在研究人员、发展实施者和农村人口之间开展知识交流，以促进越南社会和环境保护中较弱领域的技术发展。

性别，环境与可持续发展中心（Gender，Environment and Sustainable Development Centre）是社会经济发展中心的主要研究咨询机构，以减贫为目标，致力于提高弱势群体的生活水平，提高知识接受的性别平等，促进环境可持续发展。

越南生态经济研究所（Institute of Ecological Economy Vietnam）主要在经济和生态、理论与实践、生态乡村模型领域开展研究，为项目主要负责人提供教育、考察和技术培训，并为所需群体提供咨询服务。

环境与可持续发展研究所（Institute of Research Environment and Sustainable Development）主要利用地图、地理信息系统、遥感等技术手段，在乡村、城市和地区开展可持续发展研究。

国家公园中心（National Park Centre）主要在国家公园和保护区开展生物多样性资源研究与调查并提出合理的管理和保护方法，在自然和本土文化旅游资源领域开展研究并为国家公园开展生态旅游提供支持，开展生态旅游开发规划项目，为缓冲地区居民发展经济和生产开展研究，与其他国际组织合作开展管理和科研培训，为在国家公园和保护区内开展的项目提供咨询和评价，组织生态旅游培训，促进公众参与，开展宣传教育等。

四、越南环境保护法律法规及政策

（一）环境保护法

越南的《环境保护法》由越南政府在 2003 年发布，2005 年进行了修订，2015 年再次进行了修订。该法案在制定过程中参考了《联合国消费者指南》《联合国清洁生产宣言》和《亚洲环境宣言》等文件，承载了越南在 21 世纪对于环境保护方面的要求。

该法案含有 170 条规定，管理各项环境保护活动、政策措施和资源，规定了相关机构、组织、家庭和个人的权利义务和责任。根据法律规定，全国的环境保护工作需要与区域和世界的环保工作相配合，环保工作不能危害到国家的主权和安全。此法案确定了环境保护是所有机构、组织、家庭和个人的责任与义务。享受到环境利益的组织、家庭或者个人要对环保做出经济贡献，同样，也要为其导致环境污染、事故、退化的行为进行赔偿。

越南《环境保护法》第七条还对生产活动、商业和服务活动提供环境保护。相较于之前的法规，该法案在经济领域，如工业园、出口加工区、高科技园区、产业集群、工业和服务等领域制定了更多详细的环保条款。管理环境保护及环保活动的机构功能得到有效体现。

对于废弃物料进口，组织或个人只能进口用于商品再生产的废弃物料，并为其支付抵押费。进口商必须拥有独立的仓库或者储物区，满足废弃物料储存的环保要求。他们必须具有一定的技术水平和设备，根据环保技术规定将废弃物料再利用，并去除其中的杂质。根据第 76 条，从国外进口废弃物料必须遵守环境技术规定，并符合总理签署的废弃物料进口名单。该法案没有对购买和出售进口废弃物料进行规定。

对于废弃物管理，该法案规定废弃物必须在各个环节得到控制，包括产生、减少、分类、收集、运输、再利用、再循环和销毁。生产、贸易和服务设施所有者，必须回收和处理废弃产品。负责环境保护的人民委员会和国家管理机构将为管理和收集废弃产品的设施建立创造有利条件。消费者必须向指定场所倾倒废弃产品。

该法案在有害废物管理方面制定了新条款，环境保护大规划中必须描述有害废弃物管理内容。根据第 90 条，自然资源与环境部将发布名单和颁发有害废物处理许可证。因此，省级的人民委员会不再为有害废物处理颁发许可证。该法案还规定了有害废物处理设施的条件。

新修订的《环境保护法》于 2015 年 1 月 1 日起生效，并取代 2005 年修订的法律。根据 2005 年的法律颁发的环境许可证和证书仍按照原日期生效[①]。

在电子废弃物领域，除了新修订的《环境保护法》之外，越南并没有专门法律，但颁布了一系列行政命令，如固体废物管理第 59/2007/ND-CP 号命令，固体废物环境费第 174/2007/ND-CP 号命令，第 12/2006/QD-BTNMT 号决定规定了允许作为生产原料的物品名单，第 155/1999/QD-TTg 号决定专门针对有害废物管理并规定了有害废物的定义，第 15/2006/QD-BTNMT 号决定规定了禁止进口的使用氟利昂的冷却设备目录，第 23/2006/QD-BTNMT 号决定规定了属于有害废物的电子废物目录，第 20/2006/QD-BBCVT 号决定规定了禁止进口的信息技术设备目录，第 05/2006/QD-BCN 号决定规定了禁止进出口的化学品目录。

除此之外，还有 2003 年的《土地法》《渔业法》，2004 年的《森林保护和发展法》，越南还于 2008 年通过了《生物多样性保护法》。另外，越南 2007 年还制定了国家环境保护战略和行动计划。

（二）环境影响评价相关法律法规

越南的环境影响评价政策和实践可分为三个阶段[②③]，第一阶段在 1990 年之前，为学习阶段，越南在这段时期学习环评程序，尝试将其作为环境管理工具。第二阶段在 1990 —1994 年，越南制定了环境影响评价框架，并开始执行。第三阶段从 1995 年至今，环境影响评价进入正轨，具备了执行能力，并不断修改完善相关制度。

---

① Revised Law on Environmental Protection，http：//vietnamlawmagazine.vn/revised-law-on-environmental-protection-4074.html.

② Doberstein B. Environmental capacity-building in a transitional economy：the emergence of EIA capaci-ty in Viet Nam [J]. Impact Assess Project Apprais 2003（21）：25-42.

③ Sinh BT. The cultural politics of development and environment in Vietnam [M]. In：Kaosa M，Dore J，editors. Social challenges for the Mekong Region. Chiang Mai，Thailand：White Lotus Publishing；2003：371-404.

越南《环境保护法》第一章对"环境评价"的解释为："是为促进环境保护在关于生产、经营基础、经济工程、科学技术、医药、文化、社会国防安全和其他工程等问题的预案、社会经济发展规划对环境的影响进行分析、评价、预报的过程。"越南环境影响评价制度的基本内容如下[1]：

一般评价中应包括环境保护措施、汰质处理措施、卫生措施、对受影响的个人权益保护和补偿措施、恢复措施，在矿物开采中有矿藏保护和报告制度，在水资源利用中有防灾抗灾措施。出于经济发展的需要，越南的规范文件中并没有要求在设计、开发及建设中的环境保护措施，而是采用事后恢复的方式，要求经营者在利用自然资源后修复环境。由于越南基础设施及卫生条件落后，越南环境影响评价措施中要求专门加入卫生措施与排泄物处理措施。

越南环境影响评价的范围主要包括两方面，一方面是越南在《环境保护法》中用列举的方式按行业划定了环境影响评价的范围，即包括基础工程、经济工程、科学技术、医药、文化、社会国防安全和其他工程，但只限定在工程建设上；另一方面，越南的环境单行法中有关部门对于环境评价的管辖权是以政府职能部门为主体进行划分的。

越南《环境保护法》规定，对环境影响评价的审定主要由三个主要部门执行，一般的环境情况评价报告由越南的国家环境保护管理机关审定，国防安全特别设施由专门的管理机关审定，对环境有重大影响的环境评价报告则必须由国会审阅，需要国会审阅决定的环境评价报告的名目决定权归属国会常务委员会。所以说，越南《环境保护法》确立的环境影响评价审定制度是一种多元审定制度，分为国会保留的投资名目和一般的投资名目，前者由越南国会常务委员会决定是否由国会审阅，后者直接由环境保护管理机关审定，特殊项目由专门机构审定。越南的环境影响评价制度和投资审批制度的衔接具有其特色。虽然越南《环境保护法》中规定的审定机构是国会和国家环境保护管理机关，但是根据审定结果做出批准实施预案的机关是有管辖权的各级政府机关，且政府机关有权制定审定环境情况评价报告的细则。因此，可以得出这样一个结论：虽然在越南有权审定环境评价报告的机关级别较高，但是其实施细则依然属于政府的行政性法规，其法律效力较低。

在越南的《环境保护法》和环境影响评价制度中，有汰质和引起污染物的相关规定。所谓汰质，是指产生于生活、生产过程或其他活动中的废弃物，可以是固态也可以是液态、气态或其他形态[2]。中国环境保护法律法规中规定的汰质包括废气、废水和固体废物，除此之外，越南《环境保护法》法律规定汰质还包括人和动物的排泄物。

---

[1] 邱房贵，植文斌：《越南环境影响评价制度对我国对越投资影响的若干法律分析》，载《广西社会科学》，2015年第11期，第42～45页。

[2] 米良，杨云鹏：《越南社会主义共和国经济贸易法律选编》，北京：中国法制出版社，2006年版，第465～467页。

在越南的法律中，对于"引起污染物"的定义是"所有给环境带来危险的因素"，结合越南《环境保护法》中关于环境事故发生的原因而定。而根据越南《环境保护法》对于环境事故的定义，"引起污染物"还包括台风、山洪、水灾、干旱等气候变化和自然灾害等因素。尽管以世界各国环境影响评价制度的实践经验来看，即使越南环境影响评价所述引起污染物包括自然因素，也不会要求在环境影响评价中对这些因素做出分析和预防，但在一些特殊领域，例如，越南《水资源法》对水资源开发建设项目的相关规定中，要求对可能发生的自然灾害引发的环境问题做出分析、评价和预报。

越南的自然资源开发项目，包括矿产资源勘探等要求开发商提供环境影响评价报告，并要求报告具有时效性，其时效与许可证的时效一样。在申请开采许可证之前要提交矿产开采的可行性说明，这个说明中包括环境影响评价报告，而其中设计的保护和恢复环境的措施只要求以许可证的有效年限为限。因此，可以认为越南环境影响评价只需对固定期限内的环境保护和修复提出相关措施，而不需要面向时效外的环境问题进行分析、评价和预防。

如果环境影响评价未被通过，可以通过增加预案和重新制定方案进行补救，且越南法律中并未规定其他法律后果，因此可以认为越南的环境影响评价制度是"可逆的"。

越南在 2015 年通过的新修订的《环境保护法》中，对环境影响评价的规定如下：为防止违反环评有关规定，第 18 条列出了 3 组环评类别：一是国会、政府或者总理决定的投资项目；二是使用了自然资源、国家公园、历史和文化遗址、世界遗产地、生物圈保护区或景观区的项目；三是有可能给环境带来负面影响的项目。其中第二类和第三类项目将由政府批准。

环境影响评价必须在项目准备阶段进行，项目所有人可以由自己或者雇佣环评顾问开展环境影响评价。环评的主要内容在第 22 条中进行了详细阐述。

根据该法案的规定，项目所有人在以下情况下必须再次编制或者修改环评报告：一是在环评报告批准后 24 个月内未能执行的项目；二是更改了项目地点，而未能在已批准的环评报告中的地点进行实施的项目；三是增加了规模和生产力，或者改变了原来的项目技术，导致将比已批准环评报告中的情形产生更大的环境负面影响的项目[①]。具体的环评程序如图 10.2 所示。

对于以上环评程序，如果项目所在地已经准备好环评，也接受了公众咨询，那么在环评阶段就不需要再次咨询。根据第 80 号、21 号命令，确定恰当的评审机构。评审机构可以是自然资源与环境部（MONRE）、环境局（DONRE，代表省级人民委员会）、行业相应部委或者工业区所在地的管理委员会。

---

① Revised Law on Environmental Protection，http://vietnamlawmagazine.vn/revised-law-on-environmental-protection-4074.html.

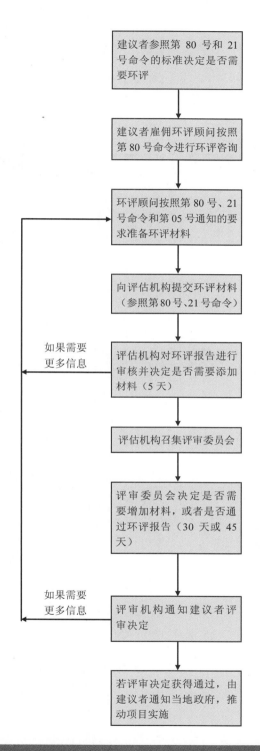

图 10.2　越南的环评程序

（三）环保税法[①]

越南环境保护税早在 1993 年的第一部《环境保护法》中就已提出，2006—2009 年进行了环境保护税制改革，2007 年环境保护税法被纳入第七次过会立法计划（2007—2011），2010 年，国会通过了《环境保护税法》，并于 2012 年生效。

表 10.3　2012 年越南规定的环境保护税				
	物品清单	单位	税率/（VND/单位）	2012/13 年税率/（VND/单位）
1	汽油、石油、油脂			
1.1	汽油（不包括乙醇）	L	1 000～4 000	1 000
1.2	喷气燃料	L	1 000～3 000	1 000
1.3	柴油	L	500～2 000	500
1.4	石蜡	L	300～2 000	300
1.5	重油	L	300～2 000	300
1.6	润滑油	L	300～2 000	300
1.7	油脂	kg	300～2 000	300
2	煤			
2.1	褐煤	t	10 000～30 000	10 000
2.2	无烟煤	t	20 000～50 000	20 000
2.3	肥煤	t	10 000～30 000	10 000
2.4	其他类型的煤	t	10 000～30 000	10 000
3	氟氯烃化合物（HCFC）	kg	1 000～5 000	4 000
4	应纳税的软塑料袋	kg	10 000～50 000	40 000
5	限制使用的除草剂	kg	500～2 000	500
6	限制使用的杀虫剂	kg	1 000～3 000	1 000
7	限制使用的木质产品防腐剂	kg	1 000～3 000	1 000
8	限制使用的储物消毒剂	kg	1 000～3 000	1 000

越南的环保税主要针对精炼燃料（包括汽油、柴油、重油、石蜡、煤油，不包括乙醇）、煤炭、氟氯烃化合物（HCFC）、软塑料袋、农业林业中用的有害化学品物质等。其目的主要是通过征收环境税抑制污染物质的产生。

[①] Nguyen Anh Minh.Implication of Vietnam's Environmental Protection Tax Law in the green economy transition process，Conference Report in GGKP Annual Conference，2015，January，2015. http：//www.greengrowthknowledge.org/ sites/default/files/Nguyen%20Anh_Presentation.pdf.

（四）环境管理政策

1. 国家战略规划

越南国内相关的环境战略和规划包括《国家 21 世纪议程》《国家环境保护行动计划 2010—2020》、国家各行业清洁生产行动计划、国家各行业清洁生产战略规划。越南在 2009 年公布的《国家环境保护行动计划 2010—2020》，针对不同行业制定了可持续发展的规划。

越南政府针对发展中所遇到的环境问题制定了一系列的法律法规，对环境进行治理和改进。同时，越南也参与并且履行很多国际公约与宣言。目前，越南所履行和借鉴的国际环境协议和规划包括《联合国 21 世纪议程》（Agenda 21）、《联合国消费者指南》《世贸组织政府采购协议》《联合国国际清洁生产宣言》《联合国亚洲可持续消费指导》等。

2. 绿色增长政策[①]

越南于 2012 年发布了《越南国家绿色增长政策》（VGGS），旨在通过有效利用自然资源和解决环境退化问题，调整经济结构，提高竞争力；评估和促进高科技的发展和使用，促进自然资源利用率，减少经济单元温室气体浓度，应对气候变化；通过绿色就业，可持续生活方式，建设绿色基础设施/建筑和恢复自然资本。

随着越南环保和自然资源保护方面规划和法规越来越严格，对于环保类的服务和产品需求日益增加，越南有非常好的投资环境和需求，尤其是对于绿色投资，在环保产品和服务方面有较大需求。越南出台了一系列国家战略刺激绿色投资和贸易，包括 2012—2015 年能源节约和高效利用国家目标、2011—2015 年污染减排和环境改善国家目标、国家气候变化目标、环境标志项目、绿色生产和贸易为贫困乡村增加收入并创造就业项目等。

越南从政策层面支持和推广绿色投资和贸易，重点推动以下四个方面的绿色投资：一是清洁能源，二是环保技术和产品，三是污染处理，四是环保服务。从监管层面支持绿色投资，为投入环保产业的企业提供税收刺激政策，如果企业提供的是环保新技术，可以享受特定时期的免税优惠，如果企业需要申请场地建设处理设施，政府会给环保企业提供相应审批和获得土地的便利，还有其他的商业优惠政策，政府为投资废物处理的企业提供价格补贴和其他贷款的优惠。政府出台了资金支持机制推动绿色投资，包括越南环境保护基金、地方环保基金、企业和个人建立的环保基金。

总体而言，越南环保产业比较开放，鼓励社会各界参与环保产业发展。除此之外，目前越南也有一些正在执行的项目，如节能和提高能效项目、气候变化国家目标计划、环保标签认证项目、绿色生产和贸易项目，这些项目能够进一步鼓励商界投入环保产业当中。

---

① 根据越南自然资源与环境部国际合作司副司长都南胜在"中国—东盟环境合作论坛：环境可持续发展政策对话与研修"上的发言整理，有所修改删减。

另外，越南环保基金机制、国家级资金项目、地方省级基金项目，鼓励企业参与到废物处理和水处理项目。

越南环保产业需求越来越大，未来的法律法规监控越来越严格，加快环保产业投入，政策和行业对接，更高质量的投资助推环保产业发展，不仅为越南本土的环保企业提供机会，对于跨国企业来说也是非常好的机遇。

3. 可持续生产与消费[①]

可持续生产与消费和绿色发展对于越南来说是一个全新的概念。对于越南这样的发展中国家，应当更多地考虑如何把这种全新的概念融合到国家的发展战略和规划当中去。目前，根据可持续生产与消费的理念，越南政府正在着重推动 ISO 14000 环境管理系列标准的执行和清洁生产的实施。

可持续生产与消费概念主要被应用在评估产品的使用周期、设计和服务方面。越南政府为此启动了一系列项目，如 2005—2008 年实施的越南清洁生产中心（VNCPC）清洁生产服务开发项目。该项目旨在发展对于清洁生产的服务，并得到了瑞士联邦经济事务部（SECO）和联合国工业发展组织（UNIDO）的支持。同时，越南还注重提高能源使用效率与实施清洁生产机制（CDM），并致力于工业可持续生产模型的开发。越南政府希望能够通过此项目开发出适合越南国情的可持续生产和发展机制，此项目目前已处于后期的研究阶段，并将对越南的可持续发展提供理论支持。越南政府希望能够提升企业的社会责任意识，并与联合国工业发展组织共同启动了旨在提升中小型企业环境责任意识的项目。此外，越南还实行了绿色标志认证和能源经济标志认证（图 10.3），以推广可持续生产消费理念和推动企业转型。越南的绿色标志项目于 2010 年正式启动，其范围包含了不同行业，不同领域的产品。

绿色标志　　　　　　　能源经济标志

图 10.3　越南绿色标志和能源经济标志

---

① 此文为越南环境管理局国际合作与技术司处长黄丹颂在"中国—东盟环保合作论坛 2011：创新与绿色发展"上的发言，有所删减。

越南就可持续生产与消费起草了国家性的框架和发展规划，并制订了 2011—2020 年国家可持续生产与消费的战略。为了准备该框架的起草，越南通过研讨会等形式从中国等周边国借鉴了很多经验，力图开发出符合越南国情的可持续生产与消费模式。越南在制订这一框架的过程中遵循了以下原则：①尊重生命、尊重自然、尊重伦理道德，并为公民创造均等的机会；②在保持环境的前提下推动经济发展；③在生产与消费的过程中减少原材料的使用和能源消耗；④使用环境友好型技术和产品，淘汰对环境产生负面影响的技术和产品；⑤提高对产品使用周期和售后服务的关注。随着该框架计划的制订，会陆续出台一些具体的文件与办法，如《可持续生产与消费优先领域 2011—2020》《国家可持续生产与消费规划 2011—2020》《国家可持续生产与消费行动计划》等。

越南的可持续生产与消费框架将推出一些国家层面的优先领域，具体分为四大类，共十个优先领域。第一类，开发环境友好型技术、服务和产品。其中的领域包括可持续生产与消费和各个行业规划的整合、产品的绿色化设计、开发生态产品的市场、开展循环经济等，要将可持续的概念渗透进不同产业的各个环节中去，将可循环经济的理念融入产品的开发中去。第二类，消费者信息服务。其中的领域包括质量监督和控制，以及绿色标志项目的开展等，让消费者充分了解产品的质量及其标准，并推广绿色产品的概念。第三类，开展绿色采购。其中包括政府绿色采购项目、企业绿色采购等。越南政府采购所占的比例较大，推动政府绿色采购能够有效地推进产业的绿色转型。第四类，提升公众意识。其中包括公众可持续生产与消费意识的提升和发挥公众可持续生产与消费的主动性等。越南政府希望能够提高人们对于可持续生产与消费概念的理解，并将绿色概念更积极地推广下去。同时，越南希望继续与周边国家加强交流和互动，互相学习，以促进和改进越南可持续生产与消费行动计划的制定。

五、越南环境管理案例

（一）台资味丹公司违规排污案例

1. 案例基本情况

味丹企业股份有限公司（简称味丹），是中国台湾的一家食品公司，总部位于台湾台中市沙鹿区，并于中国大陆以及越南等地投资设厂。初期以生产麸胺酸钠（味精）为主力产品，目前为世界三大味精厂商之一，除味精外，1973 年之后陆续投入速食面、饮料、绿藻等领域，近年来也将经营触角延伸至养生、保健、保养等产品的开发。味丹公司于 1991 年在越南成立分公司，位于同奈省隆城县，距离胡志明市以北约 70 km。工厂位于市崴河（Thi Vai River）旁边，因此工厂排放废水会对市崴河水质有较大影响。

据胡志明市立大学自然资源与环境研究机构的专家介绍，从 1994 年越南味丹公司开始生产，市崴河水质便开始下降，1995 年，市崴河已经出现异样颜色并散发出难闻气味，农民养殖的鱼虾大批死亡。当年年底，越南味丹公司为此向农民赔付了 18 亿越南盾（按照当前汇率约 10.7 万美元）[①]。

2008 年 9 月，越南味丹公司被发现向市崴河内大量倾倒废水，严重污染了河水，给沿河居民带来巨大损失。当地环保部门先是发现越南味丹公司每月向河流中倾倒 4.5 万 m^3 发酵糖浆（post-fermentation molasses），再次调查又发现，越南味丹公司还建了一个水下管道，令排污量升级。2009 年 9 月，越南自然资源与环境部宣布越南味丹公司每月向市崴河倾倒大约 11 万 m^3 废水，是最初计算量的 2.5 倍。经检测，市崴河中色素浓度已经超出标准值 3 675 倍，化学需氧量超标 2 957 倍，五日生化需氧量超标 1 057 倍，总悬浮物和 NH_4^+ 超标 100 多倍。据分析，其中 89.2%的污染来自越南味丹公司。此次污染面积大约为 240 km^2。

污染直接导致当地居民出现皮疹、呼吸疾病和头痛。因为市崴河水污染带来了深远影响，甚至影响了下一代。事件还导致依靠渔业和畜牧为生的农民难以维持生计，越南鱼虾减产，水生生态破坏。因为被污染河水易腐蚀船体，新加坡和日本货船不愿停靠 Go Dau 港，给一些公司带来经济损失。更严重的是，因为地下含水层是运动的，看不见的地下水污染更加难以控制。

图 10.4　味丹污水排向市崴河

① Luu Trong Tuan. CRS Lessons from Vedan Deeds[J]. Business and Economic Research. 2011，1（1）: 1-14.

一般工业废水处理需要复杂的工艺流程并且耗资巨大，大约需要 3 100 万美元。显然，越南味丹公司选择铤而走险，不顾危害他人健康利益而违规排放污水，与巨大的利益驱动息息相关。事后越南味丹公司对河流污染 89%的贡献率拒不承认，并拖延赔付，更激起受害居民及当地政府的指责。

胡志明市、同奈省和巴地头顿省的相关机构收到受害居民的 1 万多封投诉信，尤其是巴地头顿省，1 255 位受害农民中有 1 094 位已经完成了对越南味丹公司的起诉程序。为帮助农民完成诉讼，许多地方政府借钱给农民。

事件发生后，越南味丹公司受到各种行政和经济处罚。同奈省南部政府机构被要求配合自然资源与环境部（MONRE）和公安部的工作，严格执行 MONRE 于 2008 年 10 月 6 日做出的两项决定：Decision 1999/QĐ-BTNMT 和 Decision 131/QĐ-XPHC，这两项决定要求暂停味丹排污许可，并对越南味丹公司的侵权行为实施行政处罚。越南总理要求同奈省人民委员会密切监督越南味丹公司对这两项决定的执行，并命令 MONRE 和同奈省人民委员会认真考虑在管理越南味丹公司的运营和处理其违法行为的工作中缺少合作和密切沟通的不足，并就此向总理进行汇报。

MONRE 按照规定暂停了越南味丹公司的排污许可，并对其处罚 2.68 亿越南盾（约合 15 030 美元），并要求公司赔偿 1 270 亿越南盾（约合 714 万美元）的环境质量费。胡志明市的农民委员会要求越南味丹公司为受害农民提供 5 690 亿越南盾（约合 3 197 万美元）的经济资助。MONRE 还令其支付恢复河流水质的成本，建立污水处理系统以将污染最小化。除惩罚带来的经济损失外，越南味丹公司还面临信誉危机，一些零售商店抵制出售味丹公司的产品，人们对其也不再信任。

2. 案例启示

近年来，越来越多的海外公司瞄准越南作为生产加工地，味丹公司也不是唯一一家触犯了越南环境法律的公司，许多外资公司抱有侥幸心理，在生产项目启动后，便违背了最初不破坏环境的承诺，无视法律法规。这些案例也给其他将要在越南进行生产的企业敲响警钟。当自己的家园自然环境被破坏时，人们便会拿起法律武器保护自己的权益，随着越南人民法律意识和环保意识的提高，进驻越南，还需提前了解当地的法律法规，严格遵守法律，保护当地环境。若味丹公司能够自始至终遵守法律，按照规定排污，就不会给当地居民和政府带来这么大的损失，也不会给环境带来难以逆转的伤害。

同时，企业要具有社会责任意识，在生产和盈利的同时，对周围环境和人们的生活负责。环境污染往往具有多重影响，危害人们的健康和财产安全。若发生污染事故，要及时积极应对，及时采取措施将危害降到最低，赔偿受影响人们的损失，挽回名誉。若一味逃避责任，拒不赔偿，将引起公众更大的反对，或者带来更严重的惩罚。

（二）林同、多农省铝矿项目

1. 案例基本情况

2005 年年底，中国铝业股份有限公司（简称中国铝业）和越南煤炭矿产工业集团（简称越煤集团，Vinacomin）在北京签署了合作开发多农铝土矿项目谅解备忘录。在此基础上，双方本着平等互利、优势互补、真诚合作、共同发展的原则，就本项目的有关原则问题进行了多次友好磋商并达成共识，同时完成了本项目预可研报告的修订工作。根据预可研报告，该项目包括铝土矿开采及氧化铝生产，首期规模为年产氧化铝 190 万 t，二期规划发展到 400 万 t。预可研报告得到两国政府批准后，双方将展开项目的可行性研究工作。

中国铝业为世界第二大氧化铝生产商和居世界前列的电解铝生产商，拥有很强的科研力量和设计队伍，拥有完整的铝工业生产技术，在许多方面已达到国际先进水平并已成功走向世界。越煤集团为越南特大型国有公司之一，业务领域涵盖资源、能源开发、发电、机械、建材、旅游等。

2010 年 2 月 28 日上午，由越南煤炭矿产工业集团公司投资、中铝国际工程有限责任公司（China Aluminum International Engineering Corporation Limited，简称中铝国际）总承包的越南仁基 65 万 t 氧化铝项目在越南多农省举行隆重的开工仪式。越南政府总理阮晋勇以及相关部长出席仪式，对仁基氧化铝项目开工表示热烈祝贺。仁基氧化铝工程是中铝国际在越南的又一总承包项目，建设规模为 65 万 t/a，总投资 6.55 亿美元，建设工期 24 个月。2007 年 7 月 14 日，中铝国际与越煤集团合作，签订了越南林同氧化铝工程承包合同。2008 年，中铝公司所属中铝国际工程有限责任公司在越南林同 65 万 t 氧化铝项目的国际招标中成功中标，该项目已于 2009 年动工建设，并于 2010 年建成投产。至此，中铝国际在越南的林同和多农两个省具有铝矿业务。

林同、多农同属越南西原地区，以铝矿资源丰富著称。西原地区三水软铝石储量达 54 亿 t，占越南铝土矿储量的 91.4%。相当于 23 亿 t 铝土矿精矿（经过水洗，除掉泥土等其他杂质后的铝土矿）[①]。

早在 2007 年 11 月，越南政府就决定将位于中部高地省份林同省和多农省的铝土矿开发项目交由越南国家煤矿工业集团经营，后者分别与中国铝业公司和美国铝业巨头美铝合作。2008 年 7 月，中铝旗下的中铝国际工程有限责任公司总承包的越南林同氧化铝项目开工，总投资 4.6 亿美元。林同氧化铝厂是越南第一个正式投产的氧化铝厂，也是中铝国际在海外的第一个工程总承包项目，设计年产规模 65 万 t。2009 年 3 月，中铝国际工程有限

① 姜国峰：《越南铝资源和铝工业发展概述》，载《中国铝业》，2008 年第 9 期，第 36～40 页。

公司与越方签署了多农氧化铝项目承包合同。但是，铝土矿开发计划于 2008 年一经公布，立刻引起了越南国内环保人士和民间团体"罕见的批评浪潮"。

图 10.5　越南林同铝土矿项目氧化铝产出庆典

　　批评者先是表示，这些矿业开发项目带来的环境污染将远远超过经济利益。一向对中国具有好感的越南元老武元甲将军曾经亲自致信越南总理阮晋勇表示"担忧"："我真心希望同志们对在中部高地开采铝土矿一事三思。就安全和国防而言，这个地区对国家具有重要的战略意义。"他还警告说中国在越南的影响越来越大，以及可能由该地区采矿业导致的环境恶化。

　　虽然各种反对的声音一直存在，但是都没有能够阻挡项目合作的步伐，渴望发展经济是越南自 1986 年经济革新开放以来一直致力的追求，在现任总理阮晋勇上台后更加突出了这种渴望。而发展铝工业"已被写入越共九大和十大文件里"。越南政府副总理黄中海此前表示，铝土矿产业能够刺激中央高地社会和经济的发展，该项目经过政府认真、细致的研究，对于国家发展来说具有重大意义。越共中央政治局在听取了关于开采越南林同省和多农省铝矿情况的报告后决定，项目继续在两地实施，但不主张向外国组织和个人出让上述项目的股份。无论是中越合作的林同氧化铝项目，还是多农氧化铝项目，都是由越方投资,而由中铝下属公司总承包。为了打消国内民众的顾虑,越南官方还承诺,这些项目会在保护环境和尊重当地居民的前提下实施。并表示,铝土矿产业能够刺激越南中央高地社会和经济的发展,委婉地支持了中铝的合作项目,同时提醒注意项目建设与环境保护同步,把对环境的影响降到最低,以安抚项目的反对者。

而同时,美国铝业子公司也在计划与越南方面建造一个规模 15 亿美元的合资铝厂,越南民众几乎没有任何不满情绪。

得到项目合作后,公司也确实履行了环保职责,在越南仁基氧化铝项目建设期间,投资 114.4 万元修建了两座污水处理站,是当地唯一由企业投资修建的污水处理站,得到了当地政府部门及居民的赞誉。

图 10.6　越南林同氧化铝厂

2. 案例启示

中国铝业在越南投资项目最终得以开展,但前期阻力和障碍较大,其中,越南民众对于环境保护的担忧常常成为我国企业进入越南市场的重要障碍。做好前期宣传工作,与政府部门合作向民众开展正面和积极宣传、获得民众的认可十分重要。

面对中美两大公司的进入,越南表现出了截然不同的态度,值得深思。除了政治原因和中国对越南的巨额贸易顺差的担忧之外,我们的技术实力和信誉问题也值得反思。从技术方面看，中国投资越南的企业大多为对环境危害较大的水泥、钢铁、有色金属冶炼等项目。而且较多采用较为落后或者国内淘汰的工艺技术，虽然获得经济利益，但是对当地环境带来重大破坏。也使得中国的工艺和商品给当地人留下了落后和劣质的印象。曾经法国标致汽车公司以淘汰落后的生产线与广汽合作，结果在中国市场落得惨败，还令国人难以再认可法国汽车。若向越南倾销淘汰的水泥生产线、冶炼设备、纺织设备等，是在犯同样的错误。信守绿色发展理念，遵守当地环境保护法规，走绿色发展之路，才能取得当地民众的信任。